KB165153

풀·나무·버섯 **중요 약초 약재 수록**

한권에 담은 약초 약재 도감

성환길 저

도서출판대가

한권에 담은
약초 약재 도감

| 풀·나무·버섯 중요 약초 약재 수록 |

초판 1쇄 인쇄 2021년 02월 20일
초판 1쇄 발행 2021년 02월 25일

저　자 성환길
펴낸이 김호석
펴낸곳 도서출판 대가
편집부 박은주
마케팅 오중환
경영관리 박미경
관리부 김소영

등록 311-47호
주소 경기도 고양시 일산동구 장항동 776-1 로데오메탈릭타워 405호
전화 02) 305-0210
팩스 031) 905-0221
전자우편 dga1023@hanmail.net
홈페이지 www.bookdaega.com

ISBN 978-89-6285-271-4 (13480)

책머리에

현대인들에게 가장 필요로 하는 것은 역시 '건강장수'라는 것을 확인하였고, 특히 자연보호나 환경 친화적인 음식과 약재를 쉽게 찾고, 그 특성을 파악하며, 적절하게 가공하여 효율적으로 손쉽게 이용하는 방법들을, 가능하면 주변에서 자주 만나는 식물들을 대상으로 알고 싶어 한다는 것이었다.

이 책은 이러한 독자들의 요구를 충족하기 위하여 생활 주변에서 가장 쉽게 만날 수 있는우리 땅의 약용식물에 약용이 가능한 버섯을 포함하여 엄선하였고, 일상생활 속에서 일반인들이 쉽게 이용할 수 있는 지침서로 활용할 수 있도록 최대한 내용을 쉽게 정리하고 적절하게 사진을 배치하여 시인성을 높였다.

모든 약초와 버섯들은 식물명의 가나다순으로 정리하였고, 학술적 분류를 돕기 위하여 학명을 기재하였으며, 약재의 확실한 활용을 위하여 '한약의 기원'은 우리나라 공정서『대한민국약전』과『대한약전외한약(생약)규격집』에 수재된 기준으로 정리하였고, 위 공정서에 수재되지 않은 '민간약재'나 '민간약초' 등도 참고하였음을 밝혀둔다. 또한 이명(異名), 생약명, 개화기, 채취방법(간단한 가공방법 포함), 사용부위, 성미, 귀경 등을 매 항목의 앞에 정리하여 해당 약초를 총괄적으로 파악할 수 있도록 하였다.

본문에서는 '생육특성', '채취방법과 시기', '성분', '성미', '귀경', '효능과 주치', '약용법과 용량', '사용 시 주의사항' 등을 최대한 간단하면서도 꼭 필요한 내용을 정리하도록 노력하였다. 모든 용어는 가능한 쉬운 우리말로 풀어 썼으나 이해에 도움이 되는 최소한의 용어들은 한자어를 병기하고 괄호 속에 해설을 곁들였다. 성분도 사용부위별로 우리말 이름과 외래어 이름을 병기하였다.

차례

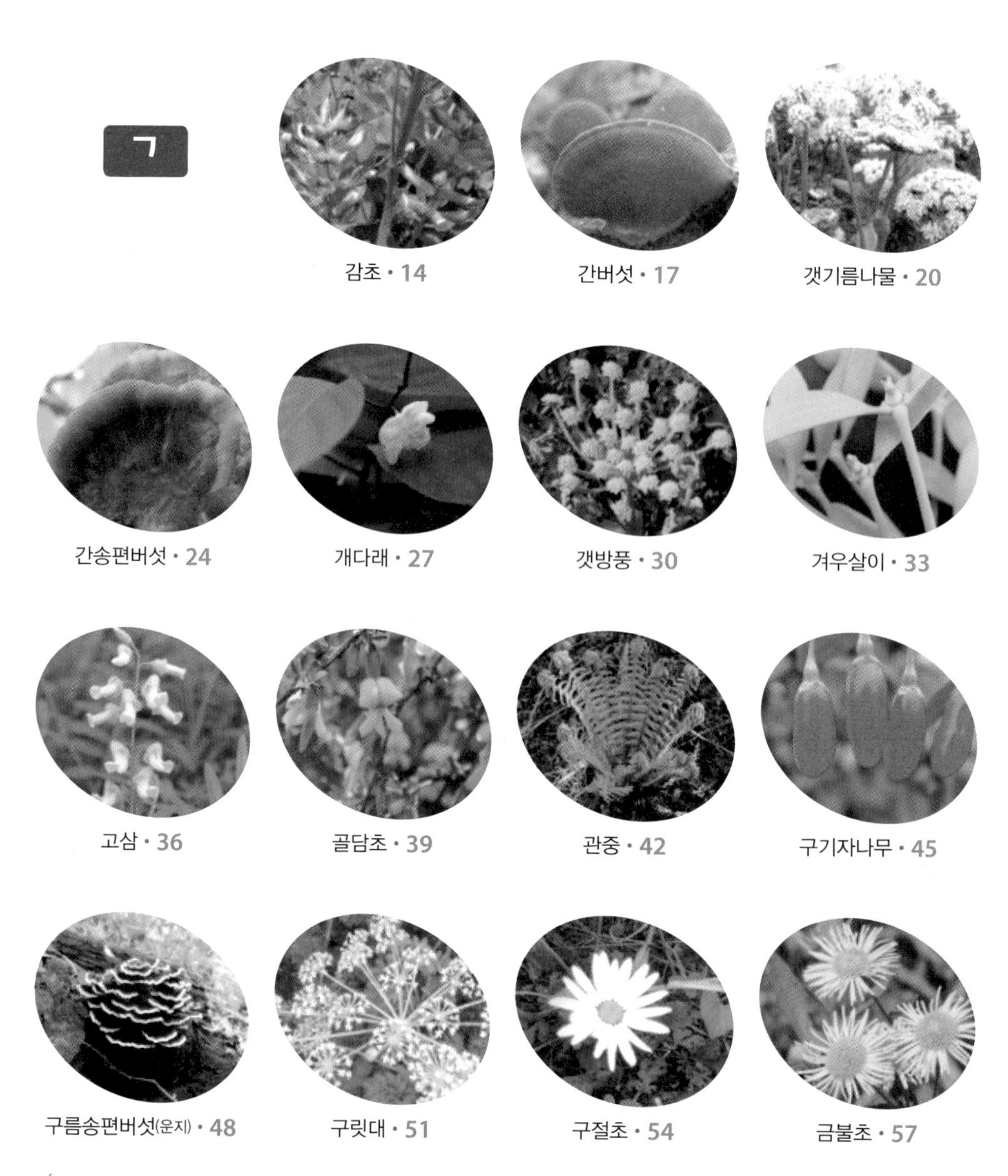

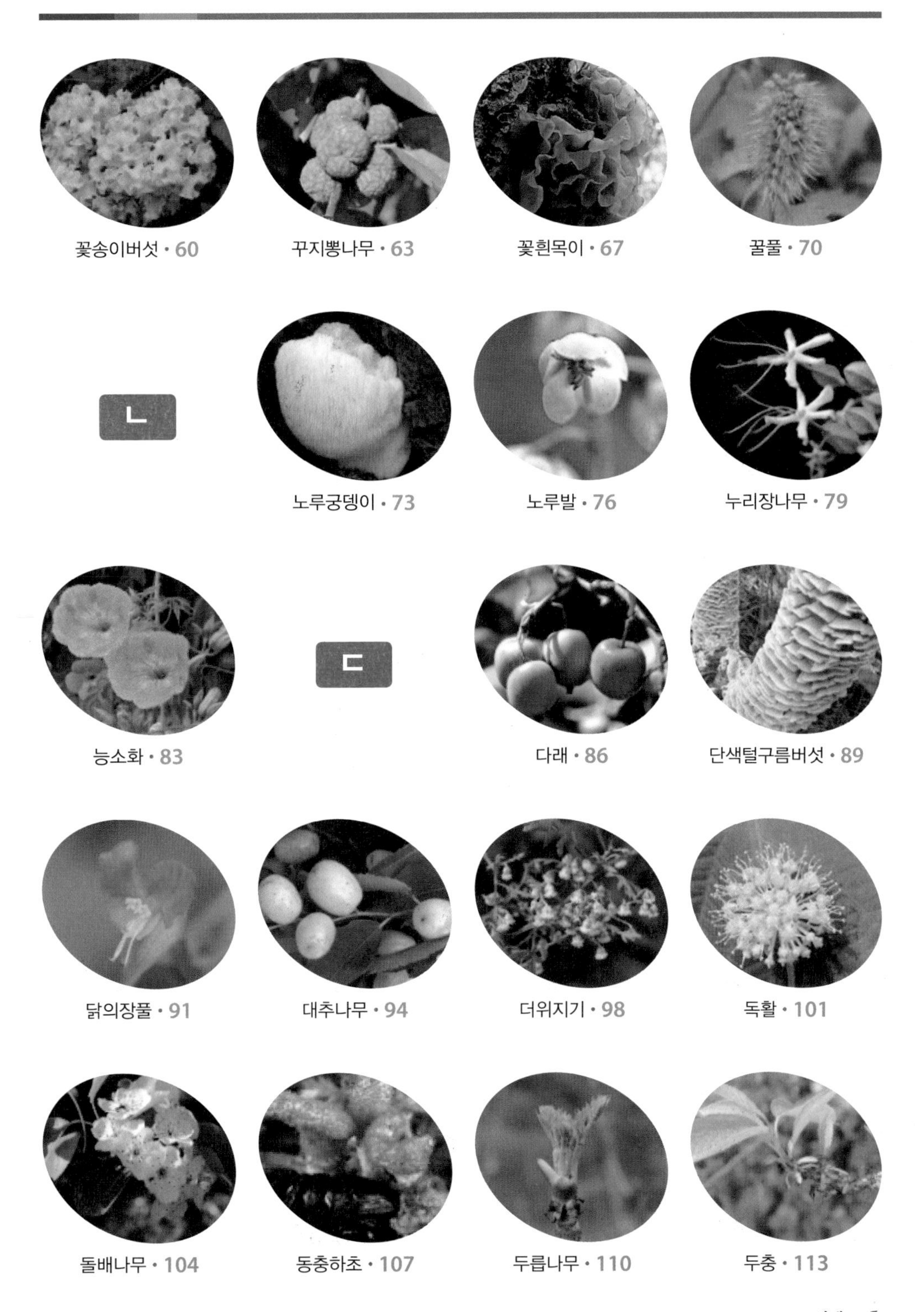

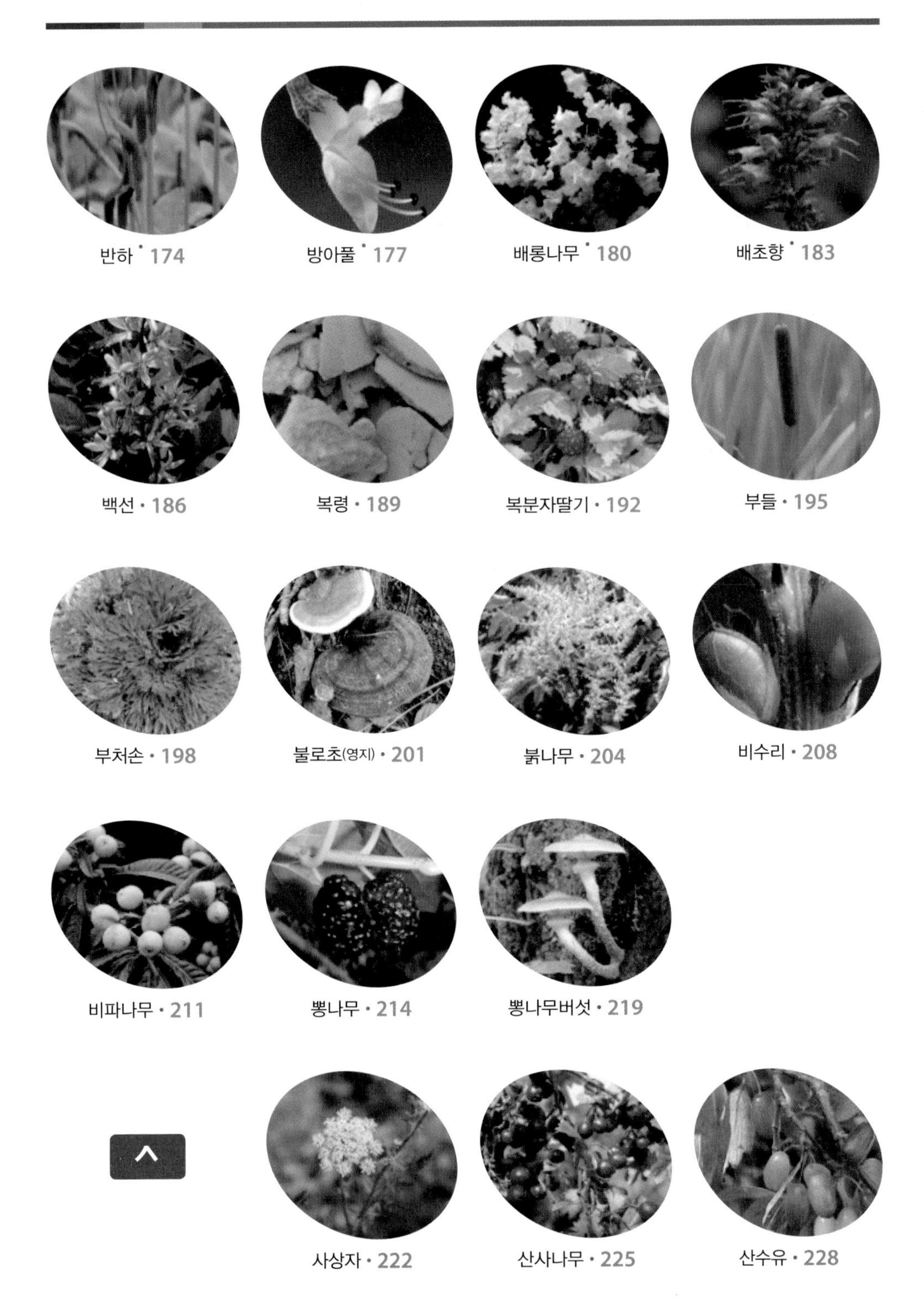

ㅅ

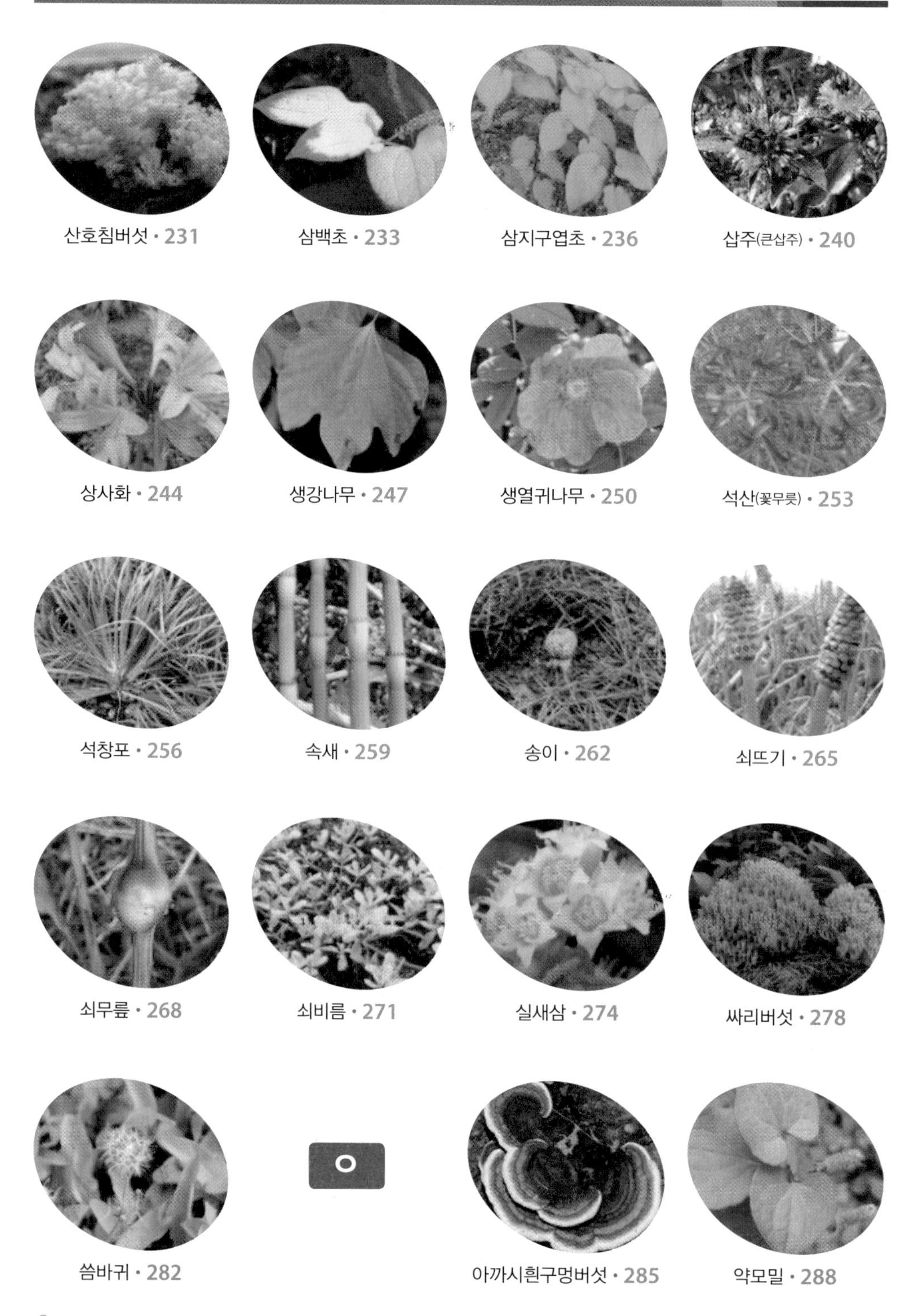

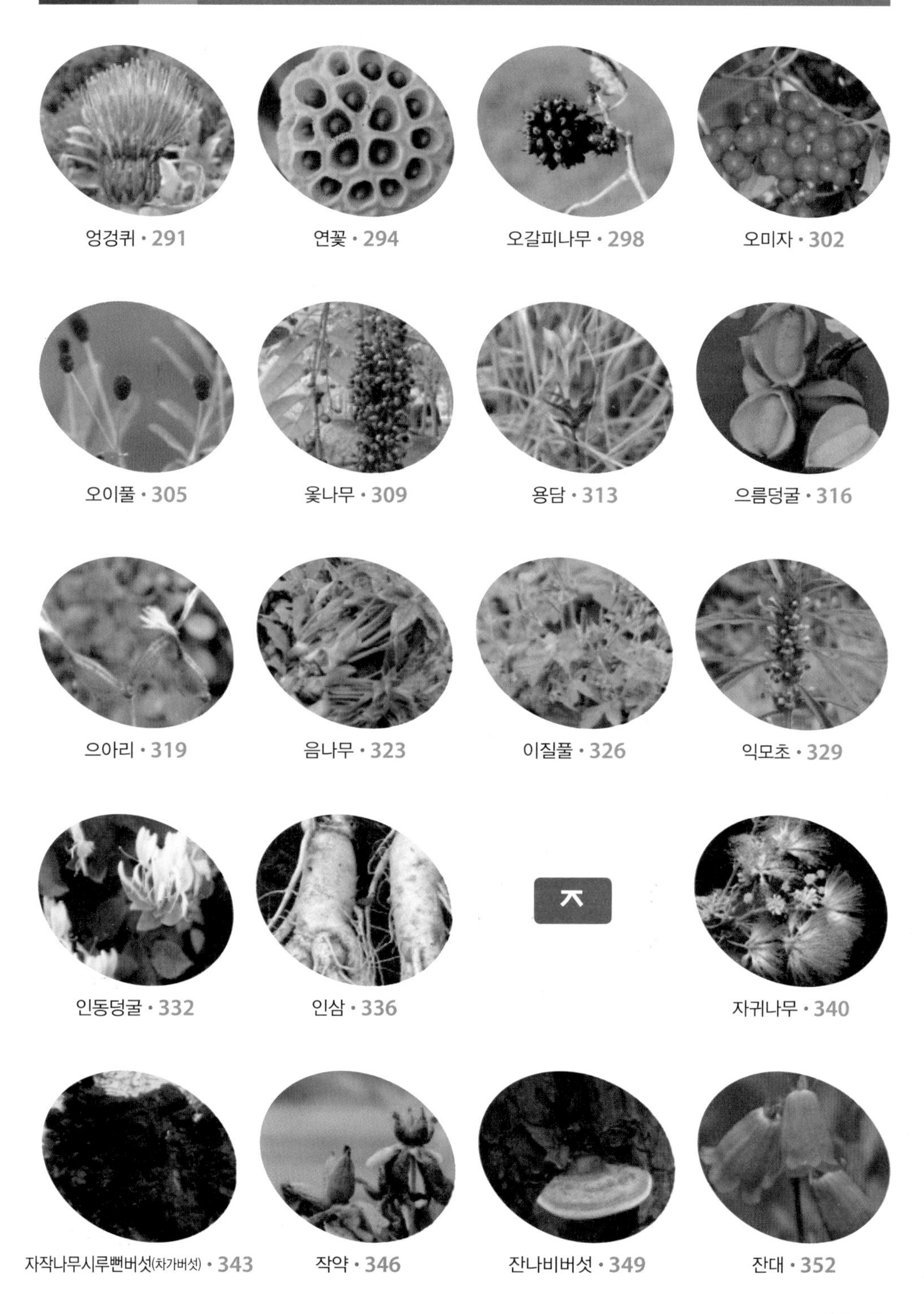

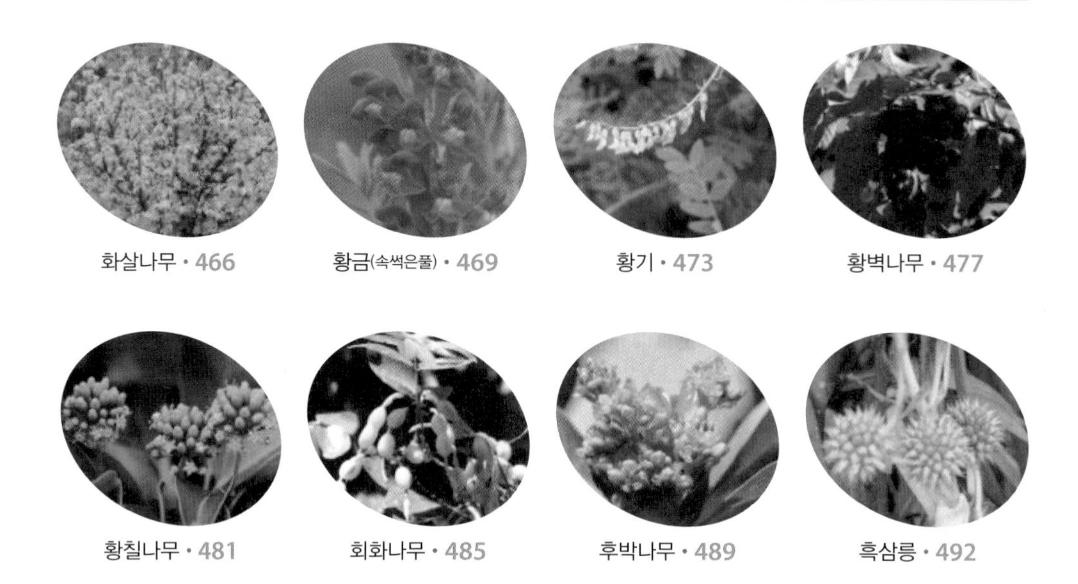

한권에 담은

약초약재 도감

위염, 구내염, 피부습진,
여드름, 해독

감초

Sanguisorba tenuifolia Fisch. ex Link

한약의 기원 : 이 약은 감초, 광과감초(光果甘草), 창과감초(脹果甘草)의 뿌리, 뿌리줄기로, 그대로 또는 주피를 제거한 것이다.

사용부위 : 뿌리, 뿌리줄기

이 명 : 우랄감초, 만주감초, 국노(國老), 밀초(密草), 영초(靈草)

생약명 : 감초(甘草)

과 명 : 콩과(Leguminosae)

개화기 : 7~8월

뿌리 채취품

약재 전형

약재

생태적특성 감초는 콩과에 속하는 여러해살이풀이며, 아시아가 원산지로 중국 북부 지방, 만주, 몽고, 시베리아, 이탈리아 남부 등지에서 자생 또는 재배하고 있다. 그간 전량 수입에 의존했으나 우리나라에서도 재배에 성공해 재배면적이 확대되고 있고 텃밭재배도 권장할 만한 식물이다. 키는 1m 정도이며, 줄기 전체에 가는 털이 촘촘하게 나 있다. 꽃은 연한 자주색으로 7~8월에 잎겨드랑이에서 총상꽃차례로 피고, 종 모양의 꽃받침은 끝이 5개로 갈라진다. 열매는 꼬투리 모양이고 길이는 6~8cm이며 겉에는 털이 별로 없고, 종자는 검은빛을 띤다.

각 부위별 생김새

어린잎

꽃

열매

채취시기와 방법 고사한 지상부는 늦가을에 베어낸 뒤 뿌리 근처를 깊이 파서 채취하는데 채취한 뿌리는 깨끗이 씻어 약 1m 길이로 잘라 말려서 사용한다.

성분 주성분은 감미성분인 글리시리진(glycyrrhizin: 디프테리아 독소, 파상풍 독소, 뱀독, 복어독의 해독 작용과 부종 억제 작용)이며 서당, 포도당, 능금산, 플라보노이드(flavonoid)의 리퀴리틴(liquiritin), 리퀴리토사이드(liquiritoside), 리퀴리티게닌(liquiritigenin), 아스파라긴(asparagine), 리코리시딘(licoricidin), 네오이소리큐리틴(neoisoliquiritin) 등이 함유되어 있다.

성미 성질이 평범하고, 맛은 달고, 독성은 없다.

귀경 간(肝癭), 폐(肺), 비(脾), 위(胃) 경락에 작용한다.

효능과 치료 감초는 일반 염증, 위염, 구내염의 치료 효과가 뛰어나며 인후염, 유방염, 전염성 간염, 피부습진, 여드름, 해독, 소화성궤양 등을 치료한다.

약용으로 쓰는 부위는 주로 뿌리인데 '약방의 감초'라는 말처럼 감초는 예로부터 약재로 아주 많이 쓰였는데 최근에는 식품첨가제로도 많이 사용되고 있다. 건강식물의 초병 역할을 하는 감초는 다른 생약에 비해 약리작용 연구가 많이 보고되어 있다. 그중 중요한 몇 가지만 소개하자면 글리시리진은 일종의 사포닌(saponin) 배당체로, 분해하면 글루쿠론산(glucuronic acid)이 생성되어 간(肝)에서 유독 물질과 결합해 해독작용을 하기 때문에 간기능을 회복시켜 주며 약물중독, 간염, 두드러기, 피부염, 습진 등의 치료도 가능하다. 하지만 스테로이드 성분을 함유하고 있으므로 많은 양을 오랜 기간 동안 복용해서는 안 된다.

『동의보감(東醫寶鑑)』에 의하면 감초는 모든 약의 독성을 해소시키며 72종의 석약(石藥: 돌과 같은 광물질로 만든 약재)과 1,200종의 초약(草藥) 등을 서로 조화시켜 약효가 잘 일어나게 만드는 효과가 있어 '국로(國老)'라는 별명이 붙었다는 기록이 있다. 국로는 '나라의 원로'라는 뜻으로, 감초는 약 중에서도 원로급이라는 뜻이다.

약용법과 용량 말린 뿌리 15g을 물 700mL에 넣어 달여 하루에 2회 나눠 마신다.

감초뿌리

기관지염, 풍습성 관절염

간버섯

Pycnoporus cinnabarinus (Jacq.) Fr.

분 포 : 한국, 전 세계
사용부위 : 자실체
이 명 : *Trametes cinnabarina* (Jacq.) Fr., *T. sanguinea* (L. ex. Fr.) Lloyd
생약명 : 혈홍전균(血紅栓菌: 중국)
과 명 : 구멍장이버섯과(Polyporaceae)
개화기 : 봄~가을

자실체

생태적특성 간버섯은 봄부터 가을까지 활엽수, 침엽수의 고목, 그루터기, 마른 가지 위에 홀로 또는 무리지어 발생하며, 부생생활을 하여 목재를 썩힌다. 갓의 지름은 5~10cm 정도이고, 반원형 또는 부채형이며, 표면은 편평하고, 주홍색을 띤다. 갓 끝은 얇고 예리하며, 조직은 코르크질 또는 가죽처럼 질기다. 관공은 0.5~0.8cm 정도이며 선홍색이고, 관공구는 원형 또는 다각형이고, 0.1cm 사이에 2~4개가 있다. 대는 없고 기주에 부착되어 있다. 포자문은 백색이고, 포자 모양은 원통형이다.

각 부위별 생김새

간버섯_ 주황색 부채형의 자실체

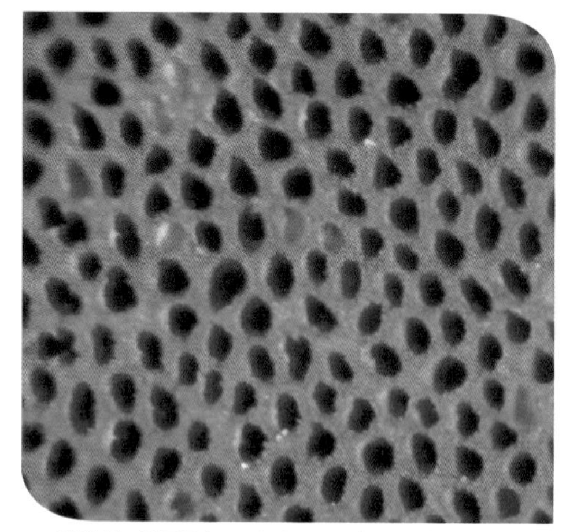
간버섯_ 관공구는 크고 0.1cm에 2~4개씩이다.

성분 시나바린(cinnabarine: 적색 색소, 항균성분), 시나바린산(cinnabarinic acid), 트라메상구인(tramesanguin: 적색 색소), 키티나제(chitinase)

성미 성질은 따뜻하고 맛은 약간 맵고 떫다.

귀경 폐(肺), 간(肝), 신(腎) 경락에 작용한다.

효능과 치료 열을 내리고 습사를 제거하는 청열제습(清熱除濕), 염증을 제거하고 독을 풀어주는 소염해독(消炎解毒), 출혈을 멎게 하는 지혈(止血) 등의 효능이 있으며,

한방에서 기관지염, 관절염, 상처치료에 이용하고 있다.

약용법과 용량 기관지염, 풍습성 관절염 등에는 9~15g을 물에 달여 1일 2회 복용한다. 외상 출혈 및 창상 염증과 통증에는 연마한 가루를 상처에 바른다.

혼동하기 쉬운 버섯 비교

간버섯

간송편버섯

감기, 중풍, 해열, 진통

갯기름나물

Peucedanum japonicum Thunb.

한약의 기원 : 이 약은 갯기름나물의 뿌리이다.

사용부위 : 뿌리

이　명 : 개기름나물, 목단방풍

생약명 : 식방풍(植防風)

과　명 : 산형과(Umbelliferae)

개화기 : 6~8월

뿌리 채취품　　약재 전형　　약재

생태적특성 우리나라에서는 같은 과(科)에 속한 갯기름나물[*Peucedanum japonicum Thunb.*]과 방풍[*Ledebouriella seseloides* (Hoffm.) H. Wolff]의 뿌리도 각각 '식방풍', '방풍'이라 부르며 약용하고 있다.

- 갯기름나물(식방풍) : 갯기름나물은 바닷가 또는 냇물 근처에 사는 숙근성 여러해살이풀로, 지상부는 가을에 시들지만 뿌리는 살아남아서 이듬해 다시 싹이 난다. 키는 60~100cm로 곧추 자라고, 뿌리는 굵고 목질부에 섬유가 있다. 줄기 끝부분에 짧은 털이 나 있고 그 밖의 부분은 넓고 평평하다. 잎은 어긋나고 2~3회 갈라진 깃꼴겹잎이며, 잎자루는 길고 회록색인데 마치 흰 가루를 칠한 듯하다. 꽃은 흰색으로 6~8월에 가지 끝과 원줄기 끝에서 겹산형꽃차례로 달리고 꽃차례는 10~20개의 작은 우산 모양으로 갈라져 꽃차례 끝부분에 각각 20~30송이 꽃이 핀다.
- 방풍 : 방풍은 여러해살이풀로, 중국에서 도입하여 주로 재배한다. 키가 1m에 달하며, 원뿌리는 가볍고 질은 잘 부스러지며, 껍질부는 옅은 갈색으로 빈틈이 여러 개 보이고, 목질부는 옅은 황색이다. 줄기는 단일하나 밑으로부터 많은 가지를 내어 전체가 둥근 모양을 이룬다. 잎은 어긋나고 긴 잎자루의 밑부분이 잎집이 되며 겹잎은 깃 모양이며 부채 모양으로 3회 갈라지고 끝이 뾰족한 편이다. 꽃은 흰색으로 7~8월에 원줄기 끝과 가지 끝에서 겹산형꽃차례로 많이 핀다.

각 부위별 생김새

줄기 생김새

꽃

열매

채취시기와 방법

- 갯기름나물(식방풍) : 봄과 가을에 꽃대가 나오지 않은 전초를 채취하여 수염뿌리와 모래, 흙 등 이물질을 제거하고 햇볕에 말려 사용한다.
- 방풍 : 봄과 가을에 꽃대가 나오지 않은 전초를 채취하여 수염뿌리와 모래, 흙 등 이물질을 제거하고 그 위에 물을 뿌린 부직포를 하룻밤 정도 씌워두는 방법으로 수분을 흡수시켜 뿌리 조직이 부드러워지면 얇게 잘라 말린 다음 약재로 사용한다. 사용하는 용도에 따라서 사용 전에 전처리, 즉 포제(炮製: 약재를 이용 목적에 맞게 가공하는 방법으로 찌고, 말리고, 볶아주는 등의 처리과정)를 해주어야 하는데 가려움증이나 종기 등을 치료하는 데에는 꿀물을 흡수시켜 볶아주고[밀자(蜜炙)], 두창에는 술로 씻어서[주세(酒洗)] 사용하며, 설사를 멈추고자 할 때에는 볶아서[초용(炒用)] 사용한다.

성분

뿌리 50g에는 0.5mL 이상의 정유가 함유되어 있고, 퓨신(peucin), 베르갑톤(bergapton), 퍼세다롤(percedalol), 움벨리페론(umbelliferone), 아세틸안젤로일켈락톤(acetylangeloylkhellactone) 등이 함유되어 있다.

성미

- 갯기름나물(식방풍) : 성질이 따뜻하고, 맛은 쓰고 매우며, 약간의 독성이 있다.
- 방풍 : 성질이 따뜻하고, 맛은 맵고 달며, 독성은 없다.

귀경

- 갯기름나물(식방풍) : 간(肝), 폐(肺) 경락에 작용한다.
- 방풍 : 간(肝), 비(脾), 방광(膀胱) 경락에 작용한다.

효능과 치료

- 갯기름나물(식방풍) : 발한, 해열, 진통의 효능이 있어 감기 발열, 두통, 신경통, 중풍, 안면신경마비, 습진 등의 치료에 응용할 수 있다.
- 방풍 : 피부 표면 아래에 머무르는 사기(邪氣)인 표사(表邪)를 흩어지게 하고, 풍을

제거하며, 습사를 다스리고, 통증을 멈추게 하며, 풍한으로 오는 감기인 외감풍한(外感風寒)과 두통을 치료한다. 또한 눈이 침침한 증상인 목현(目眩), 뒷목이 뻣뻣한 증상인 항강(項强), 풍한으로 오는 심한 통증인 풍한습비, 관절 통증인 골절산통(骨節痠痛), 사지경련, 파상풍 등의 치료에 응용한다.

약용법과 용량

- 갯기름나물(식방풍) : 말린 뿌리 6~12g을 물 600~700mL에 넣어 끓기 시작하면 약하게 줄여 200~300mL가 될 때까지 달여 하루에 나눠 마신다. 또는 말린 뿌리 6~12g을 물 2L에 넣어 2시간 정도 끓여 거른 뒤 기호에 따라 꿀이나 설탕을 가미하여 하루에 나눠 마신다.
- 방풍 : 말린 뿌리 2~12g을 물 600~700mL에 넣어 끓기 시작하면 약하게 줄여 200~300mL가 될 때까지 달여 하루에 나눠 마신다. 또는 말린 뿌리 2~12g을 물 2L에 넣어 2시간 정도 끓인 뒤 걸러 기호에 따라 꿀이나 설탕을 가미하여 하루에 나눠 마신다. 민간요법에서는 방풍과 구릿대[백지(白芷)]를 1:1 비율로 섞어 가루로 만든 뒤 적당량의 꿀과 함께 콩알 크기의 환으로 만들어 한 번에 20~30알씩을 하루에 3회, 식후 1시간에 따뜻한 물과 함께 복용해 두통을 치료하기도 한다.

혼동하기 쉬운 약초 비교

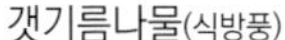
갯기름나물(식방풍)

갯방풍

위염, 구내염, 피부습진,
여드름, 해독

간송편버섯

Sanguisorba tenuifolia Fisch. ex Link

분 포 : 한국, 전 세계
사용부위 : 자실체
이 명 : –
생약명 : –
과 명 : 구멍장이버섯과(Polyporaceae)
개화기 : 연중

자실체 관공

생태적특성 간송편버섯은 1년 내내 침엽수와 활엽수의 죽은 줄기나 가지에 무리지어 발생하며, 부생생활을 하여 목재를 썩힌다. 갓은 지름이 2~15cm, 두께는 0.2~0.5cm 정도이고, 반원형의 부채 모양으로 편평하다. 갓 표면은 매끄럽고, 희미한 환문이 있으며, 선홍색 또는 주홍색을 띤다. 조직은 코르크질 또는 가죽처럼 질기다. 관공은 0.1~0.2cm 정도이며, 붉은색이고, 관공구는 원형이며, 0.1cm 사이에 6~8개가 있다. 대는 없고 기주에 부착되어 있다. 포자문은 백색이고, 포자 모양은 긴 타원형이다.

각 부위별 생김새

겹쳐서 발생하는 자실체

건조하면 갈홍색을 띤 자실체

성분 아라비톨(arabitol), 만니톨(mannitol), 글리세롤(glycerol), 글루코스(glucose), 프럭토스(fructose: 유리당), 트리할로스(trehalose: 균당), 폴리포린(polyporin: 항균성분), β-N-아세틸헥소사미다제(β-N-acetylhexosamidase), 셀룰라제(cellulase), 키티나제(chitinase), 만나제(mannase), β-만노시다제(β-mannosidase), 로다나제(rhodanase), 퍼옥시다제(peroxidase), 펙티나제(pectinase), 폴리갈락투로나제(polygalacturonase: endo PG, 식물조직 붕괴효소), 산성 프로테아제(protease), L-소르보스옥시다제(L-sorboseoxidase), 자일라제(xylase), 자일로비아제(xylobiase) 등을 함유한다.

성미 성질은 따뜻하고, 맛은 약간 맵고 떫다.

귀경 폐(肺), 신(腎) 경락으로 작용한다.

효능과 치료 열을 내리고 습사를 제거하는 청열제습(淸熱除濕), 염증을 제거하고 독을 풀어주는 소염해독(消炎解毒), 출혈을 멎게 하는 지혈(止血), 살을 돋게 하는 생기(生肌), 부스럼을 낫게하는 지양(止痒), 기의 순환을 돕는 순기(順氣) 등의 효능이 있다.

약용법과 용량 만성기관지염, 풍습성 관절염, 외상출혈, 화상염증(가루로 환부에 바른다) 등에 이용한다.

혼동하기 쉬운 버섯 비교

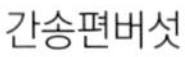

간송편버섯

간버섯

중풍, 진통, 통풍

개다래

Actinidia polygama (Siebold & Zucc.) Planch. et Maxim.

한약의 기원 : 이 약은 개다래나무, 쥐다래나무의 가지, 잎, 벌레 먹은 열매이다.

사용부위 : 뿌리, 가지, 잎, 열매

이 명 : 개다래나무, 묵다래나무, 말다래, 쥐다래나무, 개다래덩굴, 천료(天蓼), 등천료(藤天蓼), 천료목(天蓼木)

생약명 : 목천료(木天蓼), 목천료근(木天蓼根), 목천료자(木天蓼子)

과 명 : 다래나무과(Actinidiaceae)

개화기 : 6~7월

충영 벌레집　　열매　　약재 뿌리채취품

생태적특성 개다래는 전국의 깊은 산 계곡 및 산기슭에서 자생하는 덩굴성 낙엽식물로, 가지는 길이 5m 전후로 뻗어나간다. 작은 가지에는 연한 갈색 털이 나 있으며 오래된 가지에는 털이 없는 회백색의 작은 껍질눈이 있다. 잎은 넓은 달걀 모양 또는 달걀 모양인데 서로 어긋나고 막질이며 잎 끝은 날카롭고 밑부분은 둥글거나 일그러진 심장 모양이고 가장자리에는 잔톱니가 있다. 잎 길이는 4~8cm, 너비는 3.5~8cm로 상단부의 잎 일부 또는 전부는 흰색이지만 황색으로 변한다. 꽃은 흰색으로 6~7월에 잎겨드랑이에서 1송이 또는 3송이가 피며 비교적 크고 향기가 난다. 꽃잎은 5장이고 거꿀달걀 모양이며, 꽃받침은 5장으로 달걀 모양 타원형이다. 열매는 귤홍색으로 9~10월에 달리고 물열매이며 끝이 뾰족한 긴 달걀 모양이다.

각 부위별 생김새

개다래잎 생김새

꽃

열매

채취시기와 방법 가지와 잎은 여름, 뿌리는 가을 · 겨울, 열매는 9~10월에 채취한다.

개다래와 다래의 차이점

개다래와 다래는 모두 덩굴성식물로 다래는 개다래보다 덩굴 길이가 길게 뻗어나가고, 잎은 둘다 막질인데 개다래 잎의 상반부는 흰색에서 미황색으로 차츰 변화되어 잎 위에 새가 흰 똥을 싸놓은 모양처럼 보인다. 개다래 열매는 긴 달걀 모양이며 익으면 귤홍색이 되고, 다래 열매는 달걀 모양이며 익으면 녹색이 된다.

성분 잎과 열매에는 이리도미르메신(iridomyrmecin), 이소이리도미르메신(isoiridomyrmecin), 디하이드로네페타락톨(dihydronepetalactol), 마타타비올(matatabiol), 액티니딘(actinidine), 알로-마타타비올(allo-matatabiol), 네오마타타비올(neomatatabiol), 마타타비락톤(matatabilactone), 네오네페탈락톤(neonepetalactone)이 함유되어 있다. 잎에는 3,4-디메틸벤조나이트릴(3,4-dimethylbenzonitrile), 3,4-디메틸벤조산(3,4-dimethylbenzoic acid), 베타-페닐 에틸 알코올(β-phenyl ethyl alcohol)이 함유되어 있고, 벌레집(충영蟲癭)이 있는 열매에는 열매의 성분 외에도 마타타빅산(matatabic acid)이나 이리도디올(iridodiol)의 다종 이성체가 함유되어 있다.

성미 뿌리는 성질이 따뜻하고, 맛은 맵다. 가지와 잎은 성질이 따뜻하고, 맛은 맵고 쓰고, 독성이 약간 있다. 열매는 성질이 약간 덥고, 맛은 맵고 쓰고, 독성은 없다.

귀경 간(肝) 경락에 작용한다.

효능과 치료 뿌리는 생약명을 목천료근(木天蓼根)이라 하여 치통을 치료한다. 가지와 잎은 생약명을 목천료(木天蓼)라 하며 한센병을 치료한다. 또한 배 속이 단단하게 굳은 상태를 풀어주고 복통, 진통, 진정, 타액 분비 촉진작용도 한다. 신경통, 통풍의 진통 소염에도 효과적이다. 벌레집이 붙어 있는 열매는 생약명을 목천료자(木天蓼子)라 하여 보온, 강장, 거풍 등의 효능이 있고 요통, 류머티즘, 관절염, 타박상, 중풍, 안면 신경마비, 복통, 월경불순도 치료한다.

약용법과 용량 말린 뿌리 30~50g을 물 900mL에 넣어 반이 될 때까지 달여 하루에 2~3회 나눠 마신다. 외용할 경우에는 달인 액을 치통이 있는 쪽 입안에 머금었다가 통증이 사라지면 뱉는다. 말린 가지와 잎 40~60g을 물 900mL에 넣어 반이 될 때까지 달여 하루에 2~3회 나눠 마신다. 말린 열매 20~30g을 물 900mL에 넣어 반이 될 때까지 달여 하루에 2~3회 나눠 마신다.

결핵성 해수, 기관지염,
피부소양증

갯방풍

Glehnia littoralis F. Schmidt ex Miq.

한약의 기원 : 이 약은 갯방풍의 뿌리이다.
사용부위 : 뿌리
이 명 : 갯향미나리, 북사삼, 해사삼(海沙蔘)
생약명 : 해방풍(海防風)
과 명 : 산형과(Umbelliferae)
개화기 : 6~7월

뿌리 채취품　　약재　　잎, 줄기 채취품

생태적특성 갯방풍은 여러해살이풀로, 전국의 해안가 모래땅에서 자생하거나 재배한다. 키는 10~30cm이며, 원뿌리는 원기둥 모양으로 가늘고 길다. 줄기 전체에 흰색 털이 빽빽하게 나 있다. 뿌리에서 나는 잎(근생엽)은 잎자루가 길며 삼각형 또는 달걀 모양의 삼각형이고 깃꼴로 2~3회 갈라진다. 꽃은 흰색으로 6~7월에 겹산형 꽃차례로 피고, 열매는 7~8월에 달린다.

각 부위별 생김새

어린잎

꽃

열매

채취시기와 방법 늦가을에 뿌리를 채취한 후 이물질을 제거하고 씻어 말려서 사용한다. 더러는 약한 불로 프라이팬에 노릇노릇하게 볶아서 사용하기도 한다.

성분 정유, 소랄렌(psoralen), 임페라토린(imperatorin), 베르갑텐(bergapten) 등 14종의 쿠마린(coumarin) 및 쿠마린 배당체가 함유되어 있다.

성미 성질이 시원하고, 맛은 달고 맵다.

귀경 폐(肺), 비(脾) 경락에 작용한다.

효능과 치료 폐의 기운을 맑게 하는 청폐(淸肺), 기침을 멈추게 하는 진해, 가래를 제거하는 거담, 갈증을 멈추게 하는 지갈 병증 등의 효능이 있어서 폐에 열이 생겨 나타나는 두통, 마른기침, 결핵성 해수, 기관지염, 감기, 입안이 마르는 증상인 구건(口乾), 인후부가 마르는 증상인 인건(咽乾), 피부의 가려움증 등을 치료한다.

약용법과 용량 말린 뿌리 10~15g을 물 600~700mL에 넣어 끓기 시작하면 약하게 줄여 200~300mL가 될 때까지 달여 하루에 나눠 마신다. 또는 말린 뿌리 10~15g을 물 2L에 넣어 2시간 정도 끓여 거른 뒤 기호에 따라서 꿀이나 설탕을 가미하여 하루에 나눠 마신다. 환이나 가루로 만들어 아침저녁으로 한 숟가락씩 따뜻한 물과 함께 복용하기도 한다.

열매

씨앗

기능성물질 특허자료

▶ **갯방풍 추출물을 유효성분으로 포함하는 관절염 예방 또는 치료용 조성물**

본 발명에 따른 갯방풍 추출물은 염증성 사이토카인 IL-17, IL-6 또는 TNF-의 활성을 감소 또는 억제시키는 활성이 우수하고, 파골세포 분화를 감소시키는 효과가 우수하여 관절염 또는 골다공증의 예방 또는 치료할 수 있는 조성물로 유용하게 사용할 수 있다. 또한 세포독성이 일어나지 않으며, 약물에 대한 독성 및 부작용도 없어 장기간 복용 시에도 안심하고 사용할 수 있으며, 체내에서도 안정한 효과가 있다.

– 공개번호 : 10-2014-0089315, 출원인 : 가톨릭대학교 산학협력단

고혈압, 항염, 진통, 항암

겨우살이

Viscum album var. coloratum (Kom.) Ohwi

한약의 기원 : 이 약은 겨우살이의 줄기, 가지, 잎이다.

사용부위 : 줄기, 가지, 잎

이 명 : 겨우사리, 붉은열매겨우사리, 동청(涷靑), 기생초(寄生草)

생약명 : 곡기생(槲寄生), 상기생(桑寄生)

과 명 : 겨우살이과(Loranthaceae)

개화기 : 4~5월

채취품

약재 전형

약재

생태적특성 겨우살이는 참나무, 팽나무, 물오리나무, 밤나무, 자작나무 등의 큰 나무에서 기생하는 상록소저목이다. 뽕나무에 기생하는 겨우살이를 상기생이라 하여(생규) 최상품으로 취급하나 요즘은 구하기가 어려워 곡기생을 주로 쓴다. 중 · 남부 지방의 높은 산에서 자라며, 높이는 30~60cm이다. 줄기와 가지는 황록색 또는 녹색으로 약간 다육질이며 원기둥 모양이고 2~3갈래로 갈라지며 가지가 갈라지는 곳은 점차 커져 마디가 생긴다. 잎은 가지 끝에서 나오고 두터우며 다육질에 황록색 윤채가 나고 마주나며, 잎자루는 없다. 꽃은 미황색으로 4~5월에 가지 끝 두 잎 사이에서 암수딴그루로 핀다. 꽃자루는 없고, 수꽃은 3~5송이, 암꽃은 1~3송이가 핀다. 열매는 물열매이며 둥글고 황색 또는 등황색으로 10~12월에 달린다.

각 부위별 생김새

꽃

열매

나무 기생 줄기

채취시기와 방법 가을부터 봄 사이에 참나무에서 기생하는 겨우살이 전초를 채취한다.

성분 줄기, 가지와 잎에는 플라보노이드(flavonoid) 화합물의 아비쿨라린(avicularin), 퀴세틴(quercetin), 퀴시트린(quercitrin), 올레아놀릭산(oleanolic acid), 알파-아미린(β

−amyrin), 메소−이노시톨(meso−inositol), 플라보노이드, 루페올(lupeol), 베타−시토스테롤(β−sitosterol), 아그리콘(agricon) 등이 함유되어 있다.

성미 줄기는 성질이 평범하고, 맛은 달고 쓰다.

귀경 심(心), 간(肝), 신(腎) 경락에 작용한다.

효능과 치료 줄기는 생약명을 곡기생(槲寄生) 또는 상기생(桑寄生)이라 하며 간과 신을 보하고 근골을 강화하며 풍사와 습사를 제거하는 효과가 있어 고혈압과 동맥경화, 암 치료에 사용하며 그 외 종기, 어혈, 심장질환, 노화방지, 항산화활성, 항비만, 지방간, 타박상 등의 치료에도 효과적이며 신경통, 부인병, 진통, 치통 등도 치료한다.

약용법과 용량 말린 줄기 40～50g을 물 900mL에 넣어 반이 될 때까지 달여 하루에 2～3회 나눠 마신다. 외용할 경우에는 짓찧어 환부에 바른다.

꼬리 겨우살이

동백 겨우살이

붉은 겨우살이

기능성물질 특허자료

▶ 항노화 활성을 갖는 겨우살이 추출물

본 발명은 항노화 활성을 갖는 겨우살이 추출물에 관한 것으로, 본 발명에 따른 겨우살이 추출물 또는 이를 함유하는 기능성식품 또는 약제학적 조성물은 생명을 연장시키는 효과가 있으며 전반적인 건강을 향상시키는 효과를 나타내는 바 기능성 식품 또는 의약 분야에서 매우 유용한 발명이다.

– 공개번호 : 10–2010–0102471, 출원인 : (주)미슬바이오텍

피부소양증, 혈변,
적백 대하, 옴

고삼

Sophora flavescens Solander ex Aiton

한약의 기원 : 이 약은 고삼의 뿌리로, 그대로 또는 주피를 제거한 것이다.
사용부위 : 뿌리
이 명 : 도둑놈의지팡이, 수괴(水槐), 지괴(地槐), 토괴(土槐), 야괴(野槐)
생약명 : 고삼(苦蔘)
과 명 : 콩과(Leguminosae)
개화기 : 6~8월

뿌리 채취품

약재

생태적특성 고삼은 전국 각지에서 자라는 여러해살이풀로, 키가 1m까지 자란다. 뿌리는 길이가 10~30cm, 지름은 1~2cm이고 긴 원기둥 모양이며 하부는 갈라진다. 뿌리의 표면은 회갈색 또는 황갈색으로 가로 주름과 세로로 긴 피공(皮孔: 가지나 줄기의 단단한 부분을 말하는데 호흡작용을 한다)이 있다. 외피는 얇고 파열되어 반대로 말려 있으며 쉽게 떨어지는데 떨어진 곳은 황색이고 모양은 넓다. 단면은 섬유질이며 단단하여 절단하기 어렵다. 꽃은 연한 노란색으로 6~8월에 원줄기 끝과 가지 끝에서 총상꽃차례(모여나기 꽃차례)로 많은 꽃이 핀다. 꽃잎은 기판의 끝이 위로 구부러진다.

각 부위별 생김새

줄기

꽃

열매

채취시기와 방법 봄과 가을에 뿌리를 채취한 후 이물질과 남아 있는 줄기를 제거한 다음, 흙을 깨끗이 씻어 버리고 물에 적셔 수분이 잘 스미게 한 다음, 얇게 잘라서 햇볕이나 건조기에 말려 사용한다.

성분 알칼로이드류인 마트린(matrine), 옥시마트린(oxymatrine), 트리터피노이드(tritepenoids)류인 소포라플라비오사이드(sophoraflavioside), 소이아사포닌(soyasaponin), 플라보노이드류인 쿠라놀(kurarnol), 비오카닌(biochanin), 퀴논(quinones)류인 쿠쉔퀴논(kushenquinone) 등이 함유되어 있다.

성미 성질이 차고, 맛은 쓰며, 독성은 없다.

귀경 심(心), 간(肝), 위(胃), 대장(大腸), 방광(膀胱) 경락에 작용한다.

효능과 치료 열을 식히고, 습을 제거하며, 풍을 제거하고, 벌레를 죽인다. 소변을 잘 나가게 하고, 혈변을 치료하며, 적백 대하를 다스린다. 피부소양증(가려움증), 트리코모나스질염, 옴 등을 치료한다.

약용법과 용량 고삼(苦蔘)은 이름에서 알 수 있듯 매우 쓴 약재이다. 따라서 고삼을 사용할 때에는 먼저 찹쌀의 진한 쌀뜨물에 하룻밤 동안 담그고 이튿날 아침 비린내와 수면 위에 뜨는 것이 없어질 때까지 여러 차례 깨끗한 물로 잘 헹구어 말린 다음 얇게 썰어 사용한다. 말린 뿌리 5~10g을 물 600~700mL에 넣어 끓기 시작하면 약하게 줄여 200~300mL가 될 때까지 달여 하루에 2회 나눠 마시거나, 가루나 환으로 만들어 복용한다. 맛이 쓰기 때문에 차로 마시기에는 부적합하다.

잎뒷면

기능성물질 특허자료

▶ 고삼 추출물을 유효성분으로 포함하는 면역 증강용 조성물

본 발명은 화학식 1 내지 8로 표시되는 화합물 또는 이들을 포함하는 고삼 추출물, 이의 분획물을 유효성분으로 포함하는 인터페론 베타 발현 유도를 통한 면역 증강용 조성물, 이를 포함하는 사료 첨가제, 사료용 조성물, 약학적 조성물, 식품 조성물, 의약외품 조성물 및 상기 조성물의 투여를 통한 면역 증강 방법에 관한 것이다.

– 공개번호 : 10-2012-0031861, 출원인 : 한국생명공학연구원

신경통, 관절통, 항염증

골담초

Caragana sinica (Buc'hoz) Rehder

한약의 기원 : 이 약은 골담초, 기타 동속 근연식물의 뿌리이다.

사용부위 : 뿌리, 꽃

이 명 : 금계아(金鷄兒), 황작화(黃雀花), 양작화(陽雀花), 금작근(金雀根), 백심피(白心皮), 금작화(金雀花)

생약명 : 골담초근(骨擔草根)

과 명 : 콩과(Leguminosae)

개화기 : 4~5월

뿌리 채취품

약재 전형

약재

생태적특성 골담초는 중 · 남부 지방의 산지에서 자생 또는 재배하는 낙엽활엽관목으로, 높이는 1~2m이다. 줄기는 곧게 뻗거나 대부분 모여나는데 작은 가지는 가늘고 길며 변형된 가지가 있다. 잎은 짝수깃꼴겹잎이며 잔잎은 5장으로 거꿀달걀 모양에 잎끝은 둥글거나 오목하게 들어가고 돌기가 있는 것도 있다. 꽃은 황색으로 4~5월에 단성(單性: 암수 어느 한쪽의 생식기관만 있는 것)으로 피는데 3~4일이 지나면 적갈색으로 변한다. 수술은 10개에 암술이 1개로, 암술대는 곧게 서고, 씨방에는 자루가 없다. 열매는 콩과로 꼬투리 속에 종자 4~5개가 들어 있으나 결실하지 못한다.

각 부위별 생김새

꽃봉우리

꽃

잎생김새

채취시기와 방법 꽃은 4~5월, 뿌리는 연중 수시로 채취한다.

성분 뿌리에는 알칼로이드(alkaloid), 사포닌, 스티그마스테롤(stigmasterol), 브라시카스테롤(brasicasterol), 캄페스테롤(campesterol), 콜레스테롤, 스테롤(sterol), 배당체, 전분 등이 함유되어 있다.

성미 뿌리는 성질이 평범하고, 맛은 맵고 쓰다. 꽃은 성질이 평범하고, 맛은 달다.

귀경 심(心), 비(脾), 폐(肺) 경락에 작용한다.

효능과 치료 뿌리는 생약명을 골담초근(骨膽草根)이라 하여 청폐익비, 활혈통맥, 혈압 내림 등의 효능이 있어서 신경통, 관절염, 해수, 고혈압, 두통, 타박상, 급성유선염, 부인백대 등을 치료한다. 꽃은 금작화(金雀花)라 하여 자음(滋陰), 화혈(和血), 건비(健脾: 약해진 비장의 기능을 강하게 하는 치료법), 소염, 타박상, 신경통으로 인한 통증, 저림, 마비 등을 치료한다. 민간에서는 골담초 뿌리와 꽃으로 식혜를 만들어 신경통, 관절염 치료에 사용한다.

약용법과 용량 말린 뿌리 50~80g을 물 900mL에 넣어 반이 될 때까지 달여 하루에 2~3회 나눠 마신다. 외용할 경우에는 뿌리를 짓찧어 환부에 바른다. 말린 꽃 20~30g을 물 900mL에 넣어 반이 될 때까지 달여 하루에 2~3회 나눠 마신다. 외용할 경우에는 꽃을 짓찧어 환부에 바른다.

참골담초

기능성물질 특허자료

▶ **골담초를 포함하는 천연유래물질을 이용한 통증 치료제 및 화장품의 제조방법 및 그 통증 치료제와 그 화장품**

본 발명에 따른 골담초를 포함하는 천연유래물질을 이용한 통증 치료제 및 화장품의 제조방법은 현미 또는 백미와 누룩과 미생물과 미네랄 농축수가 혼합된 제1용액을 발효하는 단계, 골담초를 포함하는 천연유래물질의 생약원료와 미생물이 혼합된 제2용액을 상기 제1용액에 혼합 후 발효하는 단계, 상기 생약원료를 가열 및 가압하여 열수를 추출하는 단계, 상기 발효된 제1용액 및 제2용액과 상기 추출된 열수를 혼합하여 증류시키는 단계 및 상기 증류된 용액을 여과하는 단계를 포함하는 것을 특징으로 한다. 이에 의하여 부작용이 없고 단기간에 탁월한 통증치료의 효과를 발휘할 수 있으며, 통증 치료제와 함께 화장품의 제조도 가능하다.

– 공개번호 : 10-2014-0118173, 출원인 : (주)파인바이오

해열, 해독, 지혈, 혈변, 대하 치료

관중

Dryopteris crassirhizoma Nakai

한약의 기원 : 이 약은 관중의 뿌리줄기, 잎자루의 잔기이다.

사용부위 : 뿌리줄기, 잎자루 밑부분

이 명 : 호랑고비, 면마(綿馬), 관중(管仲)

생약명 : 관중(貫中)

과 명 : 면마과(Dryopteridaceae)

개화기 : 포자번식

줄기 약재

뿌리 줄기 약재

뿌리 채취품

생태적특성 관중은 전국 각지에서 분포하는 숙근성 양치식물로 여러해살이풀이다. 키는 50~100cm로 자라며, 뿌리줄기는 굵고 끝에서 잎이 모여난다. 잎은 길이가 1m 내외, 너비는 25cm 정도에 달하며 잎몸은 깃 모양으로 깊게 갈라지고 깃 조각에는 대가 없다. 잎자루는 표면이 황갈색 또는 검은빛을 띠는 진한 갈색이며 빽빽하게 비늘조각으로 덮여 있다. 질은 단단한데 횡단면은 약간 평탄하고 갈색이며, 유관속이 5~7개로 황백색의 점상을 이루고 둥그런 환을 형성하며 배열되어 있다.

각 부위별 생김새

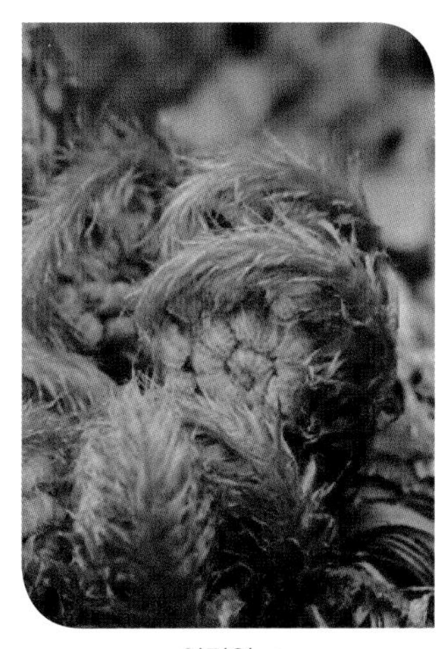

어린잎

잎이 올라온 모습

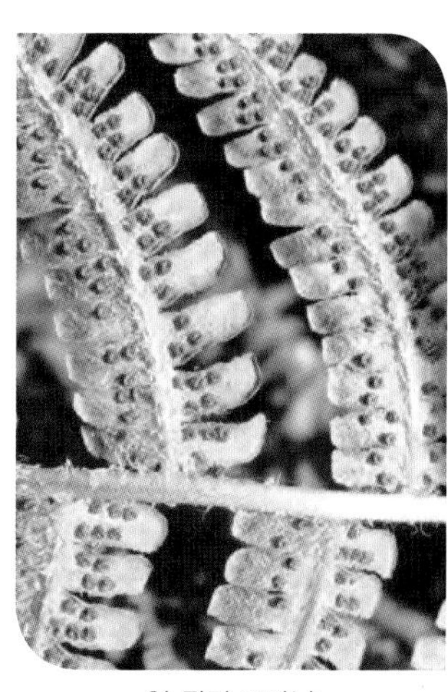

잎 뒷면 포자낭

채취시기와 방법 가을에 뿌리째 채취한 후 잎자루와 수염뿌리, 이물질을 제거하고 씻어서 햇볕에 말린다. 말린 것을 그대로 쓰거나 까맣게 태워서 사용한다.

성분 뿌리에 함유된 플로로글루시놀(phloroglucinol)계 성분은 촌충을 없애는 물질인데 이들 중 필마론(filmaron)이 가장 강하다. 플라배스피딕산 AB(flavaspidic acid AB), 플라배스피딕산 PB(flavaspidic acid PB)는 충치균에 대한 항균작용이 강하며, 그 외에도 우고닌(wogonin), 바이칼린(baicalin), 바이칼레인(baicalein) 등의 플라보노이드계 성분이 함유되어 있다.

성미 성질이 시원하고, 맛은 쓰며, 독성이 있다.

귀경 간(肝), 위(胃) 경락에 작용한다.

효능과 치료 회충, 조충, 요충을 죽이며, 열을 내리고 독을 풀어주는 청열해독(淸熱解毒), 혈액을 맑게 하고 출혈을 멈추게 하는 양혈지혈(凉血止血) 등의 효능이 있어 풍열감기(풍사와 열사로 인한 감기)를 치료하고, 토혈(吐血: 피를 토하는 증상)이나 코피, 혈변을 치료하는 데 요긴하게 사용될 수 있고 유행성 감기와 뇌척수막염, 여성들의 혈붕(血崩: 심한 하혈)이나 대하를 치료한다.

약용법과 용량 말린 약재 5~10g을 물 600~700mL에 넣어 끓기 시작하면 약하게 줄여 200~300mL가 될 때까지 달여 하루에 2회 나눠 마시거나, 가루 또는 환으로 만들어 복용한다. 귤피(橘皮), 백출 등과 배합하여 관중환(貫中丸)을 만들어 복용하면 기를 이롭게 하고 비(脾)를 튼튼하게 하여 기와 혈을 잘 순환시키는 작용을 한다.

혼동하기 쉬운 약초 비교

관중

고사리

기능성물질 특허자료

▶ **관중 추출물로부터 분리되는 화합물을 유효성분으로 함유하는 후천성면역결핍증의 예방 및 치료용 조성물**

본 발명은 관중 추출물로부터 분리된 화합물을 유효성분으로 함유하는 후천성면역결핍증의 예방 및 치료용 조성물에 관한 것으로, 본 발명의 화합물은 HIV-1 단백질 분해효소의 활성에 대한 강력한 저해 효과를 나타내므로, 후천성면역결핍증의 예방 및 치료용 약학조성물 및 건강기능식품으로 유용하게 이용될 수 있다.

– 공개번호 : 10-2010-0012927, 출원인 : 이지숙

당뇨, 고혈압, 자양강장, 강정

구기자나무

Lycium chinense Mill.
= [*Lycium rhombifolium* (Moench) Dippel.]

한약의 기원 : 이 약은 구기자나무, 영하구기의 열매, 뿌리껍질이다.

사용부위 : 뿌리껍질, 잎, 열매

이　명 : 감채자(甘菜子), 구기자(拘杞子), 구기근(拘杞根), 구기근피(拘杞根皮), 지선묘(地仙苗), 천정초(天庭草), 구기묘(拘杞苗), 감채(甘菜)

생약명 : 구기자(拘杞子), 지골피(地骨皮), 구기엽(拘杞葉)

과　명 : 가지과(Solanaceae)

개화기 : 6~9월

열매 채취품　　뿌리 껍질(근피)　　줄기 채취품

생태적특성 구기자나무는 전국의 울타리, 인가 근처 또는 밭둑에서 자라거나 재배하는 낙엽활엽관목으로, 높이가 1~2m이다. 줄기가 많이 갈라지고 비스듬하게 뻗어나가 다른 물체에 기대어 자라기도 하는데 3~4m 이상 자라는 것도 있다. 줄기 끝이 밑으로 처지고 가시가 나 있다. 잎은 서로 어긋나거나 2~4장이 짧은 가지에 모여 나며 넓은 달걀 모양 또는 달걀 모양 바소꼴에 가장자리는 밋밋하고, 잎자루 길이는 1cm 정도이다. 꽃은 보라색으로 6~9월에 1~4송이씩 단생하거나 잎겨드랑이에서 피며 꽃부리는 자주색이다. 열매는 물렁열매로 달걀 모양이며 7~10월에 선홍색으로 달린다.

각 부위별 생김새

꽃

열매

잎 생김새

채취시기와 방법 열매는 가을에 열매가 익었을 때, 뿌리껍질은 이른 봄, 잎은 봄·여름에 채취한다.

성분 뿌리에는 비타민 B_1의 합성을 억제하는 물질이 함유되어 있으며 그 억제작용은 시스테인(cystein) 및 비타민 E에 의해서 해제된다. 뿌리껍질에는 계피산 및 다량의 페놀류 물질, 베타인(betaine), 베타-시토스테롤(β-sitosterol), 메리신산(melissic acid), 리놀레산(linoleic acid), 리놀렌산(linolenic acid) 등이 함유되어 있다. 잎에는 베타인, 루틴(rutin), 비타민 E, 이노신(inosine), 하이포크산틴(hypoxanthine), 시티딜산(cytidylic acid), 우리딜산(uridylic acid), 다량의 글루타민산(glutamic acid), 아스파르트산(aspartic acid), 프롤린(proline), 세린(serine), 티로신(tyrosine), 알기닌(arginine), 극히 소량의 숙신산(succinic acid), 피로글루타민산(pyroglutamic acid), 수산(oxalic acid) 등이 함유되어 있다. 열매에는 카로틴, 리놀레산, 비타민 B_1, B_2, 비타민 C, 베타-시토스테롤이 함유되어 있다.

성미 뿌리껍질은 성질이 차고, 맛은 달다. 잎은 성질이 시원하고, 맛은 쓰고 달다. 열매는 성질이 평범하고, 맛은 달고, 독성은 없다.

귀경 간(肝), 신(腎), 비(脾) 경락에 작용한다.

효능과 치료 뿌리껍질은 생약명을 지골피(地骨皮)라 하여 식은땀과 골증조열(骨蒸潮熱)을 다스리고 열을 내리게 하며 신경통, 타박상, 소염, 해열, 자양강장, 고혈압, 당뇨병, 폐결핵 등을 치료한다. 잎은 생약명을 구기엽(拘杞葉)이라 하여 보허,익정(益精: 정수를 더함), 청열, 소갈, 거풍, 명목(瞑目)의 효능이 있고 허로발열, 번갈(煩渴: 가슴이 답답하고 열이 나고 목이 마르는 증상), 충혈, 열독창종(熱毒瘡腫: 열에 의한 독성으로 인해 나타나는 부스럼과 종기) 등을 치료한다. 열매는 생약명을 구기자(拘杞子)라 하여 간장, 신장을 보하고 정력을 돋워주는 효능이 있으며 간장, 신장을 보해줌으로써 허로(虛勞: 몸과 마음이 허약하고 피로함)를 치료한다. 허약해 어지럽고 정신이 없으며 눈이 침침할 때 눈을 밝게 하며 정력을 왕성하게 해준다. 그리고 음위증과 유정(遺精), 관절통, 몸이 지끈지끈 아플 때, 신경쇠약, 당뇨병, 기침, 가래 등을 치료한다. 구기자 농축액은 피부미용, 고지혈증, 고콜레스테롤증, 기억력 향상 등의 약효가 있는 것으로 밝혀졌다.

약용법과 용량 말린 뿌리껍질 20~30g을 물 900mL에 넣어 반이 될 때까지 달여 하루에 2~3회 나눠 마신다. 외용할 경우에는 뿌리껍질을 가루로 만들어 참기름과 섞어 환부에 바른다. 말린 잎 20~30g을 물 900mL에 넣어 반이 될 때까지 달여 하루에 2~3회 나눠 마신다. 말린 열매 20~30g을 물 900mL에 넣어 반이 될 때까지 달여 하루에 2~3회 나눠 마신다.

간염, 기관지염

구름송편버섯 (운지)

Trametes versicolor (L.) Lloyd

분 포 : 한국, 전 세계
사용부위 : 자실체
이 명 : 닭버섯, 기와버섯, 터키테일(Turkey-tail)
생약명 : 운지(雲芝)
과 명 : 구멍장이버섯과(Polyporaceae)
개화기 : 연중

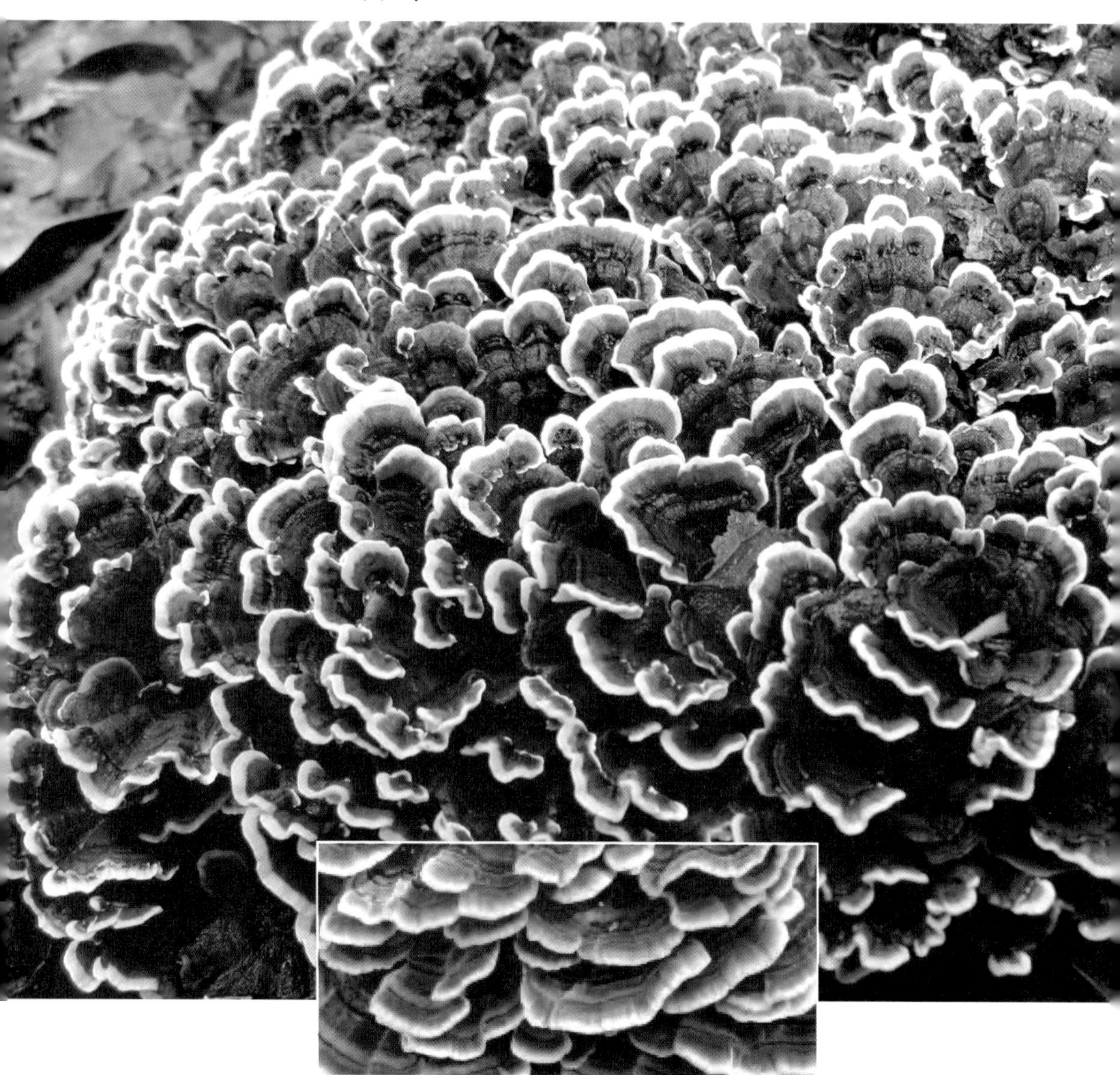

자실체

생태적특성 구름송편버섯은 1년 내내 침엽수, 활엽수의 고목 또는 그루터기에 기왓장처럼 겹쳐서 무리지어 발생하며, 부생생활을 한다. 갓은 지름이 1~5cm, 두께는 0.1~0.3cm 정도이며, 반원형으로 얇고, 단단한 가죽처럼 질기다. 표면은 흑색 또는 회색, 황갈색 등의 고리 무늬가 있고, 짧은 털로 덮여 있다. 조직은 백색이며 질기다. 관공은 0.1cm 정도이며, 백색 또는 회백색이고, 관공구는 원형이고, 0.1cm 사이에 3~5개가 있다. 대는 없고 기주에 부착되어 있다. 포자문은 백색이고, 포자 모양은 원통형이다.

각 부위별 생김새

자실체

자실체

채취시기와 방법 고사한 지상부는 늦가을에 베어낸 뒤 뿌리 근처를 깊이 파서 채취하는데 채취한 뿌리는 깨끗이 씻어 약 1m 길이로 잘라 말려서 사용한다.

성분 유리아미노산 18종과, 포화지방산 11종, 불포화지방산 9종을 함유하며, 에르고스테롤(ergosterol), β-시토스테롤(β-stosterol), 코리올란(coriolan), 크레스틴(krestin), 텔포릭산(thelphoric acid), 아미노펩티다제(aminopeptidase), 카복시메틸셀룰라제(carboxymethylcellulase), 셀룰라제(cellulase), 글루코스-2-옥시다제(glucose-2-oxidase), 락타제(lactase), 리그나제(lignase), 리그닌퍼옥시다제(ligninperoxidase), 멜라노

이진(melanoizin) 분해효소 등을 함유한다.

성미 성질은 차고 맛은 약간 달다. 독성은 없다.

귀경 간(肝), 폐(肺), 위(胃) 경락에 작용한다.

효능과 치료 습사를 제거하는 거습(祛濕), 가래를 삭히는 화담(化痰), 폐의 질환을 치료하는 등의 효능이 있다. 버섯 중에서 처음 항암물질인 폴리사카라이드 K(polysaccharide-K)가 발견된 버섯이며, 간염, 기관지염 등에 효능이 있다.

약용법과 용량 말린 구름송편버섯을 가루나 환으로 만들어 복용하는데 보통은 달여서 마신다. 1회 복용량은 말린 구름송편버섯 10~20g이며 물 1L에 갓 20개 가량을 넣어 달여 마신다.

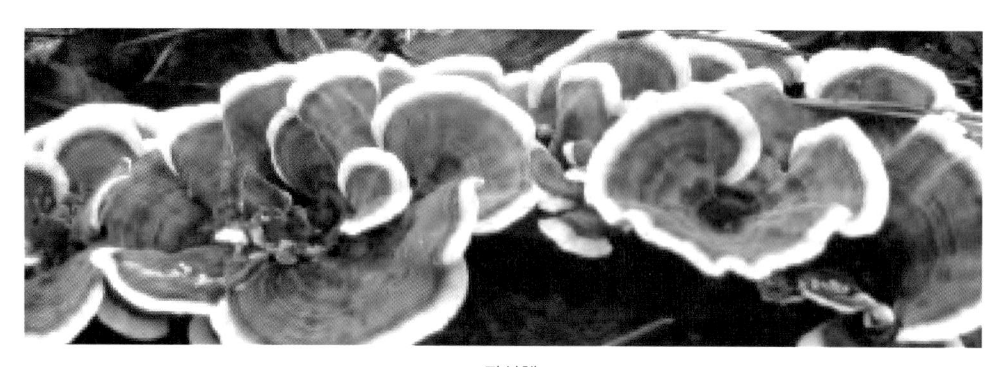

자실체

기능성물질 특허자료

▶ 항보체 활성을 갖는 운지버섯 자실체 유래의 다당체 및 그 분리방법

본 발명은 항보체 활성을 갖는 운지버섯 자실체 유래의 다당체 및 그 분리방법에 관한 것으로, 본 발명은 항보체 활성이 뛰어난 운지버섯 자실체 유래의 다당체를 제공하는 효과가 있다. 또한, 본 발명 다당체는 항보체 활성을 가지며 수용성이고 주요 당은 글루코오스이며 주 아미노산 성분은 글리신, 아르기닌 및 발린으로 이루어져 있으며 이들의 항보체 활성은 주로 당 성분에 달려있으며 보체 활성화를 위한 정규경로뿐만 아니라 대체경로에도 참여하여 보체를 활성화시키는 특징이 있다.

– 공개번호 : 10-2004-0069425, 출원인 : 학교법인 영광학원

편두통, 신경통, 치통, 대장염

구릿대

Angelica dahurica (Fisch. ex Hoffm.) Benth. & Hook. f. ex Franch. & Sav.

한약의 기원 : 이 약은 구릿대, 항백지(杭白芷)의 뿌리이다.

사용부위 : 뿌리

이 명 : 구리때, 백채, 방향, 두약, 택분, 삼려, 향백지

생약명 : 백지(白芷)

과 명 : 산형과(Umbelliferae)

개화기 : 6~8월

뿌리 채취품　　약재 전형　　약재

생태적특성 구릿대는 전국의 산골짜기에서 자생하고 농가에서도 재배하는 2~3해살이풀로, 키는 1~2m로 곧게 자란다. 뿌리는 거칠고 크며 뿌리 부근은 자홍색이고, 줄기는 원기둥 모양이다. 뿌리에서 나는 잎(근생엽)은 잎자루가 길며 2~3회 깃꼴로 갈라지고 끝부분의 잔잎은 다시 3개로 갈라지며 타원형이고 톱니가 있고 끝이 뾰족하다. 6~8월에 많은 흰색 꽃이 우산 모양으로 펼쳐져 끝마디에서 1송이씩 산형꽃차례로 핀다. 열매는 9~10월에 달린다.

각 부위별 생김새

어린잎

꽃봉우리

꽃

채취시기와 방법 가을에 씨를 뿌리면 이듬해 가을인 9~10월경 잎과 줄기가 다 마른 뒤, 봄에 씨를 뿌리면 그해 가을 9~10월에 채취해 이물질을 제거하고 햇볕에 말린다.

성분 비야칸젤리신(byakangelicin), 비야칸젤리콜(byakangelicol), 임페라토린(imperatorin), 옥시페르세다닌(oxypercedanin), 마르메신(marmecin), 스코폴레틴(scopoleten), 싼토톡신(xanthotoxin) 등이 함유되어 있다.

성미 성질이 따뜻하고, 맛은 맵다.

귀경 폐(肺), 비(脾), 위(胃) 경락에 작용한다.

효능과 치료 풍을 제거하는 거풍(祛風), 통증을 멈추게 하는 진통, 몸안의 습사(濕邪)를 제거하는 조습(燥濕), 종기를 치료하는 소종(消腫) 등의 효능이 있어서 두통, 편두통, 목통(目痛), 치통, 각종 신경통, 복통, 비연(鼻淵), 적백대하(赤白帶下), 대장염, 치루, 옹종 등을 치료한다.

약용법과 용량 말린 뿌리 5~10g을 물 600~700mL에 넣어 200mL가 될 때까지 달여 하루에 2회 나눠 마시거나, 가루나 환으로 만들어 복용하기도 한다.

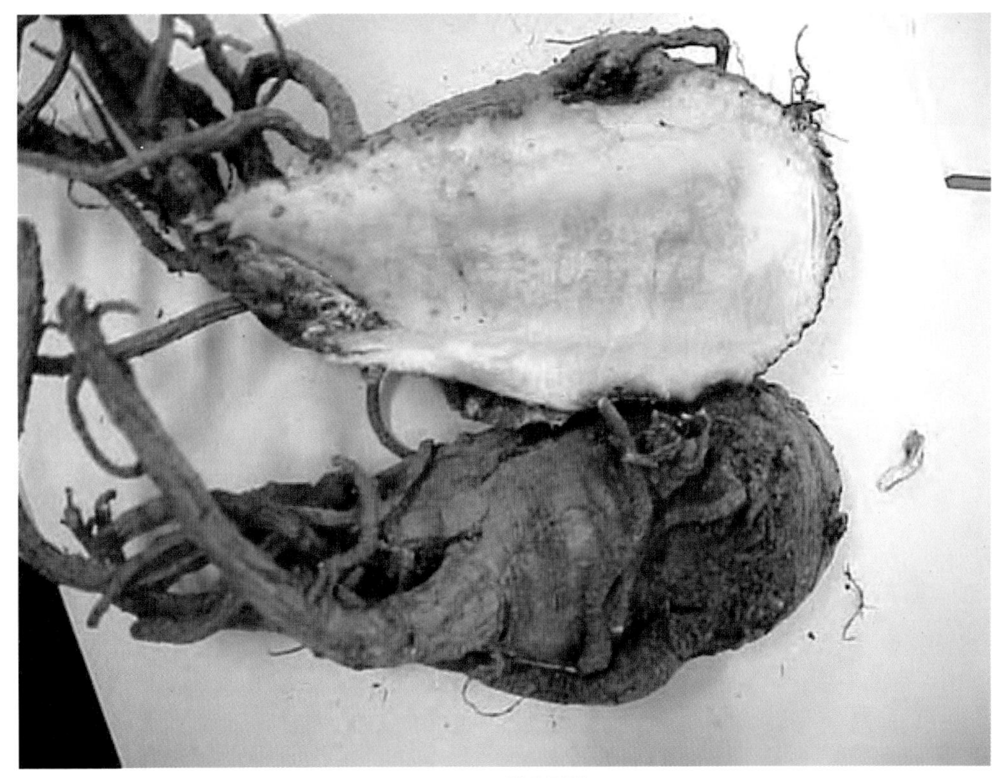

뿌리 단면

소화불량, 월경불순,
자궁냉증, 불임증 치료

구절초

Dendranthema zawadskii var. latilobum (Maxim.) Kitam.

한약의 기원 : 이 약은 구절초, 산구절초의 전초이다.

사용부위 : 전초

이 명 : 서흥구절초, 넓은잎구절초, 낙동구절초, 선모초, 찰씨국, 구절초(九節草)

생약명 : 구절초(九折草)

과 명 : 국화과(Compositae)

개화기 : 9~10월

전초 약재 전형

생태적특성 구절초는 숙근성 여러해살이풀로, 전국의 산과 들에서 분포한다. 땅속뿌리줄기가 옆으로 길게 뻗으며 번식하며, 키는 50cm 정도로 곧게 자란다. 잎은 달걀 모양이며 어긋나고 새의 깃 모양으로 깊게 갈라지고 갈라진 잎조각은 다시 몇 갈래로 갈라지거나 끝이 둔한 톱니 모양으로 갈라진다. 꽃은 흰색 또는 연분홍색으로 9~10월에 원줄기와 가지 끝에서 1송이씩 핀다. 열매는 긴 타원형이고 열매 껍질이 말라서 목질이 되어도 속이 터지지 않는 여윈열매로 10~11월에 달린다.

각 부위별 생김새

줄기

꽃

열매

채취시기와 방법 구절초(九節草)라는 이름은 '9월에 채취해야 약효가 우수하다'는 의미에서 붙여진 이름이다. 따라서 꽃이 피기 직전에 전초를 채취하여 햇볕에 말려 사용하면 좋다.

성분 리나린(linarin), 카페인산(caffeic acid), 3,5-디카페오일 퀸산(3,5-dicaffeoyl quinic acid), 4,5-O-디카페오일 퀸산(4,5-O-dicaffeoyl quinic acid) 등이 함유되어 있다.

성미 성질이 따뜻하고, 맛은 쓰다.

귀경 심(心), 비(脾), 위(胃) 경락에 작용한다.

효능과 치료 소화기능을 담당하는 중초(中焦)를 따뜻하게 하는 온중(溫中), 여성의 생리를 조화롭게 하는 조경(調經), 음식물을 잘 삭히는 소화(消化) 등의 효능이 있으며, 월경불순, 자궁냉증, 불임증, 위냉(胃冷), 소화불량 등을 치료한다.

약용법과 용량 말린 전초 50g을 물 1.5L에 넣어 끓기 시작하면 약한 불로 줄여 200~300mL가 될 때까지 달여 하루에 2회 나눠 마신다. 민간요법에서는 가을에 꽃이 피기 전에 채취하여 햇볕에 말려 환약이나 엿으로 고아서 장기간 복용하면 생리가 정상적으로 유지되고 임신하게 된다고 한다. 특히 오랫동안 냉방기를 사용하는 근무조건에서 일하거나 차가운 곳에서 생활해 몸이 냉해져 착상이 되지 않는 착상장애 불임 치료에도 효과적이다.

혼동하기 쉬운 약초 비교

구절초

흰국화

기능성물질 특허자료

▶ 구절초 추출물을 포함하는 신장암 치료용 조성물 및 건강기능성 식품

본 발명은 구절초 에탄올 추출물을 유효성분으로 함유하는 신장암 예방 및 치료용 조성물과 식품학적으로 허용 가능한 식품보조 첨가제를 포함하는 구절초 에탄올 추출물을 유효성분으로 함유하는 신장암 예방용 기능성 식품에 관한 것이다. 본 발명에 따른 신장암 치료용 조성물 및 기능성 식품은 신장암 세포의 성장을 억제하고 세포사멸을 유도하는 효과가 있어 신장암 치료 및 예방에 효과적으로 사용할 수 있다.

– 공개번호 : 10-2012-0111121, 출원인 : (주)한국전통의학연구소

해수, 천식, 수화불량,
이뇨, 딸꾹질

금불초

Inula britannica var. japonica (Thunb.) Franch. & Sav.

한약의 기원 : 이 약은 금불초, 구아선복화의 꽃이다.

사용부위 : 꽃

이 명 : 들국화, 옷풀, 하국(夏菊), 도경(盜庚), 금불화(金佛花), 금전화(金錢花)

생약명 : 선복화(旋覆花)

과 명 : 국화과(Compositae)

개화기 : 7~9월

약재

생태적특성 금불초는 전국 각지에서 분포하는 여러해살이풀로, 생육환경은 산과 들의 습기가 있는 곳이다. 키는 20~60cm로 곧게 자라고, 뿌리줄기는 옆으로 뻗으며 번식한다. 잎은 어긋나고 타원형 또는 긴 타원형이며 작은 톱니가 있고 끝이 뾰족하다. 꽃은 노란색으로 7~9월에 피며, 열매는 8~9월에 달린다.

각 부위별 생김새

어린잎

꽃

열매

채취시기와 방법 7~9월경 꽃이 활짝 피었을 때 꽃을 채취하여 그늘에서 말린다.

성분 꽃이 필 때의 지상부에는 세스퀴테르페노이드 락톤(sesquiterpenoid lactone) 화합물 브리탄(britan) 및 이눌리신(inulysine)이 함유되어 있다. 꽃에는 쿼세틴(quercetin), 이소쿼세틴(isoquercetin), 카페인산(caffeic acid), 클로로겐산(chlorogenic acid), 이눌린(inulin), 타락사스테롤(taraxasterol) 등 여러 종류의 스테롤이 함유되어 있다.

성미 성질이 따뜻하고, 맛은 짜고 맵고 쓰다.

귀경 간(肝), 폐(肺), 위(胃), 방광(膀胱) 경락에 작용한다.

효능과 치료 기침을 멈추게 하는 진해, 가래를 제거하는 거담, 위를 튼튼하게 하는 건위(健胃), 구토를 진정시키는 진토(鎭吐), 소변을 잘 나가게 하는 이수(利水), 기가 아래로 잘 내려가게 하는 하기(下氣) 등의 효능이 있어서 해수(咳嗽), 천식, 소화불량 등을 치료하고, 가슴과 옆구리가 그득하게 차오르는 느낌이 드는 흉협창만(胸脇脹滿), 애역(呃疫: 딸꾹질), 복수(腹水), 희기(噫氣: 탄식, 한숨) 등을 다스리는 데 사용한다.

약용법과 용량 말린 꽃 10g을 물 700mL에 넣어 끓기 시작하면 약한 불로 줄여 200~300mL가 될 때까지 달여 하루에 2회 나눠 마신다. 환 또는 가루로 만들어 복용하기도 하며, 외용할 경우에는 생것을 짓찧어 환부에 바른다.

혼동하기 쉬운 약초 비교

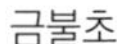

금불초

산국

기능성물질 특허자료

▶ 금불초 추출물을 포함하는 당뇨 또는 당뇨합병증 저해제

금불초 추출물을 유효성분으로 포함하는 당뇨 및 당뇨합병증 억제용 조성물이 제공된다. 본 발명에 따른 조성물은 α-글루코시데이즈 저해활성, 항산화활성 및 알도스 환원효소 억제활성 및 최종당화산물 억제작용 등이 뛰어나 당뇨 또는 당뇨 합병증의 예방 및 치료에 유용하게 사용할 수 있다.

– 공개번호 : 10-2011-0090584, 출원인 : 한림대학교 산학협력단

면역력증강, 당뇨, 고혈압

꽃송이버섯

Sparassis crispa (Wulfen) Fr.

분 포 : 한국, 중국, 유럽, 북아메리카
사용부위 : 자실체
이 명 : 꽃송이
생약명 : 수구심(綉球蕈)
과 명 : 꽃송이버섯과(Sparassidaceae)
개화기 : 여름~가을

자실체

생태적특성 꽃송이버섯은 여름부터 가을 사이에 침엽수(전나무)의 그루터기 또는 주변에 다발로 발생한다. 자실체가 성숙하면 전체는 9.5~22.5cm로 크고, 다소 둥글며, 작은 꽃잎 모양의 갓이 모여 꽃양배추 또는 해초 모양을 이룬다. 대는 2.5~5.5cm로 짧고 뭉툭하며 단단하고, 위쪽으로 반복하여 갈라져 짧은 분지를 수 없이 형성한다. 분지는 편평하게 되며, 얇고 파상형의 꽃잎형 또는 갓이 된다. 갓의 윗면은 평활하고, 백색 또는 담황색이나 성장 후에는 황토색을 띤다. 자실층은 각각의 작은 갓의 하면 또는 바깥쪽에 있고, 평활하며, 초기에는 담황색이나 성장하면 황토색이 되고 노숙하면 갈색이 된다. 조직은 얇고, 탄력성이 있으며 유연하고, 육질형이고, 백색이다. 맛은 부드럽고, 냄새는 특별하지 않다. 포자문은 백색이며, 포자 모양은 난형 또는 타원형이며, 표면은 평활하고, 멜저용액에서 비아밀로이드이다.

각 부위별 생김새

자실체

자실체(재배)

성분 항진균성분인 스파라졸(sparasol)을 함유하며 배당체로는 베타글루칸을 함유한다.

성미 성질은 평하고 맛은 달다.

귀경 심(心), 비(脾), 폐(肺), 대장(大腸), 신(腎) 경락에 작용한다.

효능과 치료 폐암, 대장암, 전립선암 등 항암 효능이 있고, 혈당강하, 혈압강하, 조혈, 항진균 등의 효능이 있다.

약용법과 용량 실체를 채취해 말려 그대로 또는 가루로 만들어 차로 우려 마신다.

혼동하기 쉬운 버섯 비교

꽃송이버섯

산호침버섯

소염, 진통, 항암, 혈관강화

꾸지뽕나무

Cudrania tricuspidata (Carr.) Bureau ex Lavallee

한약의 기원 : 이 약은 꾸지뽕나무의 뿌리껍질, 나무껍질 이다.

사용부위 : 뿌리껍질, 목질부, 나무껍질, 잎, 열매

이 명 : 구지뽕나무, 굿가시나무, 활뽕나무, 자수(柘樹)

생약명 : 자목백피(柘木白皮)

과 명 : 뽕나무과(Moraceae)

개화기 : 5~6월

뿌리 채취품

약재

생태적특성 꾸지뽕나무는 전국의 산과 들에서 자생 또는 재배하는 낙엽활엽소교목 또는 관목이다. 뿌리는 황색이고, 가지는 많이 갈라지고 검은빛을 띤 녹갈색이며 광택이 있고 딱딱한 억센 가시가 나 있다. 잎은 달걀 모양 또는 거꿀달걀 모양이며 서로 어긋나고 두껍고 밑부분은 원형으로 잎끝은 뭉툭하거나 날카롭다. 잎 가장자리는 밋밋하고 2~3회 갈라지며 표면은 짙은 녹색에 털이 나 있으나 자라면서 중앙의 맥에만 조금 남고 그 이외에는 털이 없어진다. 꽃은 황색으로 5~6월에 단성에 암수딴그루로 모두 두화를 이루며 피고, 열매는 둥글고 붉은색으로 9~10월에 달린다.

각 부위별 생김새

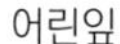

어린잎

꽃

덜익은 열매

채취시기와 방법 뿌리껍질과 물관부, 나무껍질은 연중 수시, 잎은 봄 · 여름, 열매는 9~10월에 채취한다.

꾸지뽕나무의 항암작용

꾸지뽕나무는 민간약재로 항암에 사용되고 있다. 1960년대 작은 시골도시의 개업 외과의사가 만성위염 환자의 위장 절제수술을 하였는데 절제한 위장 조각 덩어리를 뒤뜰의 장작더미 위에 버렸다. 하루 이틀 지나고 보니 절제된 위장 조각의 덩어리가 녹아내리는 것을 보고 이상히 여겨 주의 깊게 조사해보았더니 그 위장 덩어리가 암세포이며 그 당시 장작이 꾸지뽕나무인 것을 알았고 결국 꾸지뽕나무 장작에 의해 위암 세포 덩어리가 녹아내린다는 것도 알게 되었다. 그 이후로 꾸지뽕나무가 항암작용에 뛰어난 효과가 있다는 것을 알게 되어 꾸지뽕나무가 멸종 위기에 달하게 되었으나 지금은 많은 재배가 이루어지고 있는 실정이다.

성분 모린(morin), 루틴(rutin), 캠페롤-7-글루코시드(kaempherol-7-glucoside), 즉 포풀닌(populnin), 스타키드린(stachidrine) 및 프롤린(proline), 글루탐산(glutamic acid), 알기닌(arginine), 아스파라긴산(asparaginic acid)이 함유되어 있다.

성미 뿌리껍질과 나무껍질은 성질이 평범하고, 맛은 쓰다. 물관부는 성질이 따뜻하고, 맛은 달고, 독성은 없다. 잎은 성질이 시원하고, 맛은 약간 달다. 열매는 성질이 평범하고, 맛은 달고 쓰다.

귀경 간(肝), 심(心), 비(脾), 폐(肺), 신(腎) 경락에 작용한다.

효능과 치료 뿌리껍질과 나무껍질은 생약명을 자목백피(柘木白皮)라 하여 요통, 유정, 객혈, 혈관강화, 구혈(嘔血: 위나 식도 등의 질환으로 인해 피를 토하는 증상), 타박상을 치료하며 피부질환 및 아토피 치료에도 효과적이다. 특히 최근에는 항암작용이 밝혀졌다. 물관부는 생약명을 자목(柘木)이라 한다. 독성이 없어 안심하고 사용할 수 있는 생약으로 여성의 붕중(崩中: 월경기가 아닌데 심하게 하혈하는 증상), 혈결(血結: 피가 엉킴), 학질을 치료한다. 외용할 경우에는 달인 물로 환부를 씻어준다. 나무줄기와 잎은 생약명을 자수경엽(柘樹莖葉)이라 하여 소염, 진통, 거풍, 활혈의 효능이 있고 습진, 유행성 이하선염, 폐결핵, 만성 요통, 종기, 급성관절의 염좌 등을 치료한다. 특히 잎 추출물은 췌장암의 예방과 치료에 효과적이다. 열매는 생약명을 자수과실(柘樹果實)이라 하여 청열, 진통, 양혈, 타박상을 치료한다.

꾸지뽕나무와 뽕나무

꾸지뽕나무와 뽕나무는 뽕나무과에 속하는 낙엽활엽이며 잎을 양잠 누에의 먹이로 사용한다. 꾸지뽕나무는 줄기와 가지에 억세고 딱딱한 가시가 돋아나 있고, 뽕나무의 햇가지에는 부드러운 털이 나 있는데 두 나무 모두 잎이나 줄기 가지를 자르면 우윳빛 유액이 흘러나온다. 뽕나무와 꾸지뽕나무는 약효 성분도 다르고 약효 작용도 다소 다르지만 뽕나무는 뿌리부터 물관부, 나무껍질, 가지, 잎, 열매 등 나무 전체를 버릴 것 없이 약용하며 혈압강하, 혈당강하, 항암, 항균, 항염 등의 질병을 치료하는 중요한 약효로 인기가 높고, 꾸지뽕나무는 항암작용이 강력한 약효로 인기가 높다.

약용법과 용량 말린 뿌리껍질과 목질부, 나무껍질 100~150g을 물 900mL에 넣어 반이 될 때까지 달여 하루에 2~3회 나눠 마신다. 외용할 경우에는 뿌리껍질이나 나무껍질을 짓찧어 환부에 발라 치료하고, 달인 액으로는 환부를 씻어준다. 말린 나무줄기와 잎 30~50g을 물 900mL에 넣어 반이 될 때까지 달여 하루에 2~3회 나눠 마신다. 외용할 경우에는 잎을 짓찧어 환부에 붙인다. 말린 열매 30~50g을 물 900mL에 넣어 반이 될 때까지 달여 하루에 2~3회 나눠 마신다. 외용할 경우에는 잘 익은 열매를 짓찧어 환부에 붙인다.

혼동하기 쉬운 약초 비교

꾸지뽕나무 뽕나무

면역력 증강, 고혈압,
호흡기 질환

꽃흰목이

Tremella foliacea Pers.

분 포 : 한국, 전 세계
사용부위 : 자실체
이 명 : 흰목이
생약명 : 다이(茶耳: 중국)
과 명 : 흰목이과(Tremellaceae)
개화기 : 여름~가을

자실체

생태적특성 꽃흰목이는 여름부터 가을 사이에 활엽수의 고목, 죽은 가지에 뭉쳐서 발생하며 기부는 하나이다. 목재를 썩히는 부생생활을 한다. 지름이 3~10cm이고, 높이는 2~6cm 정도이며, 꽃잎 모양으로 반투명의 아교질이다. 일반적으로 나무의 수피가 갈라진 곳에서 나오며, 갓은 성장하면서 주름져 있거나 불규칙한 꽃잎 모양을 이룬다. 갓 표면은 매끄럽고, 연한 갈색 또는 적갈색을 띠며, 건조하면 흑갈색으로 오므라들거나 단단해지고, 습기를 흡수하면 원상태로 회복된다. 자실층은 표면의 양쪽면에 분포되어 있으며, 기부는 다소 단단하고 갈색을 띤다. 포자문은 백색이고, 포자 모양은 난형이다.

각 부위별 생김새

자실체

수피가 갈라진 곳에서 발생

성분 배당체로 베타글루칸을 함유한다.

성미 성질은 평하고 맛은 약간쓰다.

귀경 심(心), 폐(肺), 대장(大腸) 경락에 작용한다.

효능과 치료 항산화, 혈압강하 등의 효능이 있다.

약용법과 용량 항종양, 면역력증강, 고혈압, 호흡기질환 등에 이용한다. 중국(푸젠성: 福建省)에서는 민간요법으로 부인과병에 이용한다.

혼동하기 쉬운 버섯 비교

꽃흰목이버섯

흰목이버섯

목이버섯 종류

꽃흰목이버섯

흰목이버섯

목이버섯

전염성 간염, 유방암,
구안와사, 연주창 치료

꿀풀

Prunella vulgaris subsp. asiatica (Nakai) H.Hara

한약의 기원 : 이 약은 꿀풀, 하고초의 꽃대이다.

사용부위 : 이삭

이 명 : 꿀방망이, 가지골나물, 가지래기꽃, 석구(夕句), 내동(乃東)

생약명 : 하고초(夏枯草)

과 명 : 꿀풀과(Labiatae)

개화기 : 5~7월

전초 약재 전형 　　 이삭 약재 전형

생태적특성 꿀풀은 각처의 산이나 들에 뭉쳐서 자라는 여러해살이풀로 관화식물이다. 유사종으로는 흰꿀풀, 붉은꿀풀, 두메꿀풀이 있다. 생육환경은 산기슭이나 들의 양지바른 곳이며, 키는 20~30cm이다. 줄기는 네모지고 전체에 짧은 털이 나 있고, 잎은 길이가 2~5cm이고 타원형의 바소꼴이고 마주난다. 5~7월에 길이 3~8cm의 적자색 꽃이 줄기 위에서 층층이 모여 피고 앞으로 나온 꽃잎은 입술 모양이다. 열매는 7~8월경에 황갈색으로 달리고 꼬투리는 가을에도 마른 채로 남아 있다.

각 부위별 생김새

꽃

열매

흰꿀풀

채취시기와 방법 여름철에 이삭이 반쯤 말라 홍갈색을 띨 때 [이런 특성 때문에 '하고초(夏枯草)'라는 이름이 붙여졌다]에 이삭을 채취한 후 이물질을 제거하고 잘게 썰어 말린 다음 사용한다.

성분 전초에는 트리테르피노이드계 성분으로, 올레아놀릭산(oleanolic acid), 우르솔릭산(ursolic acid) 등이 있고, 플라보노이드(flavonoid)계 성분으로 루틴(rutin), 하이페로사이드(hyperoside) 등이 함유되어 있다. 꽃이삭에는 안토시아닌(anthocyanin)인 델피니딘(delphinidin)과 시아니딘(cyanidin), d-캄퍼(d-camphor), d-펜콘(d-fenchone), 우르솔릭산이 함유되어 있다.

성미 성질이 차고, 맛은 맵고 쓰며, 독성은 없다.

귀경 간(肝), 담(膽) 경락에 작용한다.

효능과 치료 간을 깨끗하게 하는 청간(淸肝), 맺힌 기를 흩어지게 하는 산결(散結)의 효능이 있으며, 나력(瘰癧), 영류(癭瘤: 혹), 유옹(乳癰: 유방의 종창), 유방암 등을 치료한다. 그 밖에 밤에 안구 통증이 있을 때, 두통과 어지럼증, 구안와사(口眼喎斜: 풍사로 인하여 눈과 입이 한쪽으로 틀어지는 증상), 근육과 뼈의 통증인 근골동통(筋骨疼痛), 폐결핵, 급성 황달형 전염성 간염, 여성들의 혈붕, 대하 등을 치료한다.

약용법과 용량 주로 간열(肝熱)을 풀어 눈을 밝게 하거나 머리를 맑게 하는 목적으로 많이 사용한다. 말린 이삭 15g을 물 700mL에 넣어 끓기 시작하면 약하게 줄여 200~300mL가 될 때까지 달여 하루에 2회 나눠 마신다. 차로 우려내거나 달여 마시기도 하며 이 경우에는 향부자, 국화, 현삼, 박하, 황금, 포공영(蒲公英: 민들레 말린 것) 등을 배합한다.

잎 앞면

잎 뒷면

기능성물질 특허자료

▶ 꿀풀 추출물을 함유하는 항암제 조성물

본 발명은 꿀풀의 메탄올 추출물을 유효성분으로 함유하는 항암 조성물 및 이를 포함하는 건강식품에 관한 것이다. 본 발명에 따른 꿀풀 추출물은 자궁암, 결장암, 전립선암 및 폐암 세포주에 대한 증식 억제 활성을 나타내면서도 정상세포에는 낮은 증식 억제 활성을 가지기 때문에 상기 암 질환 치료에 큰 도움이 될 수 있으리라 기대된다.

– 공개번호 : 10-2010-0054599, 출원인 : 한국생명공학연구원

면역력 증강, 각종 궤양과 암 예방

노루궁뎅이

Hericium erinaceus (Bull.) Pers.

분 포 : 한국, 북반구 온대 이북
사용부위 : 자실체
이 명 : 노루궁뎅이버섯
생약명 : 후두(猴頭)
과 명 : 노루궁뎅이과(Hericiaceae)
개화기 : 여름~가을

자실체

생태적특성 노루궁뎅이는 여름에서 가을까지 활엽수의 줄기에 홀로 발생하며, 부생생활을 한다. 지름은 5~20cm 정도로 반구형이며, 주로 나무줄기에 매달려 있다. 윗면에는 짧은 털이 빽빽하게 나 있고, 전면에는 길이 1~5cm의 무수한 침이 나 있어 고슴도치와 비슷해 보인다. 처음에는 백색이나 성장하면서 황색 또는 연한 황색으로 된다. 조직은 백색이고, 스펀지상이며, 자실층은 침 표면에 있다. 포자문은 백색이며, 포자 모양은 유구형이다.

각 부위별 생김새

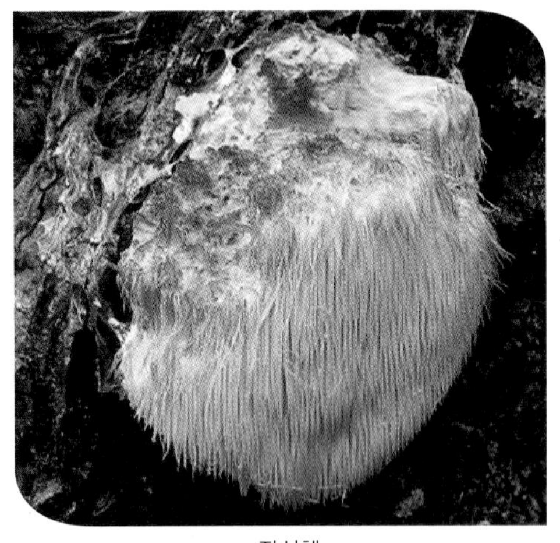

자실체

자실체(재배종)

성분 미량 금속원소 11종, 게르마늄, 키틴(Chitin) 등을 함유하며, 항종양 다당체로서 헤테로싸일로글루칸(heteroxyloglucan), 갈락토싸일로글루칸(galactoxyloglucan), 글루코싸일란프로테인(glucoxylan protein), 클루코싸일란(glucoxylan), 싸일란(xylan) 등을 함유한다. 그밖에도 렉틴(lectin), 에리나신(erinacine) A · B · C · D, 헤리세논(hericenon: 신경 성장 인자 유도 합성 촉진) A · B · C · D · E · F · G · H 등을 함유한다.

성미 성질은 평하고 맛은 달다.

귀경 간(肝), 비(脾), 위(胃) 경락에 작용한다.

효능과 치료 오장을 이롭게 하고, 소화력을 돕는 효능이 있으며, 항종양, 항염, 항균, 소화촉진, 위점막 보호 기능 증강, 궤양 치유 촉진, 면역 증강의 작용을 한다. 주로 위궤양, 십이지장궤양, 만성위염, 만성위축성위염, 식도암, 분문암, 위암, 장암 치료에 효과가 있으며, 당뇨, 소화불량, 신경쇠약, 신체허약을 다스린다. 특히 신체 내의 불필요한 활성산소를 제거하는 물질인 SOD(Super Oxide Demutase) 효소가 매우 풍부하다. 따라서 모든 질병의 예방 및 치료에 탁월한 효능이 있다.

약용법과 용량 오장을 이롭게 하고 소화기관을 돕는다. 항돌연변이 및 암예방 효과, 암세포 성장 억제, 면역력 증강, 치매 예방 등에 이용한다. 소화불량 및 위궤양에는 말린 노루궁뎅이 60g을 물에 달여 하루에 2회 나눠 마시고, 신경쇠약 및 신체허약증에는 말린 노루궁뎅이 150g을 닭과 함께 삶아 달인 뒤 하루에 1~2회 나눠 마신다.

혼동하기 쉬운 약초 비교

노루궁뎅이

산호침버섯

근육강화, 관절통, 신경성 동통

노루발

Pyrola japonica Klenze ex Alef.

한약의 기원 : 이 약은 노루발풀, 기타 동속식물의 전초이다.

사용부위 : 전초

이 명 : 노루발풀, 녹포초(鹿飽草), 녹수초(鹿壽草), 녹함초(鹿含草)

생약명 : 녹제초(鹿蹄草)

과 명 : 노루발과(Pyrolaceae)

개화기 : 6~7월

전초 채취품

생태적특성 노루발은 각처의 산에서 자라는 여러해살이풀로, 생육환경은 반그늘의 낙엽수 아래이다. 키는 26cm 내외이고, 잎은 길이가 4~7cm, 너비는 3~5cm이고 밑동에서 뭉쳐서 나며 넓은 타원형이다. 잎은 광택이 많이 나고 한겨울에도 고사하지 않는 특징이 있다. 꽃은 흰색으로 6~7월에 윗부분에서 2~12송이가 무리 지어 피는데 능선이 있고 1~2장의 비늘과 같은 잎이 있으며 꽃 길이는 10~25cm, 지름은 1.2~1.5cm이다. 열매는 9~10월에 달리고 흑갈색으로 이듬해까지 남아 있다.

각 부위별 생김새

잎

꽃

열매

채취시기와 방법 연중 채취가 가능하지만 꽃이 피는 6~7월에 채취하는 것이 가장 좋다. 채취한 잎을 연하고 부드럽고 꼬들꼬들할 정도로 햇볕에서 60~80%로 말려 쌓아두고 잎의 양면이 자홍색이나 자갈색으로 변하면 다시 햇볕에 완전히 말려 보관한다.

성분 피롤라틴(pirolatin), 알부틴(arbutin), 퀴세틴(quercetin), 치마필린(chimaphilin), 모노트로페인(monotropein), 우르솔산(ursolic acid), 헨트리아콘탄(hentriacontane), 올레아놀릭산(oleanolic acid) 등이 함유되어 있다.

성미 성질이 평범하고, 맛은 달고 쓰다.

귀경 간(肝), 비(脾), 신(腎) 경락에 작용한다.

효능과 치료 몸을 튼튼하게 하는 강장, 신장의 기운을 돕는 보신, 습사를 제거하는 거습(祛濕), 통증을 멈추는 진통, 혈액을 깨끗하게 해주는 양혈, 독성을 풀어주는 해독 등의 효능이 있다. 양도(陽道: 남자의 성기)가 위축되는 양위(陽萎: 조루나 발기 불능), 경계(驚悸: 놀라서 가슴이 두근거리거나 가슴이 두근거리면서 놀라는 증세로서 심계보다는 경한 증상), 고혈압, 요도염, 음낭습(陰囊濕: 음낭 아랫부분이 축축한 증상), 월경과다, 타박상, 뱀 물린 상처 등을 치료한다. 특히 풍사와 습사를 제거하는 거풍제습(祛風除濕), 근육을 강화하고 뼈를 튼튼하게 하는 강근건골(强筋健骨) 등의 효능이 뛰어나므로 풍습성 관절통을 비롯하여 각종 신경성 동통(疼痛: 심한 통증), 근육과 뼈가 위축되고 약해지는 근골위연(筋骨萎軟), 신장 기능이 허약하여 오는 요통, 발목과 무릎의 무력증세 등의 병증을 다스리는 데에도 유용하다.

약용법과 용량 말린 전초 15g을 물 700mL에 넣어 끓기 시작하면 약하게 줄여 200~300mL가 될 때까지 달여 하루에 2회 나눠 마신다. 술을 담가 마시기도 하는데 발효주를 담글 때에는 고두밥을 지을 때 함께 넣기도 하고, 침출주를 담글 때에는 말린 전초 20~50g을 소주 30%짜리 3.6L에 넣어 100일 정도 두었다가 걸러 반주로 1잔씩 마신다.

기능성물질 특허자료

▶ 항산화 및 세포 손상 보호 효능을 갖는 노루발풀 추출물 및 이를 함유하는 조성물

본 발명은 항산화 및 세포 보호 효능을 갖는 노루발풀 추출물 및 이를 함유하는 화장료 조성물에 관한 것으로, 세포에 독성은 없고, 피부에 자극을 유발하지 않을 뿐만 아니라, 산화적 스트레스로부터 세포 손상 보호 효능을 가지며, 자유 라디칼(Free Radical) 소거능을 통한 항산화 효과를 나타낸다.

– 공개번호 : 10-2012-0004884, 출원인 : (주)래디안

고혈압, 타박상, 위염, 항균

누리장나무

Clerodendrun trichotomum Thunb.

한약의 기원 : 이 약은 누리장나무의 어린 가지와 잎이다.
사용부위 : 뿌리, 가지와 잎, 꽃, 열매
이 명 : 개똥나무, 노나무, 개나무, 구릿대나무, 누기개나무, 이라리나무, 누룬나무, 깨타리, 구린내나무, 누르나무, 해주상산(海州常山)
생약명 : 취오동(臭梧桐)
과 명 : 마편초과(Verbenaceae)
개화기 : 7~8월

꽃 채취품

줄기 약재 전형

열매 약재 전형

생태적특성 누리장나무는 중 · 남부 지방의 산기슭 산골짜기 길가에서 자라는 낙엽 활엽관목으로, 높이는 3m 이상으로 자라고, 줄기는 가지가 갈라져 표면은 회백색이다. 잎은 달걀 모양 또는 타원형에 서로 마주나며 잎끝은 뾰족하고 밑부분은 넓은 쐐기 모양에 가장자리는 밋밋하거나 물결 모양의 톱니가 있다. 잎 표면은 녹색이고 뒷면은 짙은 황색이며 어린잎일 때에는 양면 모두 흰색의 짧은 털로 뒤덮여 있지만 성장하면 표면은 광택이 나고 매끈매끈해진다. 꽃은 흰색 또는 짙은 붉은색으로 7~8월에 취산꽃차례로 새가지 끝에서 피고 누린내 비슷한 다소 불쾌한 냄새가 난다. 열매는 둥글고 9~10월에 달리는데 붉은색의 꽃받침으로 싸여 있다가 터지며, 종자는 검은색 혹은 흑남색이다.

각 부위별 생김새

어린잎

꽃봉우리

꽃

채취시기와 방법 가지와 잎은 6~10월, 꽃은 7~8월, 열매는 9~10월, 뿌리는 가을 · 겨울에 채취한다.

성분 뿌리에는 클레로도론(clerodolone), 클레로돈(clerodone), 클레로스테롤(clerosterol), 잎에는 클레로덴드린(clerodendrin), 메소-이노시톨(meso-inositol), 알칼로이드(alkaloid)가 함유되어 있다.

성미 성질이 차고, 맛은 쓰다.

귀경 심(心) 경락에 작용한다.

효능과 치료 뿌리는 생약명을 취오동근(臭梧桐根)이라 하여 말라리아, 류머티즘에 의한 사지마비, 사지통증, 고혈압, 식체에 의한 복부 당김, 소아정신 불안정, 타박상 등을 치료한다. 어린 가지와 잎은 생약명을 취오동(臭梧桐)이라 하여 두통, 고혈압, 거풍습, 반신불수, 말라리아, 이질, 편두통, 치창 등을 치료한다. 꽃은 생약명을 취오동화(臭梧桐花)라 하여 두통, 이질, 탈장, 산기 등을 치료한다. 열매는 생약명을 취오동자(臭梧桐子)라 하여 천식, 거풍습을 치료한다.

약용법과 용량 말린 뿌리 30~50g을 물 900mL에 넣어 반이 될 때까지 달여 하루에 2~3회 나눠 마시거나, 말린 뿌리 100~200g을 짓찧어서 낸 즙을 술로 빚어 아침저녁 50mL씩 마신다. 외용할 경우에는 뿌리껍질을 짓찧어 환부에 바른다. 말린 어린 가지와 잎 30~50g을 물 900mL에 넣어 반이 될 때까지 달여 하루에 2~3회 나눠 마신다. 말린 꽃 20~30g을 물 900mL에 넣어 반이 될 때까지 달여 하루에 2~3회 나눠 마신다. 말린 열매 30~50g을 물 900mL에 넣어 반이 될 때까지 달여 하루에 2~3회 나눠 마신다.

열매

▶ 누리장나무 잎 추출물로부터 아피게닌-7-오-베타-디-글루쿠로니드를 분리하는 방법 및 이 화합물을 함유하는 위염 및 역류성 식도염 질환 예방 및 치료를 위한 조성물

본 발명은 누리장나무 잎으로부터 아피게닌-7-O-β-D-글루쿠로니드(apigenin-7-O-β-D-glucuronide; 이하 "AGC"라 함)를 분리하는 분리 방법 및 이 화합물을 함유하는 위장관 염증, 궤양 및 역류성 식도염의 예방 및 치료용 조성물에 관한 것이다. 본 발명에서는 누리장나무 잎의 추출물로부터 클로로포름, 에테르, 메틸렌클로라이드를 이용하여 탈지시킨 다음, 비이온성 교환수지를 사용하여 당과 무기염을 제거하고 세파덱스 LH 20을 이용한 이차 컬럼을 통해 다량의 순수한 AGC를 수득할 수 있으며, 분리된 이 AGC가 위염 및 역류성 식도염에 기존의 약물보다 탁월한 치료효과를 나타내므로 위염 및 역류성 식도염 질환의 예방 및 치료에 유용한 의약품 및 건강보조식품을 제공한다.

– 공개번호 : 10-2003-0091403, 특허권자 : 손의동

▶ 누리장나무 추출물을 포함하는 항균 조성물

본 발명은 누리장나무 추출물 및 이로부터 분리한 22-디하이드로클레로스테롤(22-dehydroclerosterol) 또는 베타-아미린(β-amyrin)을 유효성분으로 포함하는 헬리코박터균에 대한 항균조성물에 관한 것이다. 본 발명의 누리장나무 추출물 및 이로부터 분리한 22-디하이드로클레로스테롤(22-dehydroclerosterol) 또는 베타-아미린(β-amyrin)은 헬리코박터파이로리균에 대한 항균활성을 가지며, 위장에 자극을 주지 않아 헬리코박터파이로리균에 의한 각종 위 및 십이지장 질환을 예방 및 치료하는 데 유용하다.

– 공개번호 : 10-2012-0055480, 출원인 : 대한민국(산림청 국립수목원장

▶ 누리장나무 잎으로부터 악테오시드를 추출하는 방법 및 이를 함유하는 항산화 및 항염증 약학조성물

본 발명은 누리장나무 잎으로부터 천연항산화제 개발 및 잎을 이용한 다류 및 엑스 제제의 기능성 항산화제에 사용할 수 있는 성분을 분리한다. 누리장나무 잎의 물 또는 저급 알코올 가용추출물을 염화메틸렌과 같은 지용성 용매로 탈지시키고, 칼럼 크로마토그래피를 실시하여 70~90% 메탄올 분획을 분리한 후 세파덱스 칼럼 크라마토그래피법을 반복 실시함을 수행함으로써 악테오시드 화합물을 분리한다.

– 공개번호 : 10-2007-0078658, 출원인 : 황완균

어혈, 월경불순, 통풍

능소화

Campsis grandiflora (Thunb.) K. Schum.

한약의 기원 : 이 약은 능소화, 미국능소화의 꽃이다.

사용부위 : 뿌리, 잎과 줄기, 꽃

이　명 : 능소화나무, 금등화, 릉소화, 등라화(藤羅花), 타태화(墮胎花), 자위(紫葳), 발화(茇華)

생약명 : 능소화(凌霄花)

과　명 : 능소화과(Bignoniaceae)

개화기 : 7~9월

꽃 약재

줄기 채취품

생태적특성 능소화는 중국이 원산지로, 우리나라에서는 중 · 남부 지방에서 분포하는 덩굴성 낙엽목본이다. 옛날에는 '양반꽃' 또는 '어사화'라 하여 양반집에서만 키울 수 있었다 한다. 덩굴 길이는 10m 전후로 뻗어나가고, 줄기는 황갈색이다. 잎은 홀수의 새 날개깃 모양의 겹잎으로 잎끝은 뾰족하며 가장자리에는 톱니가 있고 다른 물체에 붙어서 사는 작은 잎자루에는 짙은 황갈색 털이 나 있다. 꽃은 적황색으로 7~9월에 원뿔꽃차례로 가지 끝에서 5~15송이가 핀다. 열매는 튀는열매로 9~10월에 달린다.

각 부위별 생김새

어린잎

꽃

열매

채취시기와 방법 꽃은 7~9월, 뿌리는 연중 수시, 잎과 줄기는 봄 · 여름에 채취한다.

성분 이리도이드(iridoid) 배당체, 플라보노이드(flavonoid)류, 알칼로이드(alkaloid), 베타-시토스테롤(β-sitosterol) 등이 함유되어 있다.

성미 성질이 약간 차고, 맛은 시며, 독성은 없다.

귀경 심(心), 간(肝) 경락에 작용한다.

효능과 치료 뿌리는 자위근(紫葳根)이라 하여 거풍(祛風), 양혈, 어혈, 파어통경(破瘀通經: 어혈을 풀고 경락을 통하게 함), 양혈거풍(凉血祛風: 혈분의 열사를 제거하고 풍사를 물리침), 피부 가려움증, 풍진, 인후종통, 손발저림과 나른하고 아픈 증상을 치료한다. 잎과 줄기는 자위경엽(紫葳莖葉)이라 하여 양혈, 어혈의 효능이 있고 피부 가려움증, 풍진, 손발저림, 인후종통, 혈열생풍, 종독 등을 치료한다. 꽃은 생약명을 능소화(凌霄花)라 하여 뭉친 혈액을 맑고 시원하게 해주는데 월경불순이나 여성의 여러 가지 산후 질환을 치료하고 한열에 의하여 마르고 쇠약해지는 증상을 치료한다. 능소화 추출물은 당뇨 합병증 치료 또는 예방용 조성물로 당뇨 합병증의 치료 및 예방 또는 개선을 위하여 사용될 수 있다는 연구결과도 나왔다.

약용법과 용량 말린 뿌리 20~30g을 물 900mL에 넣어 반이 될 때까지 달여 하루에 2~3회 나눠 마신다. 말린 잎과 줄기 30~50g을 물 900mL에 넣어 반이 될 때까지 달여 하루에 2~3회 나눠 마신다. 말린 꽃 10~20g을 물 900mL에 넣어 반이 될 때까지 달여 하루에 2~3회 나눠 마신다.

미국 능소화

당뇨, 건위, 관절통, 항알레르기

다래

Actinidia arguta (Siebold & Zucc.) Planch. ex Miq.

한약의 기원 : 이 약은 다래나무의 뿌리, 잎, 열매이다.
사용부위 : 뿌리, 잎, 열매
이 명 : 다래나무, 참다래나무, 다래너출, 다래넝쿨, 참다래, 청다래넌출, 다래넌출, 청다래나무, 조인삼(租人蔘), 미후도(獼猴桃)
생약명 : 목천료(木天蓼), 연조자(軟棗子), 미후리(獼猴梨)
과 명 : 다래나무과(Actinidiaceae)
개화기 : 5~6월

열매 약재　　잎 약재　　벌레집(충영)

생태적특성 다래는 전국 각지의 산지 계곡에서 자라는 덩굴성 낙엽식물로, 덩굴 길이는 7~10m인데 그 이상도 있다. 새 가지에는 회백색의 털이 드문드문 나 있으나 오래된 가지에는 털이 없고 미끄럽다. 잎은 달걀 모양 또는 타원형 달걀 모양에 서로 어긋나고 막질이며 잎 길이는 6~13cm, 너비는 5~9cm로 끝은 점점 뾰족해지고 잎 가장자리에는 날카로운 톱니가 있다. 꽃은 흰색으로 5~6월에 잎겨드랑이에서 취산꽃차례로 3~6송이가 핀다. 열매는 물열매로 달걀 모양 원형에 표면은 반질거리며 9~10월경에 녹색으로 달린다.

각 부위별 생김새

잎

꽃

열매

채취시기와 방법 뿌리는 가을 · 겨울, 잎은 여름, 열매는 9~10월에 채취한다.

성분 뿌리와 잎에는 액티니딘(actinidine), 열매에는 타닌(tannin), 비타민 A · C · P, 점액질, 전분, 서당, 단백질, 유기산 등이 함유되어 있다.

성미 뿌리와 잎은 성질이 평범하고, 맛은 담백하고 떫다. 열매는 성질이 평범하고, 맛은 달다.

귀경 간(肝), 폐(肺), 위(胃), 대장(大腸) 경락에 작용한다.

효능과 치료 뿌리와 잎은 생약명을 목천료(木天蓼)라 하여 건위, 청열, 이습(利濕), 최유(催乳)의 효능이 있고 간염, 황달, 구토, 지사, 소화불량, 류머티즘, 관절통 등을 치료한다. 열매는 생약명을 미후리(獼猴梨), 연조자(軟棗子)라 하여 당뇨의 소갈증, 번열, 요로결석을 치료한다. 다래 추출물은 알레르기성 질환과 비알레르기성 염증 질환의 예방, 치료와 탈모 및 지루성 피부염의 예방 및 치료, 개선 등에도 효과가 있다는 연구결과가 나왔다.

약용법과 용량 말린 뿌리와 잎 50~100g을 물 900mL에 넣어 반이 될 때까지 달여 하루에 2~3회 나눠 마신다. 말린 열매 30~50g을 물 900mL에 넣어 반이 될 때까지 달여 하루에 2~3회 나눠 마신다.

혼동하기 쉬운 약초 비교

다래

개다래

기능성물질 특허자료

▶ 다래 추출물을 함유하는 알레르기성 질환 및 비알레르기성 염증 질환의 치료 및 예방을 위한 약학조성물

본 발명은 항알레르기 및 항염증 활성을 갖는 다래 과실 추출물을 함유한 약학조성물에 관한 것으로, 본 발명의 다래과실 추출물은 Th1 사이토카인 및 IgG2a의 혈청 내 수치를 높이고, Th2 사이토카인 및 IgE의 혈청 레벨을 낮춤으로써 비만세포(mast cell)로부터 히스타민의 방출 억제 및 염증 활성을 억제시키는 작용을 나타냄으로써 알레르기성 질환 또는 비알레르기성 염증 질환의 예방 및 치료에 유용한 약학조성물로 사용될 수 있다.

– 공개번호 : 10-2004-0018118, 출원인 : (주)팬제노믹스

각종 종양, 암 예방

단색털구름버섯

Cerrena unicolor (Bull.) Murrill

분 포 : 한국, 일본, 중국 등 북반구 일대

사용부위 : 자실체

이 명 : *Coriolus unicolor* (Bull. : Fr.) Pat., *Daedalea unicolor* Fr.

생약명 : 단색혁개균(單色革蓋菌)

과 명 : 구멍장이버섯과(Polyporaceae)

개화기 : 연중

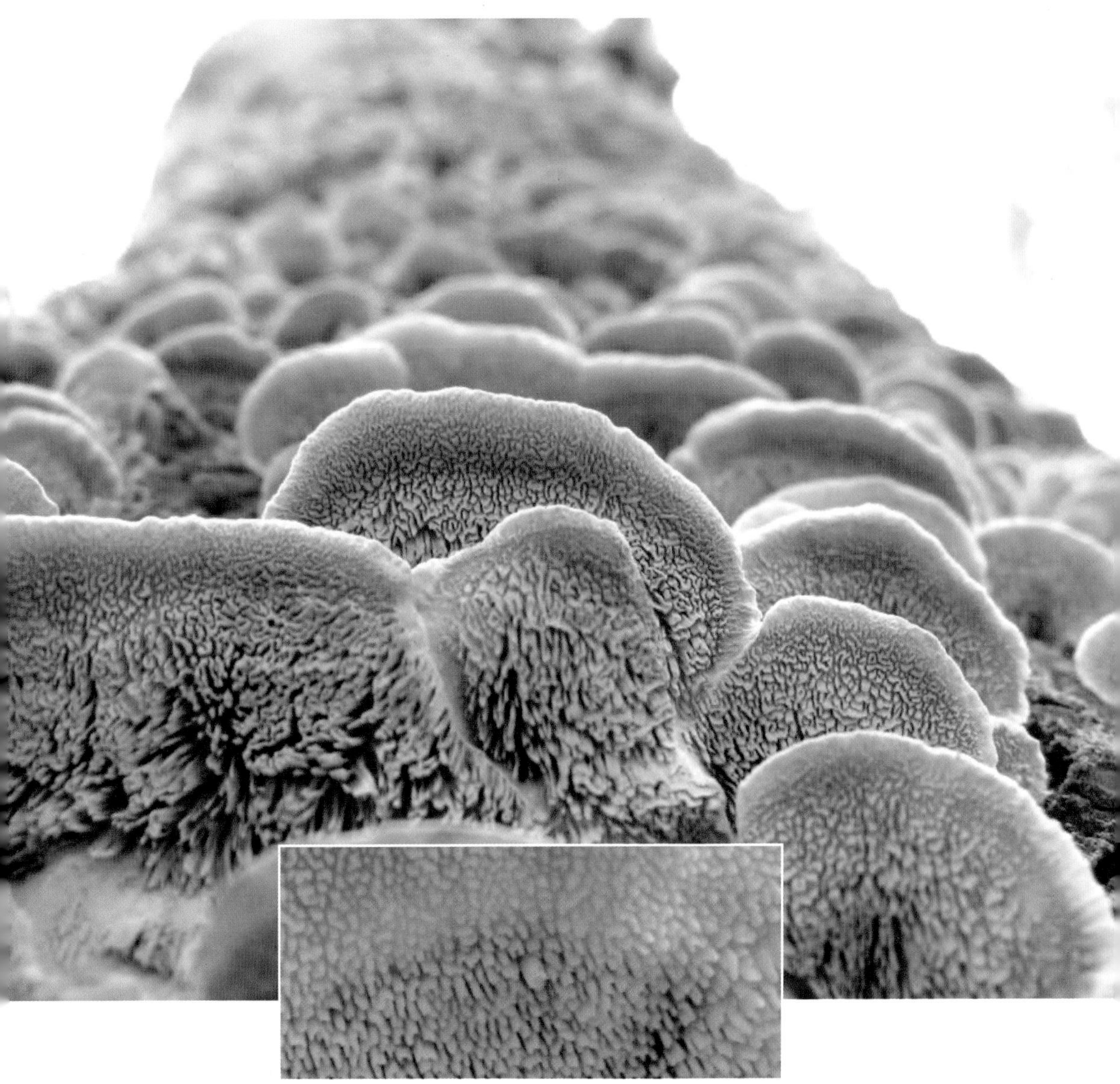

자실체

생태적특성 단색털구름버섯은 1년 내내 침엽수, 활엽수의 고목 또는 그루터기에 기왓장처럼 겹쳐서 무리지어 발생하며, 부생생활을 한다. 갓은 지름이 1~5cm, 두께는 0.1~0.5cm 정도이며, 반원형으로 얇고 단단한 가죽처럼 질기다. 표면은 회백색 또는 회갈색으로 녹조류가 착생하여 녹색을 띠며, 고리 무늬가 있고, 짧은 털로 덮여 있다. 조직은 백색이며, 질긴 가죽질이다. 대는 없고 기주에 부착되어 생활한다. 관공은 0.1cm 정도이며, 초기에는 백색이나 차차 회색 또는 회갈색이 되고, 관공구는 미로로 된 치아상이다. 포자문은 백색이고, 포자 모양은 타원형이다.

각 부위별 생김새

자실체

자실체

성분 모노글리세라이드(monoglyceride)를 함유한다.

성미 밝혀진 것이 없다.

귀경 간(肝) 경락에 작용한다.

효능과 치료 항암, 항종양 등의 효능이 있다.

약용법과 용량 각종 종양에 이용한다.

소변불리, 단독(丹毒), 학질, 백대하

닭의장풀

Commelina communis L.

한약의 기원 : 이 약은 닭의장풀의 전초이다.

사용부위 : 전초

이 명 : 닭의밑씻개, 닭개비, 계설초(鷄舌草), 죽근채(竹根菜), 압자초(鴨仔草)

생약명 : 압척초(鴨跖草), 죽엽채(竹葉菜)

과 명 : 닭의장풀과(Commelinaceae)

개화기 : 7~8월

전초 약재 전형

생태적특성 닭의장풀은 각처의 들이나 길가에서 흔히 자라는 한해살이풀로, 생육환경은 양지 혹은 반그늘이다. 유사종으로 큰닭의장풀, 흰꽃좀닭의장풀, 자주닭개비 등이 있다. 키는 15~50cm로 자라며, 잎은 길이가 5~7cm, 너비는 1~2.5cm로 어긋나고 달걀 모양의 바소꼴로 뾰족하다. 꽃은 하늘색으로 7~8월에 잎겨드랑이에서 나온 꽃대 끝의 포에 싸여 핀다. 넓은 심장 모양의 포는 길이가 약 2cm로 안으로 접히고 끝이 뾰족해지며 겉에는 털이 나 있거나 없다. 줄기에는 세로 주름이 있고 대부분 분지(分枝: 가지가 갈라진 것)되어 있거나 수염뿌리가 있다. 열매는 9~10월경에 타원형으로 달린다.

각 부위별 생김새

어린잎

꽃

열매

채취시기와 방법 여름 · 가을에 지상부를 채취한 후 이물질을 제거하고 절단하여 햇볕에 말린다.

성분 지상부에는 아워바닌(awobanin), 코멜린(commelin), 플라보코멜리틴(flavocommelitin) 등이 함유되어 있다.

성미 성질이 차고, 맛은 달고 담백하며, 독성은 없다.

귀경 심(心), 간(肝), 비(脾), 신(腎), 대장(大腸), 소장(小腸) 경락에 작용한다.

효능과 치료 소변을 잘 나가게 하는 이뇨, 몸의 열을 식히는 청열, 피를 맑게 하는 양혈, 독을 푸는 해독 등의 효능이 있어 수종과 소변불리, 풍열로 인한 감기, 피부가 붉고 화끈거리면서 열이 나는 단독, 황달간염, 학질, 코피, 피오줌을 누는 증상, 심한 하혈인 혈붕, 백대하(白帶下: 냉증), 인후부가 붓고 아픈 인후종통(咽喉腫痛), 옹저(癰疽: 종기나 암종), 종창 등을 다스린다.

약용법과 용량 말린 전초 10~15g(생것 60~90g)을 사용하며 대량으로 사용하는 대제(大劑: 약의 양을 배로 하여 처방함)에는 150~200g까지도 가능하다. 말린 전초 15g을 물 700mL에 넣어 끓기 시작하면 약하게 줄여 200~300mL가 될 때까지 달여 하루에 2회 나눠 마신다. 민간에서는 독사에 물렸을 때에도 이 약재를 사용하며 주로 반변련(半邊蓮: 약재명, 수염가래꽃의 전초를 말함) 등과 섞어 달여 마시거나 외용하기도 했다고 한다.

꽃잎이 지고 열매가 맺힐려고 하는 모습

기능성물질 특허자료

▶ 혈당강하작용을 갖는 닭의장풀 추출물

본 발명은 탄수화물 대사에 필수적인 효소군인-글루코시다제 효소들의 가수분해작용을 억제하여 인체와 동물에서 탄수화물 대사를 조절함으로써 식후 혈중 포도당(glucose) 농도의 급격한 상승을 조절하여 당뇨병, 비만증 및 고지방증과 같은 질환의 치료 및 합병증 조절에 유효한 닭의장풀 추출물 및 이의 제조방법에 관한 것이다.

– 공개번호 : 10-1997-0061260, 출원인 : 일동제약(주), 한국과학기술연구원

완화, 강장, 해독, 수렴

대추나무

Zizyphus jujuba var. inermis (Bunge) Rehder

한약의 기원 : 이 약은 대추나무, 보은대추나무의 잘 익은 열매이다.

사용부위 : 뿌리, 나무껍질, 잎, 열매

이 명 : 대추, 건조(乾棗), 미조(美棗), 양조(量棗), 홍조(紅棗)

생약명 : 대조(大棗)

과 명 : 갈매나무과(Rhamnaceae)

개화기 : 5~6월

열매 채취품　　절편 약재　　가지 약재

생태적특성 대추나무는 전국의 마을 부근과 밭둑, 과수원 등에서 식재하는 낙엽활엽관목 또는 소교목으로, 높이가 10m 전후로 자라고, 가지에는 가시가 나 있다. 잎은 달걀 모양 또는 달걀 모양 바소꼴에 서로 어긋나고 잎끝은 뭉뚝하며 밑부분은 좌우가 같지 않고 가장자리에는 작은 톱니가 있다. 꽃은 양성화이고 황록색으로 5~6월에 취산꽃차례로 잎겨드랑이에서 모여 핀다. 열매는 씨열매로 달걀 모양 또는 타원형이고 9~10월에 심홍색 혹은 적갈색으로 달린다.

각 부위별 생김새

어린잎

꽃

열매

채취시기와 방법 뿌리는 연중 수시, 나무껍질은 봄, 잎은 여름, 열매는 가을에 익었을 때 채취한다.

대추나무와 묏대추나무

갈매나무과에 속하는 대추나무, 묏대추나무는 비슷한 점이 많다. 대추나무의 열매는 크고 묏대추나무의 열매는 아주 작아 쉽게 구별되지만 나무모양, 잎, 꽃 등은 아주 비슷해 구분이 어렵다. 또 다른 점은 대추나무의 열매인 대추는 과일로 식용할 수 있는데, 묏대추나무의 열매인 묏대추는 과육이 빈약해서 과일로 식용하기보다 약용한다. 또한 묏대추나무 열매의 딱딱한 종자 속의 종인을 산조인이라 하여 불에 볶으면 진정, 안정, 최면의 약효를 가지는 반면 대추나무 열매인 대추는 완화, 강장약으로 각각 다른 약효를 지니고 있는 것처럼 둘은 약효, 성분 자체도 다르다.

성분 뿌리에는 대추인(daechuin S1, S2…S10), 나무껍질에는 알칼로이드(alkaloid), 프로토핀(protopine), 세릴알콜(cerylalcohol), 잎에는 알칼로이드 성분으로 대추알칼로이드(daechu alkaloid) A · B · C · D · E와 대추사이클로펩타이드(daechucy-clopeptide), 열매에는 단백질, 당류, 유기산, 점액질, 비타민 A, 비타민 B_2, 비타민 C, 칼슘, 인, 철분이 함유되어 있다.

성미 뿌리는 성질이 평범하고, 맛은 달며, 독성은 없다. 잎은 성질이 따뜻하고, 맛은 달며, 독성이 조금 있다. 나무껍질과 열매는 성질이 따뜻하고, 맛은 달며, 독성은 없다.

귀경 간(肝), 비(脾), 위(胃) 경락에 작용한다.

효능과 치료 뿌리는 생약명을 조수근(棗樹根)이라 하여 관절통, 위통, 토혈, 월경불순, 풍진, 단독을 치료한다. 나무껍질은 생약명을 조수피(棗樹皮)라 하여 수렴, 거담, 진해, 소염, 지혈, 이질, 만성 기관지염, 시력장애, 화상, 외상출혈 등을 치료한다. 잎은 생약명을 조엽(棗葉)이라 하여 유행성 발열과 땀띠를 치료한다. 열매는 생약명을 대조(大棗)라 하여 완화작용과 강장, 이뇨, 진경, 진정, 근육강화, 간장보호, 해독의 효능이 있으며 식욕부진, 타액 부족, 혈행부진, 히스테리 등을 치료한다.

약용법과 용량 말린 뿌리 50~90g을 물 900mL에 넣어 반이 될 때까지 달여 하루에 2~3회 나눠 마신다. 외용할 경우에는 열탕으로 달인 액으로 환부를 씻고 발라준다. 말린 나무껍질 5~10g을 솥에 넣고 열을 가해 볶아 가루로 만들어 하루에 2~3회 나눠 복용하며, 외용할 경우에는 열탕에 달인 액으로 환부를 씻어주거나 볶아서 가루로 만들어 환부에 바른다. 말린 잎 50~100g을 물 900mL에 넣어 반이 될 때까지 달여 하루에 2~3회 나눠 마시며, 외용할 경우에는 열탕에 달인 액으로 환부를 씻는다. 말린 열매 30~50g을 물 900mL에 넣어 반이 될 때까지 달여 하루에 2~3회 나눠 마신다.

혼동하기 쉬운 약초 비교

대추나무　　　　멧대추나무

기능성물질 특허자료

▶ 대추 추출물을 유효성분으로 함유하는 허혈성 뇌혈관 질환의 예방 및 치료용 조성물

본 발명의 대추 추출물은 PC12 세포주 또는 해마조직 CA1 영역의 신경세포 손상을 효과적으로 예방하는 것을 확인함으로써 허혈성 뇌혈관 질환의 예방 또는 치료용 조성물로 유용하게 이용될 수 있다.

– 공개번호 : 등록번호 : 10–0757207, 출원인 : (주)네추럴에프앤피

각종 간질환, 담낭염, 황달, 소변불리, 소화불량, 간염

더위지기

Artemisia gmelinii Weber ex Stechm.

한약의 기원 : 이 약은 더위지기의 지상부이다.

사용부위 : 전초

이　명 : 백호(白蒿), 시호(蓍蒿), 가인진(家茵蔯), 석인진(石茵蔯)

생약명 : 한인진(韓茵蔯)

과　명 : 국화과(Compositae)

개화기 : 7~8월

약재 전형

생태적특성 더위지기는 낙엽성아관목(亞灌木)으로, 제주도를 제외한 전국의 양지바른 산기슭이나 들에 분포한다. 앞면과 뒷면에 흰색의 털이 촘촘하게 나 있는 것을 흰더위지기라고 하여 구분하기도 한다. 키는 1m 정도 자라고, 지상부의 아랫 부분은 목질화 되고 줄기는 모여나기[총생(叢生)]한다. 잎은 어긋나고 2회 깃꼴로 깊게 갈라지면 갈라진 조각은 선형(線形)으로 잎 가장자리에 톱니가 있다. 꽃은 7~8월에 피는데 반구형으로 노란색을 띠며, 열매는 9~10월에 달린다.

각 부위별 생김새

줄기

잎

꽃

채취시기와 방법 6~7월경 목질화 되지 않은 지상부를 채취하여 건조기에 말려 사용한다.

성분 스코파린[scoparin: 담즙의 분비를 증가시키면서 동시에 빌리루빈(bilirubin)의 배설을 촉진시키는 성분], 카필린(capillin), 카필론(capillone), 카필렌(capillene), 카필라린(capillarine) 등이 함유되어 있다.

성미 성질이 따뜻하고(생쑥은 차다), 맛은 쓰다.

귀경 간(肝), 비(脾), 방광(膀胱) 경락에 작용한다.

효능과 치료 열을 내리는 청열(淸熱), 간기를 맑게 하는 청간(淸肝), 담도를 이롭게 하는 이담(利膽), 소변을 잘 나가게 하는 이뇨(利尿) 등의 효능이 있어 각종 간질환, 담낭염, 황달, 소변불리, 소화불량, 열성질환, 간염 등의 치료에 이용하며, 월경을 순조롭게 하는 효과도 있다.

약용법과 용량 말린 전초 15g을 물 700mL에 넣어 달인 뒤 하루에 2회 나눠 마신다.

혼동하기 쉬운 약초 비교

더위지기 개똥쑥

풍사, 한사, 요통, 관절통

독활

Aralia cordata var. continentalis (Kitag.) Y. C. Chu

한약의 기원 : 이 약은 독활의 뿌리이다.

사용부위 : 뿌리

이　명 : 땅두릅, 강활(羌活), 강청(羌靑), 독요초(獨搖草)

생약명 : 독활(獨活)

과　명 : 두릅나무과(Araliaceae)

개화기 : 7~8월

뿌리 채취품

약재

생태적특성 중국에서는 중치모당귀를 독활의 기원식물로 보는데 호북, 사천성에 분포한다. 우리나라에서는 독활을 기원으로 보는데 한해살이풀로, 전국 각지에 분포하며, 전북 임실이 주산지로 전국 생산량의 60% 이상을 차지한다. 키는 약 1.5m까지 자란다. 뿌리는 긴 원기둥 모양부터 막대 모양까지 다양하고 길이는 10~30cm, 지름은 0.5~2cm이다. 바깥 면은 회백색 또는 회갈색이며 세로 주름과 잔뿌리의 자국이 있다. 꺾은 면은 섬유성이고 연한 황색의 속심이 있고 질은 가볍고 엉성하다. 잎은 어긋나고 2회 갈라진 깃꼴겹잎이다. 꽃은 암수한그루이며 연한 흰색으로 7~8월에 가지와 원줄기 끝 또는 윗부분의 잎겨드랑이에서 큰 원뿔형으로 자라다가 다시 모여나기로 갈라진 가지 끝에서 둥근 산형꽃차례로 핀다.

각 부위별 생김새

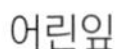

어린잎

꽃

열매

채취시기와 방법 뿌리는 수시로 채취하여 말려 사용하고, 주로 봄과 가을에 뿌리를 채취해 이물질을 제거하고 0.2~0.5cm 두께로 절단하여 말린다.

성분 0.07%의 정유가 함유되어 있으며 주로 리모넨(limonene), 사비넨(sabinene), 미르센(myrcene), 휴물렌(humulene) 등이며 뿌리에는 ι-kaur-16-en-19-oic acid도 함유되어 있다.

성미 성질이 따뜻하고(혹은 약간 따뜻함), 맛은 맵고 쓰며, 독성은 없다. 이 약재는 특유의 냄새가 있고 맛은 처음에는 텁텁하고 약간 쓰다.

귀경 신(腎), 방광(膀胱) 경락에 작용한다.

효능과 치료 풍사와 습사를 제거하고, 표사를 흩어지게 하며 통증을 멈추게 한다. 풍사와 한사, 습사로 인한 심한 통증을 다스리고, 허리와 무릎의 동통을 치료한다. 관절을 구부리고 펴는 동작[굴신(屈伸)]이 어려운 증상을 치료하며, 오한과 발열을 다스린다. 두통과 몸살을 치료하는 데에도 유용하다.

약용법과 용량 독활만 끓여서 마실 때에는 말린 뿌리 5~10g을 물 1L에 넣어 끓기 시작하면 약하게 줄여 200~300mL가 될 때까지 달여 하루에 2회 나눠 마신다.

땅두릅 이란?

독활뿌리에서 새로난 새싹을 땅두릅이라고 말한다.

땅두릅

기능성물질 특허자료

▶ 독활 추출물을 포함하는 췌장암 치료용 조성물 및 화장료 조성물

본 발명에 따른 췌장암 치료용 조성물 및 화장료 조성물은 췌장암 세포의 성장을 억제하고 세포사멸을 유도하는 효과가 있어 췌장암 치료 및 예방에 효과적으로 사용할 수 있다.

– 공개번호 : 10–2012–0122425, 출원인 : (주)한국전통의학연구소, 정경채, 황성연

해독, 화담, 변비

돌배나무

Pyrus pyrifolia (Burm.f.) Nakai

한약의 기원 : 이 약은 돌배나무의 뿌리, 잎, 열매이다.

사용부위 : 뿌리, 잎, 열매

이 명 : 꼭지돌배나무, 돌배, 산배나무

생약명 : 이수근(梨樹根), 이(梨), 이엽(梨葉)

과 명 : 장미과(Rosaceae)

개화기 : 4~5월

열매 채취품

약재

생태적특성 돌배나무는 중국, 일본과 우리나라의 강원도 이남 지역에서 분포하는 낙엽활엽소교목으로, 높이가 5m 정도 된다. 한해살이 가지는 갈색으로 처음에는 털이 있다가 점점 없어진다. 잎은 달걀 모양의 긴 타원형에 길이는 7~12cm이고 뒷면은 회녹색을 띠며 털이 없고 가장자리에 바늘 모양의 톱니가 있다. 잎자루는 길이가 3~7cm이며 털이 없다. 꽃은 양성꽃이며 흰색으로 4~5월에 총상꽃차례로 피며 털이 없거나 면모가 있고 지름은 3cm 정도이다. 꽃잎은 달걀 모양 원형이며, 암술대는 4~5개로 털이 없다. 열매는 지름 3cm 정도로 둥글며 9~10월에 다갈색으로 달린다. 열매자루 길이는 3~5cm이다.

각 부위별 생김새

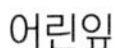
어린잎

꽃

열매

채취시기와 방법 뿌리는 연중 수시, 잎은 여름, 열매는 9~10월에 채취한다.

성분 잎에는 알부틴, 타닌(tannin), 질소, 인, 칼륨, 칼슘, 마그네슘, 열매에는 사과산(malic acid), 구연산, 과당, 포도당, 서당이 함유되어 있다.

성미 뿌리는 성질이 평범하고, 맛은 달고 담백하며, 독성은 없다. 잎은 성질이 평범하고, 맛은 담백하다. 열매는 성질이 시원하고, 맛은 달다.

귀경 비(脾), 폐(肺), 신(腎) 경락에 작용한다.

효능과 치료 뿌리는 생약명을 이수근(梨樹根)이라 하여 탈장을 치료한다. 잎은 생약명을 이엽(梨葉)이라 하여 버섯중독의 해독, 탈장, 토사곽란, 설사 등을 치료한다. 열매는 생약명을 이(梨)라 하여 청열, 해독, 윤조(潤燥: 건조함을 촉촉하게 함), 생진(生津: 진액을 생성함), 화담(化痰: 가래를 삭힘)의 효능이 있고 번갈, 소갈, 진해, 거담, 변비 등을 치료한다.

약용법과 용량 말린 뿌리 50~80g을 물 900mL에 넣어 반이 될 때까지 달여 하루에 2~3회 나눠 마신다. 말린 잎 30~50g을 물 900mL에 넣어 반이 될 때까지 달여 하루에 2~3회 나눠 마시거나, 즙을 내어 마신다. 외용할 경우에는 짓찧어 즙을 내어 환부에 바른다. 열매 3~6개를 생으로 먹거나, 즙을 내어 하루에 2~3회 매 식전에 마신다.

혼동하기 쉬운 약초 비교

돌배　　배

기침, 가래, 면역력 증강, 피로회복, 성기능 개선

동충하초

Cordyceps militaris (Vuill.) Fr.

분 포 : 한국, 전 세계
사용부위 : 자실체
이 명 : 충초(蟲草), 동충초(冬蟲草), 하초동충(夏草冬蟲)
생약명 : 동충하초(冬蟲夏草)
과 명 : 동충하초과(Cordycipitaceae)
개화기 : 봄~가을

자실체

자실체

생태적특성 동충하초는 봄에서 가을까지 죽은 나방류 등의 번데기 머리 또는 복부에 기생하여 내생균핵을 형성하고, 성장하면 번데기 밖으로 자라서 곤봉형 또는 여러 가지 모양의 자좌(stroma)를 형성하는 버섯이다. 자좌의 길이는 3~10cm 정도로 원통형 또는 긴 곤봉형이다. 대는 1개 또는 여러 개의 분지가 있으며, 크기는 1~6cm 정도이고, 원통형이며 등황색을 띠고, 기부로 갈수록 옅어진다. 자실층은 자실체 상부에 있으며, 하부의 대와 경계가 불분명하다. 포자 모양은 원주상 방추형이다.

각 부위별 생김새

자실체

자실체

성분 단백질, 지방(불포화지방산이 82%), 조섬유, 탄수화물, 회분이 함유되어 있고, 단백질의 물분해물에서 글루탐산(glutamic acid), 페닐알라닌(phenylallanin), 프롤린(poline), 히스티딘(histidine), 발린(valine), 옥시발린(oxyvaline), 아르기닌(arginine), 알라닌(alanine) 등이 확인되었다.

성미 성질은 평하고 맛은 달다.

귀경 폐(肺), 비(脾), 신(腎) 경락에 작용한다.

효능과 치료 진해, 거담, 진정, 강장, 강정 등의 효능이 있다. 최신 연구에 따르면 항암, 면역증강, 항피로, 노화 방지에 효과가 있음이 밝혀졌다. 일본과 미국에서 발표된 연구결과들에서도 항암효과, 면역증강, 신장이식 후 면역반응억제, 혈당강하 등에 효과가 있는 것으로 보고되었다.

약용법과 용량 하루 복용량은 말린 동충하초 6~12g이다. 물에 달여 마시거나 환으로 만들어 복용하는데 약효가 서서히 나타나기 때문에 장복하는 것이 좋다. 빈혈, 성교 불능증, 유정(遺精)에는 동충하초 20~40g을 닭고기와 함께 푹 삶아 먹는다.

기능성물질 특허자료

▶ 동충하초 추출물을 포함하는 간암의 예방 또는 치료용 조성물

본 발명은 간암의 억제 효능을 갖는 동충하초 추출물을 포함하는 간암의 예방 또는 치료용 조성물에 관한 것으로, 보다 상세하게는 세포 독성을 거의 나타내지 않는 범위 내에서 매트릭스 메탈로프로티나아제(Matrix metalloproteinase, MMP)의 활성을 저해하여 간암의 억제 효능을 나타내는 밀리타리스 동충하초 추출물을 제공하여 간암의 예방 및 치료 효과를 갖는 식이보조제, 기능성 식품, 식품 첨가제, 사료 첨가제, 의약 제조 등에 유용하게 이용할 수 있다. – 공개번호 : 10–2005–0053911, 출원인 : 이성구 · 이형주 · 허행전 · 이기원

▶ 동충하초 균사체 추출물을 유효성분으로 함유하는 면역 억제용 조성물

본 발명은 동충하초 균사체 추출물을 유효성분으로 함유하는 면역 억제용 조성물 또는 피부 질환 예방 및 치료용 조성물에 관한 것으로, 본 발명에 따른 동충하초 균사체 추출물은 장기 이식 시 면역 거절 반응에 따른 면역 항체의 생성량을 유의적으로 억제하고, 체중 변화 등의 부작용을 일으키지 않으며, 천연물이기 때문에 독성이 없고 인체에 무해하므로 장기 이식 시 면역 억제제로서 유용하게 사용될 수 있으며, 피부질환에 따른 진무름, 탈모 등을 억제함으로써 아토피, 알레르기, 욕창, 천포창, 천연두 등의 피부질환의 예방 및 치료에도 유용하게 사용될 수 있다. – 공개번호 : 10–2010–0112597, 출원인 : (주)한국신약

▶ 동충하초 조파쇄 추출물을 포함하는 허혈성 뇌혈관 질환 예방 또는 개선용 조성물

본 발명은 동충하초 조파쇄 추출물을 포함하는 허혈성 뇌혈관 질환 예방 또는 개선용 조성물에 관한 것으로, 보다 상세하게는 뇌허혈에 민감하다고 알려져 있는 해마조직 CA1 영역의 신경세포 손상을 효과적으로 예방할 뿐만 아니라, 인체에 부작용을 발생시키지 않는 무해한 동충하초 조파쇄 추출물을 포함하는 허혈성 뇌혈관 질환 예방 또는 개선용 조성물을 제공할 수 있다.

– 공개번호 : 10–2008–0000782, 출원인 : (주)머쉬텍 · 재단법인 춘천바이오산업진흥원

소염, 이뇨, 류머티즘에 의한 관절염, 당뇨

두릅나무

Aralia elata (Miq.) Seem.

한약의 기원 : 이 약은 두릅나무의 뿌리껍질, 나무껍질이다.

사용부위 : 뿌리껍질, 나무껍질

이 명 : 참두릅, 드릅나무, 둥근잎두릅, 둥근잎두릅나무

생약명 : 총목(楤木)

과 명 : 두릅나무과(Araliaceae)

개화기 : 7~8월

나무 속껍질　　약재 전형　　약재

생태적특성 두릅나무는 전국의 산기슭 양지 및 인가 근처에서 자라는 낙엽활엽관목으로, 높이는 2~4m이며, 가지에는 가시가 많이 나 있다. 잎은 서로 어긋나고 홀수 2~3회 깃꼴겹잎이며 가지의 끝에 여러 장이 모여 난다. 잔잎은 다수로 달걀 모양 또는 타원상 달걀 모양으로 잎끝이 뾰족하고 밑부분은 둥글거나 넓은 쐐기 모양 또는 심장 모양이며 가장자리에는 넓은 톱니가 있다. 꽃은 흰색으로 7~8월에 피고, 열매는 둥글고 9~10월에 검은색으로 달리며, 종자 뒷면에는 알갱이 모양의 돌기가 약간 있다.

각 부위별 생김새

잎

꽃

열매

채취시기와 방법 봄에 뿌리껍질과 나무껍질을 채취하는데 가시는 제거하고 햇볕에 말린다.

두릅나무와 땃두릅나무

두릅나무과에 속하는 두릅나무와 땃두릅나무는 학명 명명학자에 따라서 오갈피나무과로 분류하기도 하는데 모두 같은 과 식물이다. 두릅나무는 나무와 가지에 가시가 드문드문 나 있고, 땃두릅나무는 가지와 잎 등 온몸에 잔가시가 빽빽하게 나 있다. 잎은 두릅나무가 새 날개깃 모양의 겹잎으로 가지 끝에 모여 나고, 땃두릅나무는 잎이 손바닥 모양으로 3~5열이며 가장자리에는 가시가 나 있다. 또 두릅나무 열매는 검은색이지만, 땃두릅나무 열매는 붉은색으로 모두 가을에 달린다. 두 식물은 함유된 약효 성분도 다르고 약효 역시 모두 다르다. 두릅나무과의 독활을 '땃두릅'이라고도 부르는데 독활의 이명인 땃두릅은 땃두릅나무와 다르다.

성분 뿌리껍질, 나무껍질에는 강심 배당체, 사포닌, 정유 및 미량의 알칼로이드(alkaloid), 뿌리에는 올레아놀릭산(oleanolic acid)의 배당체인 아랄로시드(araloside) A, B, C, 잎에는 사포닌이 함유되어 있으며 아글리콘[aglycon: 배당체를 구성하는 물질 가운데 당(糖) 이외의 부분]은 헤데라게닌(hederagenin)이다.

성미 성질이 평범하고, 맛은 매우며, 독성이 조금 있으나 열을 가하면 없어진다.

귀경 간(肝), 비(脾), 신(腎) 경락에 작용한다.

효능과 치료 뿌리껍질과 나무껍질은 생약명을 총목피(楤木皮)라 하여 거풍, 안신(安神: 정신을 안정하게 함), 보기(補氣), 활혈 효능이 있으며 소염, 이뇨, 어혈, 신경쇠약, 류머티즘에 의한 관절염, 신염, 간경변, 만성 간염, 위장병, 당뇨병 등을 치료한다. 두릅나무 추출물에는 백내장, 항산화, 혈압강하작용이 있다는 연구결과가 발표되었다.

약용법과 용량 말린 뿌리껍질 및 나무껍질 50~100g을 물 900mL에 넣어 반이 될 때까지 달여 하루에 2~3회 나눠 마신다. 외용할 경우에는 뿌리껍질, 나무껍질을 짓찧어 환부에 바른다.

혼동하기 쉬운 약초 비교

두릅

독활(땅두릅)

땃두릅

혈압강하, 이뇨, 근골강화,
기억력 장애치료

두충

Eucommia ulmoides Oliv.

한약의 기원 : 이 약은 두충의 주피를 제거한 줄기껍질, 잎이다.

사용부위 : 나무껍질, 어린잎

이 명 : 두중나무, 목면수(木綿樹), 석사선(石思仙), 면아(檰芽)

생약명 : 두충(杜沖), 두충엽(杜沖葉)

과 명 : 두충과(Eucommiaceae)

개화기 : 4~5월

잎 약재 | 약재 전형 | 속 껍질 약재

생태적특성 두충은 전국 각지에서 재배하는 낙엽활엽교목으로, 높이는 20m 내외이며, 작은 가지는 미끄럽고 광택이 난다. 나무껍질, 가지, 잎 등에는 미끈미끈한 교질(膠質: 끈끈한 성질)이 함유되어 있다. 잎은 타원형이거나 달걀 모양에 서로 어긋나고 잎끝은 날카로우며 밑부분은 넓은 쐐기 모양으로 가장자리에는 톱니가 있다. 꽃은 암수딴그루로 잎이 나오는 시기와 같거나 잎보다 약간 빠른 4~5월에 연녹색으로 피며 꽃잎은 없다. 열매는 날개열매로 달걀 모양 타원형으로 편평하고 끝이 오목하게 들어가 있다. 열매는 9~10월에 달리고, 안에는 1개의 종자가 들어 있다.

각 부위별 생김새

꽃

열매

씨앗

채취시기와 방법 나무껍질은 4~6월, 잎은 봄에 처음 나온 어린잎을 채취한다.

성분 나무껍질에는 구타페르카(guttapercha), 배당체, 알칼로이드(alkaloid), 펙틴(pectin), 지방, 수지, 유기산, 비타민 C, 클로로겐산(chlorogenic acid), 알도오스(aldose), 케토스(ketose)가 함유되어 있으며 나무껍질의 배당체 중에는 아우쿠빈(aucubin)이 있다. 수지 중에는 말산(malic acid), 타타르산(tartaric acid), 푸마르산(fumaric acid) 등이 함유되어 있다. 잎에는 구타페르카, 알칼로이드, 글루코사이드(glucoside), 펙틴, 케토스, 알도스(aldose), 비타민 C, 카페인산, 클로로겐산, 타닌

(tannin)이 함유되어 있다. 종자에 들어 있는 지방유를 구성하는 지방산은 리놀렌산(linolenic acid), 리놀산(linolic acid), 올레산(oleic acid), 스테아르산(stearic acid), 팔미트산(palmitic acid)이다.

성미 나무껍질은 성질이 따뜻하고, 맛은 달고 약간 맵다. 잎은 성질이 따뜻하고, 맛은 달다.

귀경 간(肝), 신(腎) 경락에 작용한다.

효능과 치료 나무껍질은 생약명을 두충(杜沖)이라 하여 고혈압, 이뇨, 보간(補肝: 간기를 보함), 보신, 근골강화, 안태(安胎: 태아를 편안하게 함)의 효능이 있으며 요통, 관절마비, 소변잔뇨, 음부 가려움증 등을 치료한다. 어린잎은 생약명을 두충엽(杜冲葉)이라 하여 풍독각기(風毒脚氣: 풍사의 독성으로 인한 각기병)와 구적풍냉(久積風冷: 차가운 풍사가 오래 쌓임), 장치하혈(腸痔下血: 치질로 인한 하혈) 등을 치료한다. 두충 추출물은 신경계질환, 기억력장애, 치매, 항산화, 피부노화, 골다공증, 류머티스 관절염 등의 치료 효과가 있는 것으로 연구결과 밝혀졌다.

약용법과 용량 말린 나무껍질 30~50g을 물 900mL에 넣어 반이 될 때까지 달여 하루에 2~3회 나눠 마시거나, 술을 담가서 마시기도 한다. 말린 어린잎 20~30g을 물 900mL에 넣어 반이 될 때까지 달여 하루에 2~3회 나눠 마시거나, 가루로 만들어 따뜻한 물에 타서 마신다.

기능성물질 특허자료

▶ 두충 추출물을 포함하는 경조직 재생 촉진제 조성물

본 발명은 두충 추출물을 포함하는 경조직 재생 촉진제 조성물에 관한 것으로, 두충의 물, 저급 알코올 또는 유기용매 추출물을 포함하는 본 발명의 조성물은 알칼리성 포스파타아제의 활성을 유도함으로써 조골세포의 분화와 미네랄화를 촉진하고, 콜라겐의 합성을 증가시킴으로써 경조직의 기질을 견고히 하며, 조골세포의 ERK2(Extracellular signal-Regulated Kinase 2)를 활성화시켜 조골세포의 증식이나 분화작용을 유도할 수 있을 뿐만 아니라 조골세포의 성장을 농도 의존적으로 증가시키므로 골다공증, 치조골 파손과 같은 경조직 질환 또는 치주 질환과 같은 골 대사 질환의 예방 및 치료제로 유용하다.

– 공개번호 : 10-2002-0086109, 출원인 : 김성진

▶ 두충 추출물을 포함하는 신경계 질환 예방 또는 치료용 조성물

두충 추출물 또는 그의 유효성분은 퇴행성 뇌신경 질환의 예방 또는 치료용 조성물 및 건강 기능 식품용 조성물로 유용하다.

– 등록번호 : 10-1087297, 출원인 : 박현미

▶ 학습 장애, 기억력 장애 또는 치매의 예방 또는 치료용 두충 추출물

본 발명은 두충피 조추출물 또는 그의 분획층을 유효성분으로 포함하는 학습 장애, 기억력 장애 또는 치매의 예방 또는 치료용 또는 학습 또는 기억력 증진용 약학조성물 또는 학습 · 기억력 증진용 기능성식품을 제공한다.

– 공개번호 : 10-2010-0043669, 출원인 : (주)유니베라

두충피 제거작업

두충피 섬유질

뼈 기능을 돕고, 당뇨, 협심통

둥굴레

Polygonatum odoratum var. pluriflorum (Miq.) Ohwi

한약의 기원 : 이 약은 둥굴레, 기타 동속 근연식물의 뿌리줄기이다.

사용부위 : 뿌리줄기

이 명 : 맥도둥굴레, 애기둥굴레, 좀둥굴레, 여위(女委)

생약명 : 옥죽(玉竹), 위유(萎蕤)

과 명 : 백합과(Liliaceae)

개화기 : 6~7월

뿌리 채취품

약재 전형

약재

생태적특성 둥굴레는 여러해살이풀로, 전국 각지의 산지에서 자생하거나 농가에서 많이 재배하는 식물 중의 하나로 특히 충청도, 전라도, 경상도 지역에서 많이 생산된다. 키는 30~60cm로 자라며, 굵은 육질의 뿌리줄기는 옆으로 뻗고, 줄기에는 6개의 능각이 있으며 끝은 비스듬히 처진다. 잎은 서로 어긋나고 길이는 5~10cm로 한쪽으로 치우쳐 퍼지며 잎자루가 없다. 꽃은 밑부분은 흰색, 윗부분은 녹색으로 6~7월에 줄기의 중간부분부터 1~2송이씩 잎겨드랑이에서 통 모양으로 핀다. 꽃의 길이는 1.5~2cm로 2개의 작은 꽃자루가 밑부분에서 서로 합쳐져 꽃대가 된다. 열매는 검은색으로 9~10월에 둥근 모양으로 달린다.

각 부위별 생김새

잎

꽃

열매

채취시기와 방법 지상부의 잎과 줄기가 다 말라 죽는 가을부터 이른 봄 싹이 나기 전까지 뿌리줄기를 채취하여 줄기와 수염뿌리를 제거한 후 수증기로 쪄서 말린다.

성분 콘발라마린(convallamarin), 콘발라린(convllarin), 켈리도닉산(chelidonic acid), 아제도닉-2-카보닉산(azedidine-3-carbonic acid), 캠페롤-글루코사이드(kaempferol-glucoside), 쿼시티오-글리코사이드(quercitio-glycoside) 등이 함유되어 있다.

성미 성질이 평범하고, 맛은 달다.

귀경 폐(肺), 신(腎), 위(胃) 경락에 작용한다.

효능과 치료 몸안의 진액과 양기를 길러주는 자양, 폐가 건조하지 않도록 윤활하게 해주는 윤폐(潤肺), 갈증을 멈추어주는 지갈, 진액을 생성해주는 생진(生津) 등의 효능이 있어 허약체질 개선, 폐결핵, 마른기침, 가슴이 답답하고 갈증이 나는 번갈(煩渴), 당뇨병, 심장쇠약, 협심통, 소변이 자주 마려운 소변빈삭(小便頻數) 증상 등을 치유하는 데 응용한다.

약용법과 용량 말린 뿌리 10~15g을 물 700mL에 넣어 끓기 시작하면 약하게 줄여 200~300mL가 될 때까지 달여 하루에 2회 나눠 마신다.

혼동하기 쉬운 약초 비교

위 둥굴레 아래 진황정

위 둥굴레 아래 진황정

기능성물질 특허자료

▶ **둥굴레 추출물과 그를 함유한 혈장 지질 및 혈당강하용 조성물**

본 발명은 둥굴레 추출물과 그를 함유한 혈장 지질 및 혈당강하용 조성물에 관한 것으로, 둥굴레 추출물은 동물체 내의 혈장 지질 및 혈당강하 효과 등의 좋은 생리활성도를 유의적으로 나타내고, 부작용이나 급성 독성 등의 면에서 안전하여 심혈관계 질환인 고지혈증 및 당뇨병의 예방, 치료를 위한 약학적 조성물 또는 기능성 식품 등의 유효성분으로 이용할 수 있는 매우 뛰어난 효과가 있다.

– 공개번호 : 10–2002–0030687, 출원인 : 신동수

진통, 근골동통, 골절

딱총나무

Sambucus williamsii Hance

한약의 기원 : 이 약은 딱총나무, 동속 근연식물의 줄기, 가지이다.
사용부위 : 뿌리, 뿌리껍질, 줄기, 가지, 잎, 꽃
이 명 : 접골초(接骨草), 당딱총나무, 청딱총나무, 고려접골목, 당접골목
생약명 : 접골목(接骨木)
과 명 : 인동과(Caprifoliaceae)
개화기 : 4~5월

약재 전형

약재

생태적특성 딱총나무는 전국의 산골짜기 산기슭의 습기 많은 곳에서 분포하는 낙엽활엽관목으로, 높이는 3~4m이다. 가지는 많이 갈라져 나오며 회갈색 내지 암갈색이고 털은 없다. 잎은 2~3쌍의 잔잎으로 홀수깃꼴겹잎에 서로 마주나고 길쭉한 달걀 모양, 타원형 혹은 달걀 모양 바소꼴이며 잎끝은 날카롭고 밑부분은 좌우 같지 않은 넓은 쐐기 모양이며 가장자리에는 톱니가 있고 양면에는 모두 털이 없다. 꽃은 흰색 또는 담황색으로 4~5월에 피고, 꽃받침은 종 모양에 쐐기 모양의 찢어진 조각이 5개 있다. 열매는 둥근 핵과의 씨열매로 둥글고 7~8월에 붉은색으로 달린다.

각 부위별 생김새

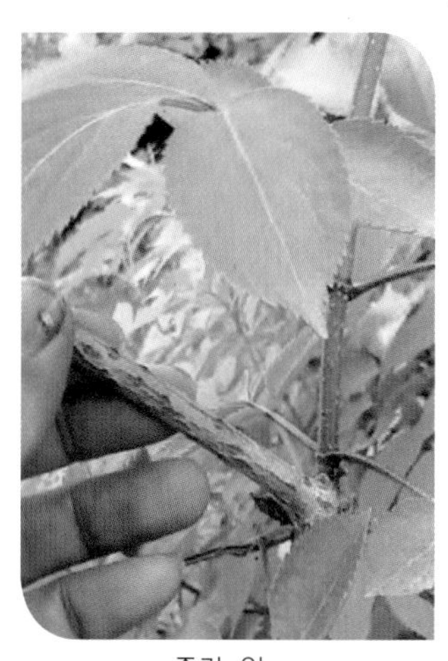

줄기, 잎

꽃

열매

채취시기와 방법 줄기, 가지는 연중 수시, 뿌리, 뿌리껍질은 9~10월, 잎은 4~10월, 꽃은 4~5월에 채취한다.

성분 알파-아미린(α-amyrin), 알부틴(arbutin), 올레인산(oleic acid), 우르솔릭산(ursolic acid), 베타-시토스테롤(β-sitosterol), 캠페롤(kaempferol), 쿼세틴(quercetin), 타닌(tannin) 등이 함유되어 있다.

성미 뿌리, 뿌리껍질은 성질이 평범하고, 맛은 달며, 독성은 없다. 줄기, 가지는 성질이 평범하고, 맛은 달고 쓰며, 독성은 없다. 잎은 성질이 차고, 맛은 쓰다. 꽃은 성질이 평범하고, 맛은 달다.

귀경 간(肝), 심(心), 비(脾) 경락에 작용한다.

효능과 치료 뿌리 또는 뿌리껍질은 생약명을 접골목근(接骨木根)이라 하여 류머티즘에 의한 동통, 황달, 타박상, 화상 등을 치료한다. 줄기와 가지는 생약명을 접골목(接骨木)이라 하여 거풍, 진통, 활혈, 어혈, 타박상, 골절, 류머티즘에 의한 마비, 요통, 수종, 창상출혈, 심마진(尋痲疹: 두드러기), 근골동통 등을 치료한다. 잎은 생약명을 접골목엽(接骨木葉)이라 하여 진통, 어혈, 활혈, 타박, 골절, 류머티즘에 의한 통증, 근골동통을 치료한다. 꽃은 생약명을 접골목화(接骨木花)라 하여 이뇨, 발한의 효능이 있다.

약용법과 용량 말린 뿌리 또는 뿌리껍질 100~150g을 물 900mL에 넣어 반이 될 때까지 달여 하루에 2~3회 나눠 마신다. 외용할 경우에는 짓찧거나 가루와 섞어 환부에 바른다. 말린 줄기와 가지 30~50g을 물 900mL에 넣어 반이 될 때까지 달여 하루에 2~3회 나눠 마신다. 말린 잎 50~100g을 물 900mL에 넣어 반이 될 때까지 달여 하루에 2~3회 나눠 마신다. 외용할 경우에는 짓찧어서 환부에 붙이거나 달인 액으로 환부를 씻은 뒤 바른다. 말린 꽃 15~30g을 물 900mL에 넣어 반이 될 때까지 달여 하루에 2~3회 나눠 마신다.

덜익은 열매

자양강장, 지사, 소갈, 강정, 요통을 개선

마(참마)

Dioscorea polystachya Turcz.

한약의 기원 : 이 약은 마, 참마의 주피를 제거한 뿌리줄기로, 그대로 또는 쪄서 말린 것이다.
사용부위 : 덩이뿌리 또는 겉껍질을 벗겨낸 덩이뿌리
이 명 : 서여(薯蕷), 산우(山芋), 산여(山蕷), 옥연(玉延), 서약(薯藥)
생약명 : 산약(山藥)
과 명 : 콩과(Leguminosae)
개화기 : 7~8월

뿌리 채취품

뿌리 약재

생태적특성 마(참마)는 중국이 원산지이고, 우리나라와 일본, 대만 등지에 분포하며 우리나라에서는 전국적으로 재배도 많이 하고 있다. 이 약재의 기원에 대하여『대한약전』에서는 '마과의 덩굴성 여러해살이풀인 마(Dioscorea batatas Decne.) 또는 참마(Dioscorea japonica Thunb.)의 주피를 제거한 뿌리줄기로서 그대로 또는 쪄서 말린 것'이라고 기재하고 있다. 산속에서 자라는 마는 덩굴줄기 끝부분에 새로운 마가 형성되어 지난해의 묵은 마에서 양분을 받아 아주 빠르게 자란다. 암수딴그루로, 잎은 긴 달걀 모양이거나 달걀 모양의 바소꼴이고 끝이 뾰족하며 아래쪽은 화살촉 모양이고 잎자루가 있다. 7~8월경 잎겨드랑이에서 1~2g의 주아가 자라 9월에 덩굴에서 떨어져 번식한다.

각 부위별 생김새

잎

꽃

열매

채취시기와 방법 가을에 잎이 떨어진 다음(남부 지방은 이듬해 이른 봄까지)에 뿌리를 수확하는데 채취할 때 상처가 생기지 않도록 주의한다.

성분 마에는 전분 외에 점액질의 뮤신(mucin), 알란토인(allantoin), 용혈(적혈구의 세포막이 파괴되어 그 안의 헤모글로빈이 혈구 밖으로 나오는 현상) 작용이 매우 적은 사포닌(saponin), 아르기닌(arginine) 등이 함유되어 있다.

성미 성질이 평하고, 맛은 달다.

귀경 비(脾), 폐(肺), 신(腎) 경락에 작용한다.

효능과 치료 자양강장, 가래 제거, 지사, 소갈, 강정, 요통, 건위, 빈뇨, 당뇨, 유종, 대하, 신장질환, 폐허증을 개선하는 데 탁월한 효과가 있다.
신라시대 향가인 〈서동요〉에도 등장할 정도로 우리 민족의 식생활 속에 깊숙이 자리 잡고 있는 마는 어지러움과 두통, 진정, 체력 보강, 담 제거 등 한방에서 알려진 효능만 해도 10여 가지에 달할 정도로 산약(山藥)이라는 생약명에 걸맞게 예로부터 약용으로 널리 이용되어 왔다. 마는 자양강장에 특별한 효험이 있고 소화불량이나 위장장애, 당뇨병, 기침, 폐질환 등의 치료에도 효과가 두드러진다. 특히 신장 기능을 튼튼하게 하는 작용이 강해 원기가 쇠약한 사람이 오래 복용하면 좋다고 한다. 마는 구워서도 먹지만 생으로 가늘게 썰거나 갈아서 복용하기도 하고 찐 뒤에 말려 가루로 만들어 먹기도 한다. 마에 함유된 효소는 열에 약하므로 생즙으로 먹는 것이 좋다고 하며 마만 갈아 먹는 것보다 사과나 당근 등을 함께 넣어 갈아 먹으면 향이 좋아 먹기도 좋고 영양도 만점이다. 또한 마는 혈관에 콜레스테롤이 쌓이는 것을 예방하는 좋은 식품으로 옛날부터 '마장국(메주에 마즙을 넣어 만든 것)을 먹으면 중풍에 걸리지 않는다'라는 말이 있을 정도이다. 이는 마에 함유된 사포닌이 콜레스테롤 함량을 낮춰 혈압을 내리게 하기 때문으로 보인다. 영양적 측면에서 마에는 녹말과 당분이 많이 함유되어 있는데 비타민 B, B_2, C, 사포닌 성분도 함유되어 있다.
특히 마의 점액질에는 소화효소와 단백질의 흡수를 돕는 '뮤신(mucin: 무친)'이라는 성분이 들어 있는데 뮤신은 사람의 위 점막에서도 분비되며 이것이 결핍되면 위궤양을 일으키는 원인이 된다고 한다. 따라서 마를 섭취함으로써 위궤양 예방과 치료 및 소화력 증진에도 도움이 된다. 뿐만 아니라 뮤신은 장벽을 통과할 때 장벽에 쌓인 노폐물을 흡착하여 배설하는 중요한 역할을 하여 정장 작용이 매우 뛰어난 것으로도 알려져 있다. 민간에서는 마를 강판에 갈아 종기에 붙이면 잘 낫는다고 한다.

약용법과 용량 한방약에서는 팔미환(八味丸) 등에 마를 섞어 체력이 떨어진 노인에게 처방하였다. 팔미환이란 숙지황 320g, 산약(마) · 산수유 각 160g, 목단피 · 백복령 · 택사 각 120g, 육계 · 부자포 각 40g을 가루로 만든 뒤 꿀을 섞어 환으로 만든 것이다. 또한 가래가 제거되지 않을 때에는 마 뿌리를 찜구이로 해서 부드럽게 만들어 먹거나 설탕이나 꿀을 발라 먹어도 좋다. 생마를 식용하는 것도 좋은데 민간에서는 생마를 10cm 정도 길이로 잘라 석쇠에 굽거나 오븐이나 팬에 적당히 구워 소금에 찍어 꾸준히 먹으면 과로로 인한 식은땀이나 야뇨증 치료에 효과가 있다고 한다. 또한 소주에 넣어 약술로 만들어 마시는 방법도 있다. 예로부터 참마를 갈아서 밥에 올려 먹으면 소화도 잘되고 영양가도 높은 것으로 알려져 있다.

마의 종류

장마

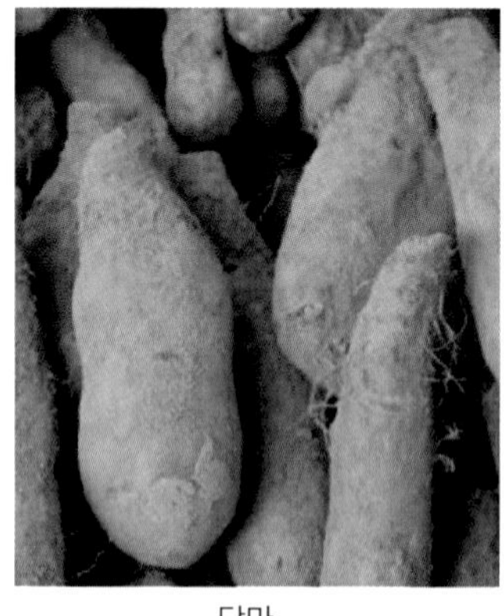
단마

둥근마

기능성물질 특허자료

▶ 산약을 포함하는 소화성 궤양 예방용 조성물 및 위산과다 분비 억제용 조성물

본 발명은 산약 분말, 산약 분말의 펠릿(pellet), 산약즙 또는 산약 추출물을 포함하는 소화성 궤양 예방용 조성물 및 위산분비 억제용 조성물에 대한 것이며 추가적으로 그러한 조성물을 포함하는 약제학적 제제 또는 건강기능식품에 대한 것이다. 본 발명에 따른 조성물을 포함하는 약제학적 제제 또는 건강기능식품을 평소에 복용할 경우, 소화성 궤양 발병의 위험성이 현저히 감소될 수 있으며 소화성 궤양이 발병한 경우라도 조기에 회복될 수 있는 효과를 가진다. 또한 본 발명에 따른 조성물은 위산의 과다분비로 인한 속쓰림 등의 증상 완화에도 탁월한 효능을 가진다.

– 공개번호 : 10-2012-0119235, 출원인 : 안동시, 안동대학교 산학협력단

강장, 진해, 해독

마가목

Sorbus commixta Hedl.

분 포 : 이 약은 마가목의 나무껍질, 종자이다.
사용부위 : 나무껍질, 종자
이 명 : 은빛마가목, 잡화추(雜花楸), 일본화추(日本花楸)
생약명 : 정공피(丁公皮), 마가자(馬家子)
과 명 : 장미과(Rosaceae)
개화기 : 5~6월

열매 약재 전형

수피 약재 전형

목질 약재

생태적특성 마가목은 중 · 남부 지방에서 자라는 낙엽활엽소교목으로, 높이는 6~8m로, 작은 가지와 겨울눈에는 털이 없다. 잎은 깃꼴겹잎이며 서로 어긋나고 잔잎은 9~13장에 바늘 모양, 넓은 바늘 모양 또는 타원형 바늘 모양이고 양면에 털이 없이 잎 가장자리에 길고 뾰족한 겹톱니 또는 홑톱니가 있다. 꽃은 흰색으로 5~6월에 겹산방꽃차례로 피고, 털이 없으며 열매는 이과(梨果)로 둥글고 9~10월에 붉은색 또는 황적색으로 달린다.

각 부위별 생김새

어린잎

꽃

열매

채취시기와 방법 나무껍질은 봄, 종자는 9~10월에 채취한다.

성분 루페논(lupenone), 루페올(lupeol), 베타-시토스테롤(β-sitosterol), 리그난(lignan), 솔비톨(solbitol), 아미그달린(amygdalin), 플라보노이드(flavonoid)류가 함유되어 있다.

성미 나무껍질은 성질이 따뜻하고, 맛은 시고 약간 쓰다.

귀경 간(肝), 비(脾), 폐(肺), 신(腎) 경락에 작용한다.

효능과 치료 나무껍질은 생약명을 정공피(丁公皮)라 하여 거풍, 진해, 강장, 신체허약, 요슬산통(腰膝酸痛: 허리와 무릎이 저리고 아픈 증상), 풍습비통(風濕痺痛), 백발을 치료한다. 종자는 생약명을 마가자(馬家子)라 하여 진해, 거담, 이수, 지갈(止渴), 강장, 기관지염, 폐결핵, 수종, 위염, 신체허약, 해독 등에 효능이 있다. 연구결과 마가목 추출물은 해독작용을 하는 것으로 밝혀졌다.

약용법과 용량 말린 약재 40~80g을 물 900mL에 넣어 반이 될 때까지 달여 하루에 2~3회 나눠 마시거나, 술을 담가 마신다.

혼동하기 쉬운 약초 비교

마가목 딱총나무

기능성물질 특허자료

▶ 마가목 추출물을 유효성분으로 하는 흡연독성 해독용 약제학적 조성물

본 발명은 흡연독성 해독용 약제학적 조성물에 관한 것으로서, 구체적으로는 마가목 추출물을 유효성분으로 하는 흡연독성 해독용 약제학적 조성물에 관한 것이다.

– 출원번호 : 10-2011-0044223, 특허권자 : 남종현

열을 식히고, 독을 풀어주며, 종기와 어혈

마타리

Patrinia scabiosaefolia Fisch. ex Trevir.

한약의 기원 : 이 약은 마타리, 뚝갈의 뿌리이다.

사용부위 : 전초

이 명 : 가양취, 미역취, 가얌취, 녹사(鹿賜), 녹수(鹿首), 마초(馬草), 녹장(鹿醬)

생약명 : 패장(敗醬), 황화패장(黃花敗醬)

과 명 : 마타리과(Valerianaceae)

개화기 : 7~8월

전초 채취품

생태적특성 마타리는 여러해살이풀로, 전국 각지의 산과 들에서 분포한다. 키가 60~150cm에 달하며 곧게 자란다. 원줄기 길이는 50~100cm이다. 뿌리줄기는 원기둥 모양으로 한쪽으로 구부러졌고 마디가 있으며 마디와 마디 사이 길이는 2cm 정도로 마디 위에는 가는 뿌리가 있다. 줄기는 원기둥 모양으로 지름은 0.2~0.8cm인데 황록색 또는 황갈색으로 마디가 뚜렷하며 엉성한 털이 나 있다. 질은 부서지기 쉽고, 단면의 중앙에는 부드러운 속심이 있거나 비어 있다. 잎은 마주나고, 잎몸은 얇으며 쭈그러졌거나 파쇄되었고 다 자란 잎을 펴보면 깃꼴로 깊게 쪼개졌고 거친 톱니가 있으며 녹색 또는 황갈색이다. 꽃은 노란색으로 7~8월에 피며, 열매는 타원형이다.

각 부위별 생김새

지상부

꽃

열매

채취시기와 방법 여름부터 가을에 걸쳐 채취하며 이물질을 제거하고 두께 0.2~0.3cm로 가늘게 썰어 사용한다.

성분 뿌리와 줄기에는 모로니사이드(morroniside), 로가닌(loganin), 빌로사이드(villoside), 파트리노사이드(patrinoside) C와 D, 스카비오사이드(scabioside) A~G 등이 함유되어 있다.

성미 성질이 약간 차고, 맛은 맵고 쓰며, 독성은 없다.

귀경 간(肝), 위(胃), 대장(大腸) 경락에 작용한다.

효능과 치료 열을 식히고 독을 풀어주는 청열해독, 종기를 다스리고 농을 배출하는 소종배농(消腫排膿), 어혈을 풀고 통증을 멈추게 하는 거어지통(去瘀止痛)의 효능이 있다. 또한 장옹(腸癰)과 설사, 적백대하, 산후어체복통(産後瘀滯腹痛: 산후에 어혈이 완전히 제거되지 않고 남아서 심한 복통을 유발하는 증상), 목적종통(目赤腫痛: 눈에 핏발이 서거나 종기가 생기면서 아픈 증상), 옹종개선(癰腫疥癬: 종양이나 옴) 등을 치유한다.

약용법과 용량 말린 전초 8~20g을 사용하며 용도에 따라 청열소종에는 적작약, 화농의 배설에는 율무, 옹종 치료에는 금은화, 설사 치료에는 백두옹 등과 각각 배합하여 물을 붓고 끓여 마신다. 보통 약재가 충분히 잠길 정도의 물을 붓고 끓기 시작하면 약하게 줄여 1/3이 될 때까지 달여 마신다. 또한 마타리는 열을 내리고 울결(鬱結: 막히고 덩어리 진 것)을 제거하며 소변을 잘 나오게 하고 부기를 가라앉히며 어혈을 없애고 농(膿)을 배출시키는 데 아주 좋은 효과가 있다. 산후에 오로(惡露)로 인하여 심한 복통이 있을 경우에는 이 약재 200g을 물 7~8L에 넣어 3~4L가 될 때까지 달여 한 번에 200mL씩, 하루에 3번 나눠 마신다.

마타리 꽃

거풍, 진통, 관절통, 월경불순

만병초

Rhododendron brachycarpum D. Don ex G. Don

한약의 기원 : 이 약은 만병초의 잎이다.

사용부위 : 잎

이　명 : 뚝갈나무, 들쭉나무, 붉은만병초, 큰만병초, 홍뚜갈나무, 홍만병초, 흰만병초

생약명 : 석남엽(石南葉), 만병초(萬病草)

과　명 : 진달래과(Ericaceae)

개화기 : 6~7월

약재 전형

약재

생태적특성 만병초는 전국 고산지대에서 자생하는 상록 활엽관목으로, 높이가 4m 전후로 자라며, 어린 가지에는 회색 털이 빽빽하게 나지만 곧 없어지고 갈색으로 변한다. 잎은 서로 어긋나며 가지 끝에는 5~7장이 모여 나며 타원형 또는 타원형이고 잎 가장자리에는 톱니가 없다. 잎 표면은 짙은 녹색이며 두꺼우며 뒤로 말리고 뒷면은 회갈색 또는 연한 갈색 털이 빽빽하게 나 있다. 꽃은 흰색, 붉은색, 노란색 등으로 6~7월에 가지 끝에서 10~20송이가 핀다. 열매는 튀는열매로 8~9월에 달린다.

각 부위별 생김새

겨울눈

꽃

열매

채취시기와 방법 연중 수시로 잎을 채취한다.

성분 알파-아미린(α-amyrin), 베타-아미린(β-amyrin), 우르솔산(ursolic acid), 올레아놀릭산(oleanolic acid), 캄파눌린(campanulin), 우바올(uvaol), 시미아레놀(cimiarenol), 베타-시토스테롤(β-sitosterol), 퀴세틴(quercetin), 아비쿨라린(abicularin), 히페린(hyperin) 등의 플라보노이드(flavonoid)류 등이 함유되어 있다.

성미 성질이 평범하고, 맛은 쓰고 맵다.

귀경 간(肝), 비(脾), 신(腎) 경락에 작용한다.

효능과 치료 잎은 생약명을 석남엽(石南葉)이라 하여 거풍, 진통, 강장, 이뇨, 요배산통(腰背酸痛), 두통, 관절통, 신허요통(腎虛腰痛), 양위(陽痿), 월경불순, 불임증, 당뇨병, 비만 등을 치료한다.

약용법과 용량 말린 잎 20~30g을 물 900mL에 넣어 반이 될 때까지 달여 하루에 2~3회 나눠 마신다.

흰 만병초

기능성물질 특허자료

▶ 만병초로부터 분리된 트리테르페노이드계 화합물을 함유하는 대사성 질환의 예방 또는 치료용 조성물

본 발명은 만병초로부터 분리된 트리테르페노이드계 화합물을 함유하는 대사성 질환의 예방 또는 치료용 조성물에 관한 것이다. 상기 만병초 유래의 화합물들은 단백질 타이로신 탈인산화 효소 1B의 억제 활성이 우수하여 당뇨병 또는 비만의 예방 또는 치료용 조성물로 유용하게 사용될 수 있다.

– 등록번호 : 10-1278273-0000, 출원인 : 충남대학교 산학협력단

해열, 이뇨, 감기, 각종 암

말굽버섯

Fomes fomentarius (L.) Gillet

분 포 : 한국, 북반구 온대 이북
사용부위 : 자실체
이 명 : 화균지(樺菌芝), 목제층공균(木蹄層孔菌)
생약명 : 목제(木蹄)
과 명 : 구멍장이버섯과(Polyporaceae)
개화기 : 여름~가을

자실체

생태적특성 말굽버섯은 고목 또는 살아 있는 나무의 껍질에 홀로 발생하며, 목재를 썩히는 부생생활을 한다. 다년생이며 갓의 지름이 5~50cm 정도의 대형버섯으로 두께 3~20cm 정도까지 자란다. 버섯 전체가 딱딱한 말굽형이거나 반구형이고, 두꺼운 각피로 덮여 있다. 표면은 회백색 또는 회갈색이고, 동심원상의 파상형 선이 있다. 조직은 황갈색이고 가죽질이다. 관공은 여러 개의 층으로 형성되며, 회백색을 띤다. 포자문은 백색이며, 포자 모양은 긴 타원형이다.

각 부위별 생김새

자실체

자실체

성분 다당류, 포멘타리올(fomentariol), 포만타린산(fomantaric acid), 사포닌, 알칼로이드(alkaloid), 폴리사카라이드(polysaccharide), 렉틴(lectin), 포멘타리올(fomentariol), 포멘타르산(fomentaric acid), 아가리틴산(agaritinic acid), 아가리올레신(agariolesin), 카복시메틸셀룰라제(caboxymethylcellulase), 프로테아제(protease) 등이 함유되어 있다.

성미 성질은 평하고 맛이 약간 쓰고 담담하다. 독성은 없다.

귀경 심(心), 간(肝), 신(腎) 경락에 작용한다.

효능과 치료 식도암, 위암, 자궁암 등의 치료 효과가 있는 것으로 알려져 있다. 그 밖에도 해열, 이뇨, 발열, 눈병, 복통, 감기, 변비, 폐결핵 등의 치료에 적용할 수 있는 것으로 보고되었다.

약용법과 용량 민간요법에서는 식도암, 위암, 자궁암 치료를 위해 말린 말굽버섯 13~16g을 물에 달여 하루에 2회 나눠 마신다고 한다. 어린이들의 식체에는 말굽버섯 9g과 홍석이(紅石耳) 13g을 물에 달여 하루에 2회 나눠 마신다.

혼동하기 쉬운 약초 비교

말굽버섯

잔나비걸상버섯

기능성물질 특허자료

▶ 말굽버섯 추출물 및 망개나무 추출물을 포함하는 정신장애의 예방 또는 치료용 조성물

본 발명은 말굽버섯 추출물 및 망개나무 추출물을 유효성분으로 포함하는 정신장애의 예방 또는 치료용 조성물에 관한 것이다. 본 발명에 따르면 말굽버섯 추출물 및 망개나무 추출물을 유효성분으로 포함함으로써 과활성화된 시상하부-뇌하수체-부신 축(hypothalamic-pituitary-adrenal axis, HPA)에 의해 유발된 염증성 사이토카인의 발현을 제어하고, 망개나무 추출물에 의한 항염증조절기작으로 뇌 내의 NFκ-B의 발현을 하향 조절하여, 정신장애를 예방 또는 치료하는 데 뛰어난 효과가 있고, 천연물로서 인체에 부작용이 적고, 용이하게 제조 및 섭취할 수 있는 효과가 있다.

– 공개번호 : 10-2017-0061469, 출원인 : 동의대학교 산학협력단

항균, 수렴, 항알레르기

매실나무

Prunus mume (Siebold) Siebold & Zucc.

한약의 기원 : 이 약은 연기를 쪼인 매실나무의 덜 익은 열매이다.
사용부위 : 뿌리, 가지, 잎, 꽃봉오리, 열매, 종인
이 명 : 매화나무, 매화수(梅花樹), 육판매(六瓣梅), 천지매(千枝梅)
생약명 : 오매(烏梅), 매실(梅實)
과 명 : 장미과(Rosaceae)
개화기 : 2~3월

열매 채취품

구증구포(오매)

생태적특성 매실나무는 중·남부 지방에서 재배하는 낙엽활엽소교목으로, 높이는 5m 정도로 자라고, 나무껍질은 담회색 또는 담녹색으로 가지가 많이 갈라진다. 잎은 서로 어긋나고 잎자루 밑부분에 선형의 턱잎이 2장 있으며 잎 바탕은 달걀 모양에서 긴 타원형 달걀 모양으로 양면에 잔털이 나 있거나 뒷면의 잎맥 위에 털이 나 있고 가장자리에는 예리한 긴 톱니가 있다. 꽃은 흰색 또는 분홍색으로 2~3월에 잎보다 먼저 피고 향이 강하며, 꽃잎은 넓은 거꿀달걀 모양이다. 열매는 씨열매로 둥글고 6~7월에 황색으로 달린다.

각 부위별 생김새

꽃

미숙 열매

완숙 열매

채취시기와 방법 꽃봉오리는 꽃이 피기 전인 2~3월, 열매는 6~7월, 잎, 가지는 여름, 종인은 6~7월, 뿌리는 연중 수시 채취한다.

성분 꽃봉오리에는 정유가 있으며 그중 중요한 성분은 벤즈알데하이드(benzaldehyde), 이소루게놀(isolugenol), 안식향산(benzoic acid) 등이다. 열매에는 구연산, 사과산(malic acid), 호박산(succinic acid), 탄수화물, 시토스테롤(sitosterol), 납상물질(蠟狀物質), 올레아놀릭산(oleanolic acid)이 함유되어 있다. 종자의 종인(種仁) 속에는 아미그달린(amygdalin)이 함유되어 있다.

성미 뿌리는 성질이 평범하고, 맛은 시다. 잎, 가지는 성질이 평범하고, 맛은 시며, 독성은 없다. 꽃봉오리는 성질이 평범하고, 맛은 시고 떫으며, 독성은 없다. 열매는 성질이 따뜻하고, 맛은 시다. 종인은 성질이 평범하고 맛은 시며, 독성이 조금 있다.

귀경 간(肝), 비(脾), 폐(肺), 신(腎) 경락에 작용한다.

효능과 치료 뿌리는 생약명을 매근(梅根)이라 하여 담낭염을 치료한다. 잎이 달린 줄기와 가지는 생약명을 매경(梅莖)이라 하여 유산 치료에 도움을 준다. 잎은 생약명을 매엽(梅葉)이라 하여 곽란(霍亂)을 치료한다. 꽃봉오리는 생약명을 백매화(白梅花)라 하여 식욕부진, 화담(化痰)을 치료한다. 미성숙한 열매를 볏짚이나 왕겨에 그을려 검게 변한 것을 생약명으로 오매(烏梅)라 하는데 수렴, 지사, 이질, 항균, 항진균 작용이 있고 구충, 해수, 혈변, 혈뇨, 혈붕(血崩), 복통, 구토, 식중독 등을 치료한다. 종인은 생약명을 매핵인(梅核仁)이라 하여 번열, 청서(淸暑), 명목(明目), 진해거담, 서기곽란(暑氣霍亂: 더위를 먹어 일어나는 곽란)을 치료한다. 매실 추출물은 항알레르기, 항응고, 혈전용해, 화상 등에 치료효과가 있다고 연구결과로 밝혀졌다.

약용법과 용량 말린 뿌리 30~50g을 물 900mL에 넣어 반이 될 때까지 달여 하루에 2~3회 나눠 마신다. 말린 잎이 달린 줄기와 가지 20~30g을 물 900mL에 넣어 반이 될 때까지 달여 하루에 2~3회 나눠 마신다. 잎은 말려 가루로 만들어 10~20g을 하루에 2~3회 나눠 복용한다. 말린 꽃봉오리 10~20g을 물 900mL에 넣어 반이 될 때까지 달여 하루에 2~3회 나눠 마신다. 말린 미성숙 열매 10~20g을 씨를 빼고 물 900mL에 넣어 반이 될 때까지 달여 하루에 2~3회 나눠 마신다. 외용할 경우에는 강한 불로 볶거나 태워 가루로 만들어 환부에 바르거나, 다른 약재와 섞어 환부에 붙인다. 말린 종인 10~20g을 물 900mL에 넣어 반이 될 때까지 달여 하루에 2~3회 나눠 마신다. 외용할 경우에는 짓찧어 환부에 바른다.

혼동하기 쉬운 약초 비교

매실 살구

기능성물질 특허자료

▶ 매실 추출물을 함유하는 피부 알레르기 완화 및 예방용 조성물

매실 추출물이 알레르기의 주된 인자인 히스타민의 유리를 탁월하게 억제하는 것으로부터 착안하여 피부 알레르기 완화를 목적으로 하는 조성물에 대한 것이다.

– 등록번호 : 10–0827195, 출원인 : (주)엘지생활건강

▶ 매실을 함유하는 화상 치료제

본 발명은 매실의 성분을 함유하는 화상 치료제에 관한 것으로서 수포, 동통, 발적과 같은 화상으로 인한 증상을 완화시켜 손상된 피부의 치유 기간을 단축시키는 역할을 한다.

– 등록번호 : 10–0775924, 출원인 : 한경동

폐와 심장의 기능을 돕고, 각혈, 변비

맥문동

Liriope muscari (Decne.) L.H.Bailey

한약의 기원 : 이 약은 맥문동, 소엽맥문동 뿌리의 팽대부이다.

사용부위 : 덩이뿌리

이 명 : 알꽃맥문동, 넓은잎맥문동, 맥동(麥冬), 문동(門冬)

생약명 : 맥문동(麥門冬)

과 명 : 백합과(Liliaceae)

개화기 : 5~7월

뿌리 채취품

뿌리 약재

생태적특성 맥문동은 중부 이남의 산지에서 자라는 상록 여러해살이풀로, 생육환경은 반그늘 혹은 햇빛이 잘 들어오는 나무 아래이다. 주변에서 조경용으로 많이 심어 친숙한 식물이다. 키는 30~50cm로 자라고, 줄기는 잎과 따로 구분되지 않는다. 짙은 녹색의 잎이 밑에서 모여나며 길이는 30~50cm, 너비는 0.8~1.2cm이며 끝이 뾰족해지다가 둔해지기도 한다. 잎은 겨울에도 지상부에 남아 있기 때문에 쉽게 찾을 수 있다. 꽃은 자줏빛으로 5~7월에 1마디에 여러 송이가 피고, 꽃대는 30~50cm로 자라 맥문동의 키가 된다. 열매는 10~11월에 검푸른색으로 달리는데, 껍질이 벗겨지면 검은색 종자가 나타난다.

각 부위별 생김새

지상부

꽃

열매

채취시기와 방법 반드시 겨울을 넘겨 봄(4월 하순~5월 초순)에 채취하여 말리고, 포기는 다시 정리하여 분주묘(分株苗: 포기나누기용 묘)로 사용한다. 폐, 위의 음기를 청양(清養: 맑게 하고 길러주는 것)하려면 맑은 물에 2시간 이상 담가서 습윤(濕潤: 습기를 머금어서 무르게 된 것)한 다음 거심(祛心: 약재의 중간부를 관통하는 실뿌리를 제거함)하여 사용한다. 자음청심(滋陰清心: 음기를 기르고 심장의 열을 식힘)하려면 거심하여 사용하고, 자보(滋補)하는 약에 넣으려면 주침(酒浸: 청주를 자작하게 부어서 충분히 스며들게 함)하여 거심하여 사용하고, 정신을 안정시키는 안신(安神)약제에 응용하려면 주맥문동[朱麥門冬: 속심을 제거한 맥문동을 대야에 담고 물을 조금 뿌려서 눅눅하게 한 다음 여기에 부드러운 주사(朱砂) 가루를 뿌려줌과 동시에 수시로 뒤섞어 맥문동의 겉면에 주사가 고루 묻게 한 다음 꺼내 말린다. 맥문동 5kg에 주사 110g 사용]을 만들어 사용하기도 한다.

성분 오피오코고닌(ophiopogonin) A~D, 베타-시토스테롤(β-sitosterol), 스티그마스테롤(stigmaterol) 등이 함유되어 있다.

성미 성질이 약간 차고, 맛은 달며 조금 쓰고, 독성은 없다.

귀경 심(心), 폐(肺), 위(胃) 경락에 작용한다.

효능과 치료 음기를 자양하고 폐를 윤활하게 하는 자음윤폐(養陰潤肺), 심의 기능을 맑게 하여 번다(煩多: 체한 것처럼 가슴이 답답하고 괴로운 증상) 증상을 제거하는 청심제번(淸心除煩), 위의 기운을 돕고 진액을 생성하는 익위생진(益胃生津) 등의 효능이 있어 폐의 건조함으로 오는 마른기침을 다스리는 폐조건해(肺燥乾咳), 토혈, 각혈, 폐의 기운이 위축된 증상, 폐옹(肺癰), 허로번열(虛勞煩熱), 소갈(消渴), 열병으로 진액이 손상된 열병상진(熱病傷津) 증상, 인후부의 건조함과 입안이 마르는 인건구조(咽乾口燥) 증상, 변비 등을 치료한다.

약용법과 용량 말린 덩이뿌리 10g을 물 700mL에 넣어 끓기 시작하면 약하게 줄여 200~300mL가 될 때까지 달여 하루에 2회 나눠 마신다.

기능성물질 특허자료

▶ 맥문동 추출물을 유효성분으로 포함하는 염증성 질환 치료 및 예방용 조성물

본 발명은 맥문동 추출물을 유효성분으로 포함하는 것을 특징으로 하는 염증성 질환 치료 및 예방용 조성물에 관한 것으로, 더욱 상세하게는 맥문동 추출물 중 악티제닌의 함량이 일정 범위로 포함되도록 규격화 및 표준화시키고 제제화하여 진통 억제, 급성 염증 억제 및 급성 부종 억제 등의 염증성 변화에 의하여 나타나는 제 증상의 억제 효과가 우수하게 발현되어 관절염 등의 염증성 변화에 의한 질환 치료 및 예방에 유용한 약제로 사용할 수 있는 맥문동 추출물에 관한 것이다.

– 등록번호 : 10-1093731, 출원인 : 신도산업(주)

열 내림, 해독, 외상출혈, 소염작용

먼지버섯

Astraeus hygrometricus (Pers.) Morgan

분 포 : 한국, 전 세계
사용부위 : 자실체
이 명 : *Geastrum hygrometricum* Pers.
생약명 : 경피지성(硬皮地星 : 중국)
과 명 : 먼지버섯과(Diplocystidiaceae)
개화기 : 봄~가을

자실체

생태적특성 먼지버섯은 봄부터 가을까지 숲 속이나 공터 등에 흩어져 발생한다. 자실체는 알 상태일 때 지름이 2~3cm 정도이며, 편평한 구형이고, 회갈색 또는 흑갈색이며, 절반은 땅속에 묻혀 있다. 성숙하면 두껍고 단단한 가죽질인 외피가 7~10개의 조각으로 쪼개져 별 모양으로 바깥쪽으로 뒤집어지고, 내부의 얇은 껍질로 덮인 공 모양의 주머니를 노출시킨다. 성숙하면 위쪽의 구멍으로 포자들을 비산시킨다. 별 모양의 외피는 건조하면 안쪽으로 다시 감기고, 외피가 찌그러지면서 포자의 방출을 돕는다. 포자는 구형이며, 갈색이다.

각 부위별 생김새

자실체

자실체

성분 지방산 8종을 함유하고 있으며, 만니톨(mannitol), 글리세롤(glycerol), 프럭토스(fructose), 갈락토스(galactose), 글루코스(glucose), 트리할로스(trehalose) 등을 함유한다.

성미 성질은 평하고 맛은 맵다.

귀경 폐(肺), 간(肝) 경락으로 작용한다.

효능과 치료 열을 내리고 습사를 제거하는 청열제습(清熱除濕), 염증을 제거하고 독을 풀어주는 소염해독(消炎解毒), 출혈을 멎게 하는 지혈(止血) 등의 효능이 있다.

약용법과 용량 외상출혈과 기관지염에 이용할 수 있으며, 동창수포(凍瘡水泡)에는 포자가루를 바른다.

혼동하기 쉬운 버섯 비교

먼지버섯

목도리방귀버섯

진정, 진통, 양혈, 어혈

모란

Paeonia suffruticosa Andrews = [Paeonia moutan Sims.]

한약의 기원 : 이 약은 목단의 뿌리껍질이다.
사용부위 : 뿌리껍질, 꽃
이　명 : 목단(牧丹), 부귀화, 모단(牡丹)
생약명 : 목단피(牧丹皮)
과　명 : 작약과(Paeoniaceae)
개화기 : 4~5월

뿌리 채취품

뿌리 약재

생태적특성 모란은 전국의 정원이나 꽃밭에 심는 낙엽활엽관목으로, 높이는 1~1.5m이다. 뿌리줄기는 통통하고 가지가 많이 갈라져 굵으며 튼튼하다. 잎은 2회 3출 잎으로 서로 어긋나고 잔잎은 달걀 모양 혹은 넓은 달걀 모양에 보통은 3개로 갈라지며 표면에는 털이 없고 뒷면에는 잔털이 나 있다. 꽃은 양성꽃으로 4~5월에 진홍색, 붉은색, 자색, 흰색 등의 꽃이 피고, 열매는 2~5개의 대과가 모여 7~8월에 달린다.

각 부위별 생김새

잎

꽃

열매

채취시기와 방법 꽃은 4~5월에 꽃이 피었을 때, 뿌리껍질은 가을부터 이듬해 초봄(보통 4~5년생)에 채취한다.

성분 뿌리와 뿌리껍질에는 파에오놀(paeonol), 파에오노시드(paeonoside), 파에 오니플로린(paeoniflorin), 정유, 피토스테롤(phytosterol) 등이 함유되어 있다. 꽃에는 아스트라갈린(astragalin)이 함유되어 있다.

성미 뿌리껍질은 성질이 시원하고, 맛은 맵고 쓰다. 꽃은 성질이 평범하고, 맛은 쓰고 담백하며, 독성은 없다.

귀경 심(心), 간(肝), 폐(肺) 경락에 작용한다.

효능과 치료 뿌리껍질은 생약명을 목단피(牧丹皮)라 하여 진정, 최면, 진통, 고혈압, 항균, 청열, 양혈, 어혈, 지혈, 타박상, 옹양 등을 치료한다. 꽃은 생약명을 목단화(牧丹花)라 하여 조경, 활혈의 효능이 있고 월경불순, 경행복통(徑行腹痛)을 치료한다.

약용법과 용량 말린 뿌리껍질 15~30g을 물 900mL에 넣어 반이 될 때까지 달여 하루에 2~3회 나눠 마신다. 말린 꽃 10~20g을 물 900mL에 넣어 반이 될 때까지 달여 하루에 2~3회 나눠 마신다.

혼동하기 쉬운 약초 비교

모란 작약

염증, 종기, 인후염

목도리 방귀버섯

Geastrum triplex Jungh.

분 포 : 한국, 전 세계
사용부위 : 자실체
이 명 : 방귀버섯
생약명 : 첨정지성(尖頂地星: 중국)
과 명 : 방귀버섯과(Geastraceae)
개화기 : 여름~가을

자실체

생태적특성 목도리방귀버섯은 여름부터 가을까지 혼합림 내 낙엽, 부식질의 땅 위에 흩어져 발생한다. 지름은 3~4cm 정도이며, 구형이다. 외피는 황록색이며, 5~7조각의 별 모양으로 갈라진다. 갈라진 외피는 2개의 층으로 나뉘는데, 바깥층은 얇은 피질, 안층은 두꺼운 육질로 이루어져 있으며, 회백색의 내피가 뒤집어지면 포자가 포함된 기본체가 노출된다. 도토리 같은 기본체의 위쪽에는 구멍이 있는데 여기를 통해서 포자를 비산시킨다. 포자는 구형이며, 표면에 침상 돌기가 있다.

각 부위별 생김새

자실체

자실체

성분 시나바린(cinnabarine: 적색 색소, 항균성분), 시나바린산(cinnabarinic acid), 트라메상구인(tramesanguin: 적색 색소), 키티나제(chitinase) 등을 함유한다.

성미 성질은 평하고 맛은 맵다.

귀경 폐(肺), 간(肝) 경락에 작용한다.

효능과 치료 종기를 다스리는 소종(消腫), 폐기를 맑게 하는 청폐(淸肺), 목을 편하게 해주는 이인후(利咽喉), 출혈을 멎게하는 지혈(止血) 등의 효능이 있다.

약용법과 용량 민간에서는 후두염에 목도리방귀버섯, 황산나트륨 각 3g에 설탕을 넣어 물에 달여 하루 2회 복용한다. 또 코피가 날 때 목도리방귀버섯을 잘게 잘라 코에 잠깐 넣었다가 뺀다.

혼동하기 쉬운 버섯 비교

목도리방귀버섯

먼지버섯

청열, 진해, 거담, 항균

물푸레나무

Fraxinus rhynchophylla Hance

한약의 기원 : 이 약은 물푸레나무, 동속 근연식물의 줄기껍질, 가지껍질이다.
사용부위 : 나무껍질
이 명 : 쉬청나무, 떡물푸레나무, 광능물푸레나무, 민물푸레나무, 고력백랍수(苦櫪白蠟樹), 대엽백사수(大葉白蜡樹)
생약명 : 진피(秦皮)
과 명 : 물푸레나무과(Oleaceae)
개화기 : 5~6월

수피 생김새

약재

생태적특성 물푸레나무는 전국의 산기슭, 골짜기, 개울가에서 자생하는 낙엽활엽 교목이다. 높이는 10m 전후이고, 보통 관목상이고, 나무껍질은 회갈색이다. 잎은 홀수깃꼴겹잎에 서로 마주나고 잔잎은 보통 5장인데 3장 또는 7장인 것도 있다. 잔잎의 잎자루는 짧고 달걀 모양이며 끝에 달린 1개가 가장 크며 밑부분에 있는 한 쌍은 작고 잎 가장자리에는 얕은 톱니가 있다. 꽃은 연한 백록색으로 5~6월에 원뿔꽃차례로 잎과 함께 피거나 잎보다 조금 늦게 핀다. 열매는 날개열매로 긴 거꿀바소꼴이고 9~10월에 달린다.

각 부위별 생김새

잎

꽃봉우리

열매

채취시기와 방법 봄부터 가을까지 나무껍질을 채취한다.

성분 나무껍질에는 애스쿨린(aesculin), 애스쿨레틴(aesculetin) 및 α · β · d-글루코시드(α · β · d-glucoside)인 애스쿨린이 함유되어 있다.

성미 성질이 차고, 맛은 쓰다.

귀경 간(肝), 신(腎), 폐(肺), 대장(大腸) 경락에 작용한다.

효능과 치료 나무껍질은 생약명을 진피(秦皮)라 하여 청열, 천식, 기침, 가래, 명목, 항균, 세균성 이질, 장염, 백대하, 만성 기관지염, 목적종통(目赤腫痛), 눈물 분비과다증 등을 치료한다. 최근에 물푸레나무 추출물에서 피부미백작용이 있다는 사실이 밝혀졌다.

약용법과 용량 말린 나무껍질 20~30g을 물 900mL에 넣어 반이 될 때까지 달여 하루에 2~3회 나눠 마신다. 외용할 경우에는 달인 액으로 환부를 씻어준다.

혼동하기 쉬운 약초 비교

물푸레나무 쇠물푸레나무

만성기침, 출혈, 양혈(凉血)

목이

Auricularia auricula-judae (Bull.) Quél.

분 포 : 한국, 전 세계
사용부위 : 자실체
이 명 : 목이버섯
생약명 : 목이(木耳)
과 명 : 목이과(Auriculariaceae)
개화기 : 봄~가을

자실체

생태적특성 목이는 봄부터 가을 사이에 활엽수의 고목, 죽은 가지에 무리지어 발생한다. 크기는 2~10cm 정도이고, 주발 모양 또는 귀 모양 등 다양하며 젤라틴질이다. 갓 윗면(비자실층)은 약간 주름져 있거나 파상형이며, 미세한 털이 있다. 색상은 홍갈색 또는 황갈색을 띠며, 노후되면 거의 검은색으로 된다. 갓 아랫면(자실층)은 매끄럽거나 불규칙한 간맥이 있고, 황갈색 또는 갈색을 띤다. 조직은 습할 때 젤라틴질이며 유연하고 탄력성이 있으나, 건조하면 수축하여 굳어지며 각질화된다. 자실체는 건조된 상태로 물속에 담그면 원상태로 되살아난다. 포자문은 백색이고, 포자 모양은 콩팥형이다.

각 부위별 생김새

자실체

자실체

성분 유리아미노산 20여 종, 에르고스테롤(ergosterol), 지방산 6종, 비타민 B_1 · B_2 · D 및 니아신(niacin), 글리세롤(glycerol), 만니톨(mannitol), 글루코스(glucose), 트리할로스(trehalose), 셀룰로스(cellulose), 헤미셀룰로스(hemicellulose), 키틴(chitin), 펙틴(pectin), 프로테인(protein), 포스포리피드(phospholipid) 등이 함유되어 있고, 항염 및 콜레스테롤 강하 성분인 글루코녹실로만난(gluconoxylomannan)이 함유되어 있다.

성미 성질은 차고 평하며 맛은 달다.

귀경 간(肝), 심(心), 폐(肺) 경락에 작용한다.

효능과 치료 기력이 없고 혈액이 부족한 것을 보하는 효능이 있고, 혈액순환을 돕고 출혈을 멎게 하는 효능도 있다. 따라서 몸이 허약해져 기력이 없고 얼굴이 창백한 사람에게 좋고, 폐기능이 약하여 만성적으로 기침이 계속되는 경우, 각혈, 토혈, 코피, 자궁출혈, 치질로 인한 출혈 등에 사용하면 좋다. 각종 류머티즘성 동통, 수족마비, 산후허약, 혈리(血痢), 치질출혈, 대하, 자궁출혈, 구토, 고혈압, 변비, 붕루(崩漏) 등에도 적용할 수 있다.

약용법과 용량 햇볕에 말려 사용하는데 기력이 없는 사람은 목이를 상시 복용하면 좋다. 1회 복용량인 말린 목이 20~40g을 물에 달여 마시거나 가루 또는 환으로 만들어 복용한다. 자궁출혈에는 연기가 날 때까지 목이를 볶은 후 가루로 만들어 1회에 8g씩 복용한다.

기능성물질 특허자료

▶ 저지혈증 효과를 갖는 목이버섯 자실체 유래의 다당체 및 그 제조 방법

본 발명은 여러 단계를 포함하는, 목이버섯으로부터 항혈전 기능의 식품성분을 추출하는 방법 및 그 추출 방법에 의해 추출된 항혈전성 추출물에 관한 것으로, 본 방법에 의해 추출된 물질들은 생체 내에서 출혈을 일으키지 않고, 독성이 없으면서도, 항혈전 효과가 우수하다.

– 공개번호 : 10–2010–0018669, 출원인 : (주)비케이바이오, 가천대학교 산학협력단

▶ 저지혈증 효과를 갖는 목이버섯 자실체 유래의 다당체 및 그 제조 방법

본 발명은 저지혈증 효과를 갖는 목이버섯(*Auricularia auricula-judae*) 자실체 유래의 다당체 및 그 제조방법에 관한 것으로, 목이버섯 자실체 유래의 다당체는 저지혈증 효과로 인하여 고지혈증 치료에 뛰어난 효과가 있으며, 혈장의 총 콜레스테롤, 트리글리세라이드, 동맥경화지수 및 저농도 지단백(LDL) 콜레스테롤의 농도를 감소시키고, 고농도 지단백(HDL) 콜레스테롤의 농도는 높게 유지시켜 아테롬성 동맥경화증을 예방하는 뛰어난 효과가 있다.

– 공개번호 : 10–2012–0111121, 출원인 : (주)한국전통의학연구소

폐와 장의 농양, 목적(目赤), 황달

민들레

Taraxacum platycarpum Dahlst.

한약의 기원 : 이 약은 민들레, 서양민들레, 털민들레, 흰민들레의 전초이다.
사용부위 : 전초
이 명 : 안질방이, 부공영(鳧公英), 포공초(蒲公草), 지정(地丁)
생약명 : 포공영(蒲公英)
과 명 : 국화과(Compositae)
개화기 : 4~5월

뿌리 채취품

전초 약재 전형

생태적특성 민들레는 여러해살이풀로, 전국 각지에서 분포하며 경남 의령과 강원도 양구에서 많이 재배한다. 뿌리는 육질로 길며 포공영이라 해서 약재로 사용한다. 생명력이 강해 뿌리를 잘게 잘라도 다시 살아난다. 키는 30cm 정도로 자라며, 원줄기 없이 잎이 뿌리에서 모여나 옆으로 퍼진다. 잎의 길이는 6~15cm, 너비는 1.2~5cm이고 뾰족하다. 잎몸은 무 잎처럼 깊게 갈라지고 갈래는 6~8쌍이며 가장자리에 톱니가 있다. 꽃은 노란색으로 4~5월에 잎과 같은 길이의 꽃줄기 위에서 피고 지름은 3~7cm이다(서양민들레는 3~9월에 핀다). 토종 민들레는 꽃받침이 그대로 있지만 서양민들레는 뒤집혀서 아래로 처진다. 열매는 5~6월경에 검은색 종자가 달리며 종자에는 하얀색이나 은색 날개 같은 갓털이 붙어 있다. 종자는 공처럼 둥글게 안쪽에 뭉쳐 있고 이것이 바람에 날려 사방으로 퍼져 번식한다.

각 부위별 생김새

흰꽃, 노란꽃

열매

채취시기와 방법 꽃이 피기 전이나 후인 봄과 여름에 채취해 흙먼지나 이물질을 제거하고 가늘게 썰어 말린 후 사용한다.

성분 전초에는 타락사스테롤(taraxasterol), 타락사롤(taraxarol), 타락세롤(taraxerol), 잎에는 루테인(rutein), 비오악산틴(vioaxanthin), 플라스토퀴논(plastoquinone), 꽃에는

아르니디올(arnidiol), 루테인(lutein), 플라복산틴(flavoxanthin)이 함유되어 있다.

성미 성질이 차고, 맛은 쓰며 달며, 독성은 없다.

귀경 간(肝), 위(胃), 신(腎) 경락에 작용한다.

효능과 치료 열을 내리고 독을 푸는 청열해독, 종기를 없애고 기가 뭉친 것을 흩어지게 하는 소종산결(消腫散結), 소변을 잘 나가게 하고, 종기 또는 배가 그득하게 차오르는 종창, 유옹(乳癰), 연주창, 눈이 충혈되고 아픈 목적(目赤), 목구멍의 통증, 폐의 농양, 장의 농양, 습열황달(濕熱黃疸) 등을 치료하는 효과가 있다.

약용법과 용량 말린 전초 15g을 물 700mL에 넣어 끓기 시작하면 약하게 줄여 200~300mL가 될 때까지 달여 하루에 2회 나눠 마신다.

혼동하기 쉬운 약초 비교

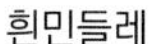

흰민들레

왕고들빼기

기능성물질 특허자료

▶ 포공영 추출물을 함유하는 급만성 간염 치료 및 예방용 조성물

본 발명은 급만성 간염 치료 및 예방 효과를 갖는 포공영 추출물 및 이를 함유하는 조성물에 관한 것으로, 각종 식이 방법에 의해 유발된 증가된 GOT 및 GPT 수치를 유의적으로 억제하여 급만성 간염의 예방 및 치료에 효과적이고 안전한 의약품 및 건강기능식품을 제공한다.

– 공개번호 : 10-2005-0051629, 출원인 : 학교법인 인제학원

지혈, 양혈, 소종, 부인병, 빈혈, 항암

목질열대구멍버섯(상황)

Tropicoporus linteus (Berk. & M.A. Curtis) L.W. Zhou & Y.C.Dai

분 포 : 한국, 아시아, 오스트레일리아, 필리핀, 북아메리카
사용부위 : 자실체
이 명 : 상황버섯, 뽕나무상황, 상신(桑臣), 매기생(梅寄生), 상황고(桑黃菇)
생약명 : 수구심(綉球蕈)
과 명 : 소나무비늘버섯과(Hymenochaetaceae)
개화기 : 연중

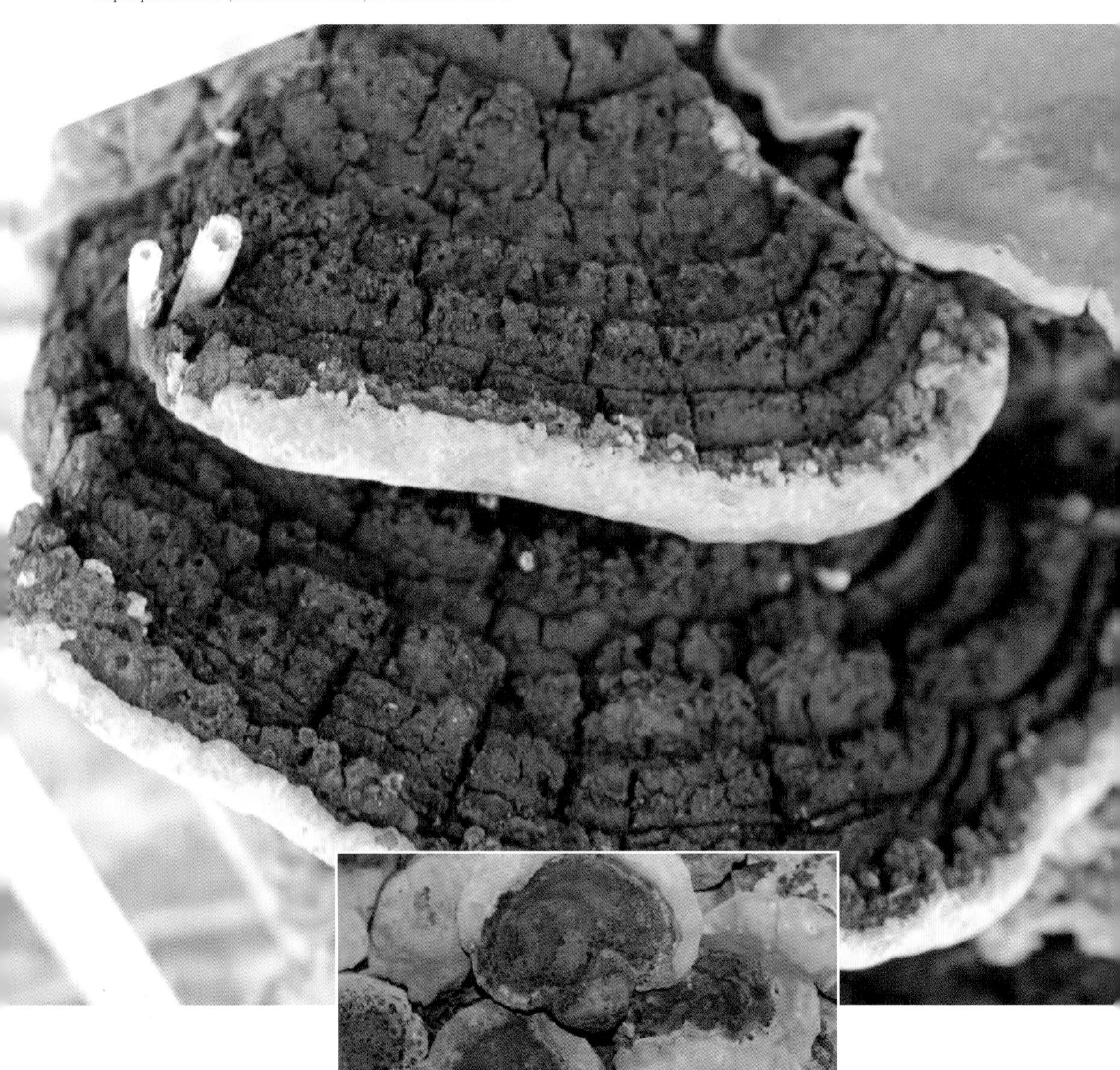

자실체

생태적특성 목질열대구멍버섯은 고목에 홀로 발생하며, 부생생활을 하는 다년생 버섯이다. 갓은 목질로 너비 5~20cm, 두께는 2~10cm 정도로 반원형, 편평형, 말굽형 등 다양한 모양이다. 표면은 검은 갈색의 짧은 털이 있으나 점차 없어지고, 딱딱한 각피질로 되며, 흑갈색 고리 홈선과 가로와 세로로 등이 갈라진다. 갓 둘레는 생육때는 선명한 황색이다. 대는 없고, 자실층 하면의 관공은 황갈색이며, 다층이다. 각층의 두께는 0.2~0.4cm 정도이다. 관공구는 미세하고, 원형이며, 황색이다. 포자문은 연한 황갈색이며, 포자 모양은 유구형이다.

각 부위별 생김새

자실체

자실체

성분 아가릭산(agaricic acid), 지방산, 포화탄화수소(saturatedhydrocarbon), 아미노산(amino acid) 중 중요한 것은 글리신과 아스파라긴산, 옥살산(oxalic acid), 트리테르펜산(triterpenic acid), 카탈라아제(katalase), 우레아제(urease), 리파제(lipase), 수크라제(sucrase), 말타아제(maltase), 락타아제(lactase), 셀룰라제(cellulase) 등 여러 가지 효소가 함유되어 있다.

성미 성질이 평범하고, 맛은 달고 매우며, 독성은 없다.

귀경 비(脾), 폐(肺), 신(腎), 대장(大腸) 경락에 작용한다.

효능과 치료 자궁출혈, 소변출혈, 대변출혈 등의 증상을 멎게 하는 지혈에 사용하고, 여성의 대하증과 월경이 고르지 못한 증상을 치료하며, 양혈(涼血)과 소종 등의 효능이 있다. 『동의보감』에도 '장풍(腸風)으로 피를 쏟는 것과 부인의 자궁출혈, 적백대하를 치료하고, 월경이 고르지 못한 것과 월경이 막히고 피가 엉긴 것 등에 주로 쓴다'라고 하였다. 또한 최근에는 항암작용이 뛰어나다는 것이 알려지면서 암환자들에게 주목받고 있다. 특히 위암, 식도암, 결장암, 직장암, 유방암, 간암 등의 치료효과가 좋은 것으로 알려져 있다. 목질열대구멍버섯의 항암작용은 정상세포에 독작용을 나타내지 않고 오히려 인체의 면역기능을 강화하여 암세포를 억제하는 것으로 밝혀졌다.

약용법과 용량 하루 복용량은 말린 목질열대구멍버섯 6~9g이다. 물에 달여 마시거나 가루나 환으로 만들어 복용한다. 『동의보감』에서는 술에 달여서 마시고, 가루로 만들어 복용할 때에도 술과 마시라고 하였다. 치질로 인한 출혈이나 각종 대장출혈에는 멥쌀 3홉에 목질열대구멍버섯 80g을 섞어 죽을 쑤어 빈속에 먹는다.

기능성물질 특허자료

▶ **상황버섯 추출물을 포함하는 당뇨병 합병증 치료 또는 예방용 조성물**

본 발명은 상황버섯 추출물을 포함하는 당뇨병 합병증 예방 또는 치료용 조성물에 관한 것이다. 특히 본 발명은 알도스 환원효소의 활성을 저해하여 당뇨병 합병증을 억제시킬 수 있을 뿐만 아니라, 최종당화산물 생성을 억제하는 활성이 뛰어난 것으로 확인되어 고혈당을 강하시킬 수 있으므로, 당뇨병 합병증의 예방 또는 치료용 조성물로 사용할 수 있는 식물 추출물을 제공한다.

— 공개번호 : 10-2009-0007955, 출원인 : 한림대학교 산학협력단

해수, 백일해, 천식, 조루,
여성 냉증

박주가리

Metaplexis japonica (Thunb.) Makino

한약의 기원 : 이 약은 박주가리의 전초, 뿌리, 잘 익은 열매껍질이다.
사용부위 : 전초, 열매껍질
이 명 : 고환(苦丸), 작표(雀瓢), 백환등(白環藤), 세사등(細絲藤), 양각채(羊角菜)
생약명 : 나마(蘿藦), 천장각(天漿殼)
과 명 : 박주가리과(Asclepiadaceae)
개화기 : 7~8월

전초 약재 전형

열매껍질 약재전형

생태적특성 박주가리는 덩굴성 여러해살이풀로, 양지의 건조한 곳에서 잘 자란다. 일반적으로 박주가리와 혼동하는 식물로 큰조롱(*Cynanchum wilfordii*)과 하수오(*Fallopia multiflora*)가 있다. 같은 박주가리과의 큰조롱은 생약명이 백수오이고 은조롱이나 하수오라는 이명으로도 불린다. 바로 이 하수오라는 이명 때문에 마디풀과에 속하는 하수오와 혼동되는 식물이다. 큰조롱은 박주가리처럼 줄기에서 유즙이 나오며 꽃은 연한 황록색인데, 하수오는 유즙이 없으며 꽃은 흰색이고 꽃부리 열편이 안쪽으로 오그라드는 것이 박주가리와 다른 점이다. 줄기는 3m 이상 자라며, 줄기나 잎을 자르면 흰색 유즙이 나온다. 잎은 마주나고 달걀 모양으로 잎끝이 뾰족하다. 꽃은 자주색으로 7~8월에 총상꽃차례로 잎겨드랑이에서 피는데 꽃부리가 넓은 종 모양이고 5개로 깊게 갈라지며 끝이 뒤로 말리고 안쪽에 털이 빽빽하게 나 있다. 열매는 8~10월에 달린다.

각 부위별 생김새

줄기를 꺾으면 흰 점액이 나옴

꽃

열매

채취시기와 방법 가을에 열매가 익었을 때 채취해 햇볕에 말리거나 생것으로 사용한다.

성분 뿌리에는 벤조일라마논(benzoylramanone), 메타플렉시게닌(metaplexigenin), 이소람논(isoramanone), 사르코시틴(sarcositin)이 함유되어 있다. 잎과 줄기에는 디지톡

소즈(digitoxose), 사르코스틴(sarcostin), 우텐딘(utendin), 메타플렉시게닌 등이 함유되어 있다.

성미

- 나마(蘿藦) : 박주가리의 전초 또는 뿌리를 여름에 채취해 햇볕에 말리거나 생으로 사용하는 것으로, 성질이 평범하고, 맛은 달고 맵다.
- 천장각(天漿殼): 박주가리의 익은 열매의 열매껍질을 말린 것으로 표주박처럼 생겼으며, 성질이 평범하고, 맛은 짜며, 독성은 없다.

귀경 나마는 비(脾), 신(腎) 경락에 작용한다. 천장각은 간(肝), 폐(肺) 경락에 작용한다.

효능과 치료

- 나마 : 정액과 기를 보하는 보익정기(補益精氣), 젖이 잘 나오게 하는 통유(通乳), 독을 풀어주는 해독 등의 효능이 있어 신(腎)이 허해서 오는 유정(遺精), 방사(성행위)를 지나치게 많이 하여 오는 기의 손상, 양도(陽道)가 위축되는 양위(陽萎), 여성의 냉이나 대하, 젖이 잘 나오지 않는 유즙불통, 단독, 창독 등의 치료에 응용할 수 있으며, 뱀이나 벌레 물린 상처 등에도 사용할 수 있다.
- 천장각 : 폐의 기운을 깨끗하게 하고 가래를 없애는 청폐화담(淸肺化痰), 기침을 멈추고 천식을 다스리는 지해평천(止咳平喘), 발진이 솟아나오도록 하는 투진(透疹) 등의 효능이 있어 기침과 가래가 많은 해수담다(咳嗽痰多), 백일해, 여러 가지 천식 기운을 가리키는 기천(氣喘), 마진이 있는데 열꽃이 피지 못해서 고생하는 마진투발불창(痲疹透發不暢) 치료에 응용할 수 있다.

약용법과 용량 나마는 15~60g, 천장각은 6~9g을 사용한다.

- 나마 : 말린 뿌리 40g을 물 900mL에 넣어 끓기 시작하면 약하게 줄여 200~300mL가 될 때까지 달여 하루에 2회 나눠 마신다.
- 천장각 : 말린 열매 10g을 물 700mL에 넣어 끓기 시작하면 약하게 줄여 200~300mL가 될 때까지 달여 하루에 2회 나눠 마시거나, 짓찧어 환부에 붙이기도 한다.

혼동하기 쉬운 약초 비교

박주가리 하수오

기능성물질 특허자료

▶ **박주가리 추출물 또는 이의 분획물을 유효성분으로 함유하는 퇴행성 뇌질환 예방 및 치료용 조성물**

본 발명은 박주가리 추출물 또는 상기 추출물의 에틸 아세테이트 또는 부탄올 분획물은 뇌허혈에 의해 유도되는 뇌신경세포 손상을 보호하는 효과를 나타내고, 신경행동학적 회복 효과 실험에서 뛰어난 회복 효과가 있으므로 퇴행성 뇌질환의 예방 및 치료용 조성물 또는 건강기능식품의 유효성분으로 유용하게 사용될 수 있다.

– 공개번호 : 10–2010–0052119, 출원인 : 경희대학교 산학협력단

두통, 목적(目赤), 목의 통증, 홍역

박하

Mentha arvensis var. piperascens Malinv. ex Holmes

한약의 기원 : 이 약은 박하의 지상부이다.
사용부위 : 전초
이 명 : 털박하, 재배종박하, 소박하(蘇薄荷)
생약명 : 박하(薄荷)
과 명 : 꿀풀과(Labiatae)
개화기 : 7~9월

전초 약재 전형

약재

생태적특성 박하는 여러해살이풀로, 전국 각지의 습지나 냇가에서 자라거나 재배한다. 키는 50cm 정도로 자라며, 뿌리는 땅속줄기를 뻗어 번식한다. 줄기는 곧추서고 가지가 갈라지며 줄기의 표면은 자갈색 또는 담녹색으로 네모지고 무성한 털이 나 있으며 마디 사이의 길이는 2~5cm이다. 단면은 흰색으로 속은 비어 있다. 잎은 마주나며 긴 타원형이고 끝이 뾰족하며 가장자리에는 톱니가 있다. 양면에는 유점과 털이 나 있으며 길이는 2~7cm, 너비는 1~3cm이고, 짧은 잎자루는 쭈그러져 말려 있다. 꽃은 연보라색으로 7~9월에 윗부분과 가지의 잎겨드랑이에서 층을 이루며 핀다.

각 부위별 생김새

어린잎

꽃 봉우리

열매

채취시기와 방법 날씨가 맑은 여름과 가을에 잎이 무성하고 꽃이 세 둘레 정도 피었을 때 지상부를 채취하여 그늘이나 건조기에 넣어 말리는데 묵은 줄기와 이물질을 제거하고 절단해 사용한다.

성분 잎과 줄기에는 정유 성분이 1% 내외로 들어 있으며 주성분이 멘톨(menthol)로 전체의 70~90%에 달한다. 그 외에 멘톤(menthone), 캄펜(camphene), 리모넨(limonene), 이소멘톤(isomenthone), 피페리톤(piperitone), 플리겐(pulegene) 등이 함유되어 있다.

성미 성질이 시원하고, 맛은 맵고, 독성은 없다.

귀경 간(肝), 폐(肺) 경락에 작용한다.

효능과 치료 풍열을 잘 흩어지게 하고, 머리와 눈을 맑게 하며, 투진(透疹: 열꽃이 잘 피어나게 하는 것)하는 효능이 있어 풍열감기를 치료하고, 두통, 눈이 충혈되는 목적(目赤), 후비(喉痺: 목구멍의 통증), 구창(口瘡: 입안의 종창), 풍진(風疹: 풍사를 받아서 생긴 발진성 전염병의 하나), 마진(麻疹: 어린이의 급성 발진성 전염병의 하나, 홍역), 흉협창민(胸脇脹悶) 등을 다스린다.

약용법과 용량 말린 지상부 10g을 물 700mL에 넣어 끓기 시작하면 약하게 줄여 200~300mL가 될 때까지 달여 하루에 2회 나눠 마신다. 민간요법으로는 감기, 구내염, 결막염, 위경련 치료 등에 박하를 물에 달여 마시기도 한다.

혼동하기 쉬운 약초 비교

박하

산박하

기능성물질 특허자료

▶ 박하 등 생약혼합물의 추출물을 함유하는 스트레스 해소용 건강기능식품

본 발명은 박하, 감국, 하고초, 향유, 울금을 포함하는 생약혼합물의 추출물을 함유하는 건강기능식품에 관한 것으로서, 상기 생약혼합물의 추출물을 함유하는 조성물은 스트레스 해소 효과가 우수하여 수험생, 직장인, 일상에 지친 현대인들의 스트레스 해소용 식품으로 용이하게 사용 가능하다.

– 등록번호 : 10-1450813-0000, 출원인 : 구미경

반위, 위염, 오심, 구토, 구안와사, 간질

반하

Pinellia ternate (Thunb.) Breit.

한약의 기원 : 이 약은 반하의 알뿌리로, 주피를 완전히 제거한 것이다.

사용부위 : 알뿌리

이 명 : 끼무릇

생약명 : 반하(半夏)

과 명 : 천남성과(Araceae)

개화기 : 5~7월

뿌리 채취품

뿌리 약재

생태적특성 반하는 전국 각처의 밭에서 나는 여러해살이풀로, 생육환경은 풀이 많고 물 빠짐이 좋은 반음지 혹은 양지이다. 키는 20~40cm이고, 뿌리는 땅속에 지름 1cm 정도의 알뿌리가 있고 1~2장의 잎이 나온다. 잎은 잔잎이 3장이고 길이는 3~12cm, 너비는 1~5cm이며 가장자리는 밋밋한 긴 타원형이고, 잎몸은 길이가 10~20cm이고 밑부분 안쪽에 1개의 눈이 달리는데 끝에 달릴 수도 있다. 꽃은 녹색으로 5~7월에 피며 길이는 6~7cm이며 몸통부분은 길이가 1.5~2cm이다. 꽃줄기 밑부분에 암꽃이 달리고 윗부분에는 길이 1cm 정도의 수꽃이 달리고 수꽃은 대가 없는 꽃밥만으로 이루어져 있고 연한 황백색이다. 열매는 8~10월경에 달리는데 녹색이고 작다.

각 부위별 생김새

전초

꽃

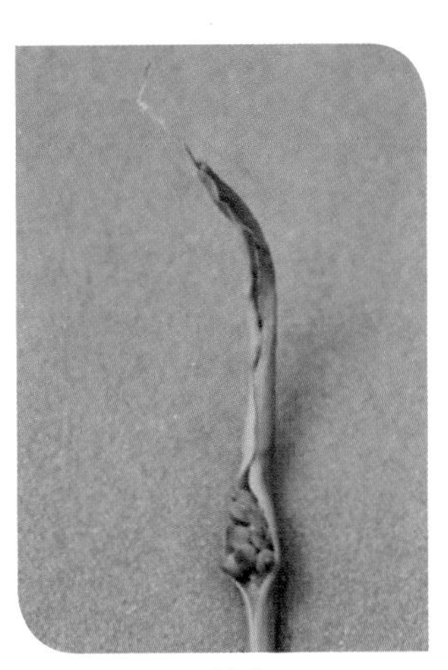
열매

채취시기와 방법 가을에 알뿌리를 채취하여 껍질을 벗기고 햇볕에 말린다.

성분 정유, 소량의 지방, 전분, 점액질, 아스파라긴산(asparaginic acid), 글루타민(glutamine), 캠페스테롤(campesterol), 콜린(choline), 니코틴, 다우코스테롤(daucosterol), 피넬리아렉틴(pinellia lectin), 베타-시토스테롤(β-sitosterol) 등이 함유되어 있다.

성미 성질이 따뜻하고, 맛은 맵고, 독성이 있다.

귀경 폐(肺), 비(脾), 위(胃) 경락에 작용한다.

효능과 치료 토하는 증상을 가라앉히고 기침을 멎게 하며 담을 없애는 효능이 있다. 또한 습사를 다스리는 조습(燥濕), 결린 것을 낫게 하고 맺힌 것은 흩어지게 하는 소비산결(消痞散結), 종기를 삭이는 소종 등의 효능이 있어 오심, 구토, 반위(反胃: 음식물을 소화시켜 아래로 내리지 못하고 위로 올리는 증상으로 위암 등의 병증이 있을 때 나타남), 여러 가지 기침병, 담다불리(痰多不利: 가래가 많고 이를 뱉어내지 못하는 증세), 가슴이 두근거리면서 불안해하는 심계(心悸), 급성 위염, 어지럼증(현기증), 구안와사, 반신불수, 간질, 경련, 부스럼이나 종기 등을 다스린다.

약용법과 용량 독성이 있으므로 반드시 정해진 방법에 따라 포제해야 하며, 쪼개서 혀끝에 댔을 때 톡 쏘는 마설감(麻舌感)이 없을 때까지 물에 담가서 독성을 제거해 사용한다. 또는 생강 달인 물이나 백반 녹인 물에 담가 끓인 후 혀끝에 대어 마설감이 없도록 포제한 다음 사용하며, 사용할 때에는 전문가의 지도를 받아야 한다.

기능성물질 특허자료

▶ **반하, 백출, 천마, 진피 등을 포함하는 한약제제 혼합물의 동맥경화 및 관련 질환의 예방 및 치료용 추출물과 약학 조성물**

본 발명은 반하, 백출, 천마, 진피, 복령, 산사, 희렴 및 황련을 포함하는 한약제제 혼합물의 동맥경화 및 관련 질환의 예방 및 치료용 추출물과 이를 유효성분으로 포함하는 약학 조성물에 관한 것으로, 본 발명에 따른 추출물은 동맥경화 및 관련 질환의 예방 및 치료용 제재로 유용하게 사용될 수 있다.

– 등록번호 : 10-0787174, 출원인 : 동국대학교 산학협력단

항암, 해열, 진통, 건위, 양혈

방아풀

Isodon japonicus (Burm.) H.Hara

분 포 : 이 약은 방아풀의 전초이다.
사용부위 : 전초
이 명 : 회채화(回菜花)
생약명 : 연명초(延命草)
과 명 : 꿀풀과(Labiatae)
개화기 : 8~9월

전초 약재 전형

생태적특성 방아풀은 여러해살이풀로, 전국 각지의 산과 들에서 자생하는데 농가에서도 재배하고 있다. 키는 50~100cm로 곧게 자라고, 줄기는 사각형이며 부드러운 털이 아래를 향해 나 있다. 잎은 마주나고 넓은 달걀 모양이며 톱니가 있고 끝이 뾰족하다. 꽃은 연한 자주색으로 8~9월에 취산꽃차례(전체적으로는 원뿔꽃차례)로 잎겨드랑이와 줄기 끝에 마주나기로 핀다. 열매는 10월에 달린다.

각 부위별 생김새

어린잎

꽃

열매

채취시기와 방법 꽃이 필 때 전초를 채취해 햇볕이나 그늘에서 말리고 잘게 썰어 사용한다.

성분 전초에는 쓴맛의 성분인 카우렌(kaurene) 계통의 디테르페노이드(diterpenoid) 화합물인 디하이드로엔메인(dihydroenmein), 엔메인(enmein), 엔메인-3-아세테이트(enmein-3-acetate), 이소도카르핀(isodocarpin), 노도신(nodosin), 이소도트리신(isodotricin) 등이 함유되어 있다.

성미 성질이 차고, 맛은 쓰다.

귀경 간(肝), 심(心), 비(脾) 경락에 작용한다.

효능과 치료 통증을 멈추게 하는 진통, 위를 튼튼하게 하는 건위(健胃), 혈액을 맑게 하는 양혈, 독을 풀어주는 해독, 종기를 없애주는 소종, 열을 풀어주는 해열과 항암 등의 효능이 있어 소화불량, 복통, 타박상, 옹종, 식도, 간, 유방 등의 암종(癌腫), 인후종통(咽喉腫痛), 뱀에 물린 상처 등의 치료에 사용할 수 있다.

약용법과 용량 말린 전초 15g을 물 700mL에 넣어 끓기 시작하면 약하게 줄여 200~300mL가 될 때까지 달여 하루에 2회 나눠 마신다. 가루로 만들어 복용하기도 하며, 짓찧어 환부에 붙이기도 한다.

혼동하기 쉬운 약초 비교

방아풀 배초향

옹저창독, 산후출혈, 항진균

배롱나무

Lagerstroemia indica L.

한약의 기원 : 이 약은 배롱나무의 뿌리, 잎, 꽃이다.
사용부위 : 뿌리, 잎, 꽃
이　명 : 백일홍(百日紅), 오리향(五里香), 홍미화(紅微花)
생약명 : 자미화(紫薇花)
과　명 : 부처꽃과(Lythraceae)
개화기 : 7~9월

뿌리 약재

줄기 약재 전형

생태적특성 배롱나무는 중 · 남부 지방의 정원이나 도로변 가로수로 심는 낙엽활엽 관목 또는 소교목으로, 높이는 5m 전후에, 가지는 윤기가 나고 매끄러우며 햇가지에는 4개의 능선이 있다. 잎은 마주나기 또는 마주나기에 가깝고 위로 올라가면 서로 어긋나며 잎자루는 거의 없고 타원형 또는 거꿀달걀 모양이다. 꽃은 붉은색, 분홍색, 흰색, 형광색 등으로 7~9월에 원뿔꽃차례로 가지 끝에서 핀다. 열매는 튀는 열매로 긴 타원형이고 10~11월에 달린다.

각 부위별 생김새

잎

꽃

열매

채취시기와 방법 꽃은 7~9월, 뿌리는 연중 수시, 잎은 봄부터 초가을에 채취한다.

성분 뿌리에는 시토스테롤(sitosterol), 3,3′,4-트리메틸에라긴산(3,3′,4-trimethylellagic acid), 잎에는 데시닌(decinine), 데카민(decamine), 라겔스트로에민(lagerstroemine), 라게린(lagerine), 디하이드로벨티실라틴(dihydroverticillatine), 데코딘(decodine) 등의 알칼로이드(alkaloid), 꽃에는 델피니딘-3-아라비노시드(delphinidin-3-arabinoside), 페투니딘-3-아라비노시드(petunidin-3-arabinoside), 몰식자산(galic acid), 메틸에스테르(methyl ester), 엘라그산(ellagic acid), 알칼로이드의 메틸라게린(methyl lagerine)이 함유되어 있다.

성미 성질이 차고, 맛은 약간 시다.

귀경 간(肝), 심(心) 경락에 작용한다.

효능과 치료 뿌리는 생약명을 자미근(紫薇根)이라 하여 옹저창독(癰疽瘡毒), 치통, 이질 등을 치료한다. 잎은 생약명을 자미엽(紫薇葉)이라 하여 항진균작용이 있으며 이질, 습진, 창상출혈(瘡傷出血)을 치료한다. 꽃은 생약명을 자미화(紫薇花)라 하여 산후출혈, 소아태독(小兒胎毒), 대하증 등을 치료한다. 배롱나무 추출물은 항알레르기, 아토피피부염, 천식 개선 등에 유효하다는 연구결과가 밝혀졌다.

약용법과 용량 말린 뿌리 30~50g을 물 900mL에 넣어 반이 될 때까지 달여 하루에 2~3회 나눠 마신다. 외용할 경우에는 가루로 만들어 다른 약재와 섞어 환부에 붙인다. 말린 잎 20~30g을 물 900mL에 넣어 반이 될 때까지 달여 하루에 2~3회 나눠 마신다. 외용할 경우에는 달인 액으로 환부를 닦는다. 짓찧어 환부에 바르거나, 가루로 만들어 환부에 뿌리기도 한다. 말린 꽃 10~30g을 물 900mL에 넣어 반이 될 때까지 달여 하루에 2~3회 나눠 마신다. 외용할 경우에는 달인 액으로 환부를 닦 는다.

기능성물질 특허자료

▶ **배롱나무의 추출물을 유효성분으로 함유하는 알레르기 예방 또는 개선용 약학적 조성물**

본 발명은 천연물을 유효성분으로 하는 항아토피용 약학조성물에 관한 것으로, 보다 상세하게는 배롱나무 추출물 및 이를 유효성분으로 함유하는 알레르기 예방 또는 개선용 약학조성물에 관한 것으로, 상기 본 발명에 따른 약학조성물은 인체에 무해하고 피부에 전혀 자극이 없으며, 염증성 사이토카인 및 케모카인(chemokine)의 분비 조절, 면역 글로불린 IgE의 합성 억제 등에 작용하여 홍반 감소, 가려움증 소멸작용, 항균작용, 면역 억제 및 조절작용 등의 효과를 나타내어 아토피 또는 천식의 개선 또는 치료의 개선에 적용함으로써 유용하게 이용할 수 있다.

– 공개번호 : 10-2011-0050938, 특허권자 : 대전대학교 산학협력단

표사를 멈추게 하고,
더위 먹은 증상

배초향

Agastache rugosa (Fisch. & C.A.Mey.) Kuntze

한약의 기원 : 이 약은 배초향의 지상부이다.

사용부위 : 전초, 꽃

이 명 : 방앳잎, 토곽향(土藿香), 두루자향(兜婁姿香)

생약명 : 곽향(藿香)

과 명 : 꿀풀과(Labiatae)

개화기 : 7~9월

전초 채취품

꽃 약재 전형

생태적특성 배초향은 전국 각지의 산과 들에서 자라는 여러해살이풀로, 생육환경은 토양에 부엽질이 풍부한 양지 혹은 반그늘이다. 키는 40~100cm로 자라고, 줄기 윗부분에서 가지가 갈라지며 네모가 진다. 줄기 표면은 황록색 또는 회황색으로 잔털이 적거나 혹은 없으며 단면 중앙에는 흰색의 부드러운 속심이 있다. 잎은 길이가 5~10cm, 너비는 3~7cm로 끝이 뾰족하고 심장 모양이다. 꽃은 자주색으로 7~9월에 가지 끝에서 원기둥 모양 꽃이삭에 입술 모양의 꽃이 촘촘하게 모여 핀다. 열매는 10~11월에 달리며 짙은 갈색으로 변한 씨방에는 종자가 미세한 형태로 많이 들어 있다.

각 부위별 생김새

잎

꽃

열매

채취시기와 방법 꽃이 피기 직전부터 막 피었을 때까지인 6~7월에 꽃을 포함한 전초를 채취해 햇볕이나 그늘에서 말려 보관한다. 약재로 쓸 때에는 이물질을 제거하고 윤투(潤透: 습기를 약간 주어 부스러지지 않도록 하는 과정)시킨 다음 잘게 썰어 사용한다.

성분 전초에는 정유 성분이 들어 있으며 주성분은 메틸카비콜(methyl chavicol)이고 그 밖에도 아네톨(anethole), 아니스알데하이드(anisaldehyde), 델타-리모넨(δ

-limonene), p-메톡시시남알데하이드(p-methoxycinnamaldehyde), 델타-피넨(δ-pinene) 등이 함유되어 있다.

성미 성질이 약간 따뜻하고, 맛은 매우며, 독성은 없다.

귀경 폐(肺), 비(脾), 위(胃) 경락에 작용한다.

효능과 치료 방향화습(芳香化濕: 방향성 향기가 있어 습사를 말려줌), 중초를 조화롭게 하며 구토를 멈추게 한다. 표사(表邪)를 흩어지게 하고 더위 먹은 증상을 풀어준다.

약용법과 용량 말린 약재 10g을 물 700mL에 넣어 끓기 시작하면 약하게 줄여 200~300mL가 될 때까지 달여 하루에 나눠 마신다. 환 또는 가루로 만들어 복용하기도 한다. 민간요법으로 옴이나 버짐 치료에는 곽향 달인 물에 환부를 30분간 담갔다고 한다. 또 구취가 날 때에는 곽향 달인 물로 양치를 하고 그 밖에도 복부팽만, 식욕부진, 구토, 설사, 설태가 두텁게 끼는 증상 등의 치료에도 사용한다.

혼동하기 쉬운 약초 비교

배초향

방아풀

기능성물질 특허자료

▶ 당뇨 질환의 예방, 치료용 배초향 추출물 및 이를 포함하는 치료용 제제

본 발명은 당뇨 질환의 예방, 치료용 배초향(방아, 곽향) 추출물 및 이를 포함하는 치료용 제제에 관한 것으로, 더욱 상세하게는 퍼록시좀 증식인자 활성자 수용체 감마(PPARγ)의 활성화와 지방세포의 분화 조절, 인슐린 민감도의 증가를 일으키는 배초향 추출물에 관한 것이다.

– 공개번호 : 10-2011-0099369, 출원인 : 연세대학교 산학협력단

열을 내리고, 독을 풀어주며,
습진과 풍진

백선

Dictamnus dasycarpus Turcz.

한약의 기원 : 이 약은 백선의 뿌리껍질이다.
사용부위 : 뿌리껍질
이　명 : 자래초, 검화, 백전, 백양(白羊), 지양선(地羊鮮)
생약명 : 백선피(白鮮皮)
과　명 : 운향과(Rutaceae)
개화기 : 5~6월

뿌리 채취품　　뿌리심 가피　　약재

생태적특성 백선은 숙근성 여러해살이풀로, 제주도를 제외한 전국의 산기슭에서 자란다. 키는 90cm 정도 자라며, 뿌리는 굵고, 줄기는 크고 곧추선다. 뿌리의 심을 빼낸 약재는 안으로 말려 들어간 통 모양으로 길이는 5~15cm, 지름은 1~2cm, 두께는 0.2~0.5cm이다. 바깥 표면은 회백색 또는 담회황색으로 가는 세로 주름과 가는 뿌리의 흔적이 있으며 돌기된 과립상(顆粒狀)의 작은 점이 있다. 안쪽 표면은 유백색으로 가는 세로 주름이 있다. 질은 부스러지기 쉽고 절단할 때 가루가 일어나며 단면은 평탄하지 않고 약간 층을 이룬 조각 모양이다. 잎은 어긋나고 줄기의 중앙부에 모여난다. 꽃은 옅은 홍색으로 5~6월에 원줄기 끝에서 총상꽃차례로 피며 지름은 2.5cm 정도이다.

각 부위별 생김새

지상부

열매

잎생김새

채취시기와 방법 뿌리는 봄과 가을에 채취하여 흙과 모래, 코르크층을 제거하고 뿌리껍질을 벗겨 이물질을 제거해 잘게 썰어서 말린다.

성분 뿌리에는 푸로퀴놀론알칼로이드(furoquinolone alkalloid)로 딕타민(dictamine), 스킴미아닌(skimmianine), 감마-파가린(γ-fagarine), 로부스틴(robustine), 할로파인(halopine), 마쿨로시딘(maculosidine), 리모닌(limonin), 트리고넬린(trigonellin), 프락시

넬론(fraxinellone), 오바쿨라톤(obakulatone), 사포닌 등이 함유되어 있다.

성미 성질이 차고, 맛은 쓰며, 독성은 없다.

귀경 비(脾), 위(胃), 방광(膀胱) 경락에 작용한다.

효능과 치료 열을 내리고 습사를 다스리며, 풍사를 제거하고 해독하며, 습열창독을 치료한다. 또한 습진(濕疹), 풍진 등을 다스린다.

약용법과 용량 말린 뿌리껍질 10g을 물 700mL에 넣어 끓기 시작하면 약하게 줄여 200~300mL가 될 때까지 달여 하루에 2회 나눠 마신다.

백선꽃

기능성물질 특허자료

▶ **백선피 추출물을 유효성분으로 포함하는 지질 관련 심혈관 질환 또는 비만의 예방 및 치료용 조성물**

본 발명은 백선피 추출물, 또는 백선피와 길경 또는 인삼의 혼합 생약재 추출물을 유효성분으로 함유하는 항비만용 조성물에 관한 것이다. 본 발명의 추출물들은 고지방식이에 의한 체중 증가 및 체지방 증가를 억제하고, 혈중 지질인 트리글리세라이드(triglyceride), 총 콜레스테롤을 낮춤으로써 비만 증상을 개선시키므로, 지질 관련 심혈관 질환 또는 비만의 예방 또는 치료제, 또는 상기 목적의 건강식품으로 유용하게 사용될 수 있다.

– 공개번호 : 10-2011-0097220, 출원인 : 사단법인 진안군 친환경홍삼한방산업클러스터사업단

이뇨, 건비위, 강심, 안신

복령

Wolfiporia extensa (Peck) Ginns

분 포 : 한국, 일본, 중국, 유럽, 북아메리카

사용부위 : 균괴

이 명 : 복토(茯菟), 복령(茯靈), 복령(伏苓), 운령(云苓), 송서(松薯)

생약명 : 백복령(白茯苓), 백복신(白茯神)

과 명 : 구멍장이버섯과(Polyporaceae)

개화기 : 연중

복령 약재

복신 약재 전형

생태적특성 복령은 벌채한 지 3~10년 된 소나무 뿌리에서 기생하여 성장하는 균핵으로 소나무 뿌리가 내부에 남아 있는 것은 복신, 뿌리가 없어지고 안이 흰 것은 백복령, 붉은 것은 적복령이라고 하여 약용한다. 지름은 10~30cm이고 형체는 일정하지 않다. 겉은 암갈색, 안은 회백색의 육질로 되어 있다.

각 부위별 생김새

복령

복령피

복신

성분 파키만(pachiman), 파킴산(pachymic acid), 에부리콜산(eburicoic acid), 디하이드로에부리콜산(dehydroeburicoic acid), 피니콜산(pinicolic acid) 외에 당, 무기물(철, 칼슘, 마그네슘, 칼륨, 나트륨), 에르고스테롤(ergosterol) 등이 함유되어 있다.

성미 성질이 평범하고, 맛은 달고 담담하다.

귀경 심(心), 비(脾), 폐(肺), 신(腎), 방광(膀胱) 경락에 작용한다.

효능과 치료 이뇨작용이 있어 몸이 붓거나 요도염, 방광염 등이 있을 때 사용하는데, 다른 이뇨제와 달리 위장을 튼튼하게 하고 신경을 안정시키는 효능이 있어 몸이 약한 사람에게 좋다. 따라서 인삼이나 황기, 백출, 감초 등과 함께 달여 먹으면 위장이 약하여 소화가 안 되고 설사하는 증상을 치료할 수 있다.

약용법과 용량 자연산 복령은 7월부터 이듬해 3월 사이에 소나무 숲에서 채취하고, 인공 재배한 복령은 종균을 접종한 2년 후 7~8월에 채취하여 사용한다. 1회 복용량은 말린 복령 10~15g이다. 다른 약초와 함께 달여서 마시거나 가루나 환으로 만들어 복용한다. 소변이 자주 마렵고 요실금이 있을 때에는 같은 양의 산약과 백복령을 가루로 만들어 묽은 미음으로 만들어 먹는다.

혼동하기 쉬운 약초 비교

복령자실체

복신자실체(복신은 나무뿌리에 기생하는것을 말함)

기능성물질 특허자료

▶ **복령피 추출물을 함유하는 퇴행성 신경질환의 예방, 개선 또는 치료용 조성물**

본 발명의 복령피(Poria cocos) 추출물을 유효성분으로 함유하는 퇴행성 신경질환 예방 또는 치료용 약학적 조성물 및 퇴행성 신경질환 예방 또는 개선용 식품 조성물에 관한 것으로, 본 발명의 조성물에 포함되는 유효성분인 복령피 추출물은 베타아밀로이드 생성 및 타우 인산화 억제, NGF 생성 촉진작용을 통한 신경세포 보호작용, 신경세포 보호 및 아세틸콜린에스터라제 억제를 통한 기억력 개선작용을 가짐으로써, 퇴행성 신경질환 예방 또는 치료용 약학적 조성물, 또는 상기 목적의 건강식품으로 유용하게 사용될 수 있다.

– 공개번호 : 10-2016-0075183, 출원인 : 동아에스티(주)

정력감퇴, 활혈, 기억력 개선

복분자딸기

Rubus coreanus Miq. = [Rubus tokkura Sieb.]

한약의 기원 : 이 약은 복분자딸기의 덜 익은 열매이다.
사용부위 : 뿌리, 줄기, 잎, 열매
이 명 : 곰딸, 곰의딸, 복분자딸, 복분자, 교맥포자(蕎麥抛子), 조선현구자(朝鮮懸鉤子), 호수묘(胡須苗), 삽전포(揷田泡)
생약명 : 복분자(覆盆子)
과 명 : 장미과(Rosaceae)
개화기 : 5~6월

줄기 약재 전형

열매 약재

생태적특성 복분자딸기는 중 · 남부 지방의 산기슭 계곡 양지에서 자생 또는 재배하는 낙엽활엽관목이다. 높이는 3m 전후로 자라고, 줄기는 곧게 서지만 덩굴처럼 휘어져 땅에 닿으면 뿌리를 내리며 적갈색에 백분(白粉)이 덮여 있고 갈고리 모양의 가시가 있다. 잎은 홀수깃꼴겹잎인데 어긋나고 잎자루가 있으며 잔잎은 3~7장이다. 가지 끝에 붙어 있는 잔잎은 비교적 크고 달걀 모양으로 잎끝은 날카롭고 가장자리에는 불규칙한 크고 날카로운 톱니가 있다. 꽃은 담홍색으로 5~6월에 산방꽃차례로 가지 끝이나 잎겨드랑이에서 핀다. 열매는 취합과로 작은 달걀 모양으로 7~8월에 붉은색으로 달리지만 나중에 검은색이 된다.

각 부위별 생김새

잎

꽃

열매

채취시기와 방법 열매는 익기 전인 7~8월, 뿌리는 연중 수시, 줄기와 잎은 봄부터 가을에 채취한다.

성분 뿌리 및 줄기와 잎에는 플라보노이드(flavonoid) 배당체가 함유되어 있다. 열매에는 필수아미노산과 비타민 B_2, 비타민 E, 주석산(tartaric acid), 구연산, 트리테르페노이드글리코시드(triterpenoid glycoside), 카보닉산(carvonic acid), 소량의 비타민 C, 당류가 함유되어 있다.

성미 뿌리는 성질이 평범하고, 맛은 짜고 시고, 독성은 없다. 줄기와 잎은 성질이 평범하고, 맛은 짜고 시고, 독성은 없다. 열매는 성질이 평범하고, 맛은 달고 시다.

귀경 간(肝), 비(脾), 신(腎) 경락에 작용한다.

효능과 치료 뿌리는 생약명을 복분자근(覆盆子根)이라 하여 지혈, 활혈, 토혈, 월경불순, 타박상 등을 치료한다. 줄기와 잎은 생약명을 복분자경엽(覆盆子莖葉)이라 하여 명목(明目), 지누(止淚), 다누(多淚), 습기수렴(濕氣收斂), 치통, 염창(臁瘡) 등을 치료한다. 덜 익은 열매는 생약명을 복분자(覆盆子)라 하여 보간(補肝), 보신(補腎), 정력감퇴, 명목(明目), 양위(陽痿), 유정 등을 치료한다. 복분자 추출물은 골다공증, 기억력 개선, 비뇨기 기능 개선, 우울증, 치매 등의 예방 및 치료 효과도 인정되고 있다.

약용법과 용량 말린 뿌리 20~30g을 물 900mL에 넣어 반이 될 때까지 달여 하루에 2~3회 나눠 마신다. 외용할 경우에는 뿌리를 짓찧어 환부에 붙인다. 줄기와 잎을 외용할 경우에는 짓찧어 즙을 내어 살균 후 눈에 넣거나 달인 액을 눈에 넣는다. 가루로 만들어 환부에 바르기도 한다. 소금물에 담갔다가 말린 열매 30~50g을 물 900mL에 넣어 반이 될 때까지 달여 하루에 2~3회 나눠 마신다. 또 술을 담그거나 가루, 환, 고(膏)로 만들어 사용한다.

기능성물질 특허자료

▶ 복분자 추출물을 함유하는 골다공증 예방 또는 치료용 조성물

본 발명의 조성물은 조골세포 활성 유도뿐만 아니라 파골세포 활성 억제효과를 동시에 나타내므로 다양한 원인으로 인해 유발되는 골다공증의 예방 또는 치료에 유용하게 사용될 수 있다.

– 등록번호 : 10-0971039, 출원인 : 한재진

출혈을 멈추고, 피를 잘 통하게 하며, 어혈

부들

Typha orientalis C. Presl

한약의 기원 : 이 약은 부들, 기타 동속식물의 꽃가루이다.
사용부위 : 꽃가루
이 명 : 향포(香蒲), 포화(蒲花), 감통(甘痛)
생약명 : 포황(蒲黃)
과 명 : 부들과(Typhaceae)
개화기 : 6~7월

부들 꽃가루(포황)

생태적특성 부들은 중 · 남부 지방에서 분포하는 여러해살이풀로, 꽃은 암수한그루이고 적갈색으로 6~7월에 피는데 원기둥 모양의 수상꽃차례를 이루며 윗부분에는 수꽃, 아랫부분에는 암꽃이 달린다. 꽃은 작고 많으며, 포는 없거나 일찍 떨어진다. 암꽃에는 긴 꽃자루가 있고, 수꽃은 수술만 2~3개이다. 개화기에 황색의 꽃가루를 수시로 채취해 말리며 꽃가루는 가볍고 물에 넣으면 수면에 뜨고 손으로 비비면 매끄러운 느낌이 있으며 손가락에 잘 붙는다. 현미경으로 보면 4개의 꽃가루 입자가 정방형이나 사다리형으로 결합되어 있고 지름은 35~40㎛이다.

각 부위별 생김새

잎

꽃

노란 : 숫꽃　주홍 : 암꽃

채취시기와 방법 꽃이 피어날 때 윗부분의 수꽃 이삭을 채취해 꽃가루를 채취하고, 전초는 수시로 채취하여 말린다. 이물질을 제거하여 쓰는데 혈을 잘 통하게 하며 어혈을 제거하는 행혈화어(行血化瘀)를 위한 약재는 그대로 쓰고, 수렴지혈(收斂止血)을 위한 약재는 초탄(炒炭: 프라이팬에 넣고 가열하여 불이 붙으면 산소를 차단해서 검은 숯을 만드는 포제 방법)하여 사용한다.

성분 꽃가루에는 이소람네틴(isorhamnetin), 베타-시토스테롤(β-sitosterol), 알파-티파스테롤(α-typhasterol) 등이 함유되어 있다.

성미 성질이 평범하고, 맛은 달며, 독성은 없다.

귀경 간(肝), 심포(心包) 경락에 작용한다.

효능과 치료 출혈을 멈추게 하고, 혈을 잘 통하게 하며 어혈을 제거한다. 토혈과 육혈(衄血: 코피), 각혈, 붕루, 외상출혈 등을 치료하고, 여성들의 폐경이나 월경이 잘 이루어지지 않을 때, 위를 찌르는 듯한 복통 등을 치료하는 데 사용한다. 외용 할 경우에는 짓찧어 환부에 바르기도 한다.
애기부들(T. angustifolia L.) 및 동속근연식물의 꽃가루도 부들과 같은 약재로 사용한다.

약용법과 용량 꽃가루 10g을 물 700mL에 넣어 끓기 시작하면 약하게 줄여 200~300mL로 달여 하루에 2회 나눠 마신다.

부들 꽃 터진모습

기능성물질 특허자료

▶ **부들 추출물을 포함하는 순환기 질환의 예방 및 치료용 조성물**

본 발명은 부들 화분의 유기용매 추출물 및 이로부터 분리한 나린게닌 화합물에 관한 것으로, 이들은 혈관 평활근 세포의 증식을 억제하여 순환기 계통 질환의 예방 및 치료에 널리 이용될 수 있다.

– 등록번호 : 10-1039145, 출원인 : 충남대학교 산학협력단

요통, 해수천식, 탈항, 타박상, 월경 막힘

부처손

Selaginella involvens (Sw.) Spring

한약의 기원 : 이 약은 부처손, 점상권백의 전초이다.

사용부위 : 전초

이 명 : 두턴부처손, 표족(豹足), 구고(求股), 신투시(神投時), 교시(交時)

생약명 : 권백(卷柏)

과 명 : 부처손과(Selaginellaceae)

개화기 : 포자번식

전초 약재 전형

생태적특성 부처손은 제주도 및 전국 산지의 건조한 바위 위나 나무 위에서 자라는 상록 여러해살이풀로, 일본, 대만, 중국에도 분포한다. 유사종으로는 바위손(Selaginella tamariscina)이 있다. 전체가 말려져 쭈그러진 모양은 주먹과 같으며 크기는 일정하지 않다. 줄기와 잎이 주먹 모양을 하고 있는 특징 때문에 약재 이름을 권백(卷柏)이라 한다. 키는 15~40cm에 이르며, 줄기 윗부분에 다발로 뭉쳐 난 여러 개의 가지가 바큇살 모양으로 퍼지고 녹색 또는 갈황색으로 속으로 말리면서 구부러지고 분지에는 비늘조각 모양의 잔잎이 빽빽하게 나 있다. 질은 부스러지기 쉽다.

각 부위별 생김새

습했을 때 모습

건조했을 때 모습

채취시기와 방법 봄부터 가을까지 전초를 채취해 이물질을 제거하고 말려 사용한다.

성분 플라본(flavone), 페놀, 아미노산, 트레할로스(trehalose), 아피게닌(apigenin), 아멘토플라본(amentoflavone), 히노키플라본(hinokiflavone), 살리카인(salicain), 실리카이린(silicairin), 페칼라인(pecaline) 등이 함유되어 있다.

성미 성질이 평범하고, 맛은 매우며, 독성은 없다.

귀경 간(肝), 담(膽) 경락에 작용한다.

효능과 치료 어혈을 푸는 데는 생용(生用: 볶지 않고 말린 것을 그대로 사용)하고, 지혈에는 초용(炒用: 볶아서 사용)한다. 생용하면 경폐(經閉: 여성들의 월경이 막힌 증상), 징가(癥瘕: 몸안에 기가 뭉친 덩어리), 타박상, 요통, 해수천식 등을 치료할 수 있고, 볶아서 사용하면 토혈, 변혈, 요혈, 탈항 등을 치료한다. 아울러 석위, 해금사, 차전자 등의 약물과 배합하여 소변임결(小便淋結: 소변 보는 횟수는 많으나 양은 적고 배출이 힘들며 방울방울 떨어지는 증상)의 병증을 다스린다.

약용법과 용량 말린 전초 2~6g을 사용하며, 보통 파혈(破血: 어혈을 제거하는 것)에는 생용하고, 지혈에는 초용한다.

혼동하기 쉬운 약초 비교

부처손

개부처손

기능성물질 특허자료

▶ 부처손 추출물 또는 이의 분획물을 포함하는 폐 기능 향상용 약학적 조성물

본 발명에서 제안하고 있는 폐 기능 향상용 약학적 조성물에 따르면, 부처손 추출물 또는 이의 분획물을 유효성분으로 포함함으로써, 폐 기능을 향상시켜 운동능력, 특히 유산소성 운동능력을 향상시킬 수 있다.

– 등록번호 : 10-0971039, 출원인 : 한재진

강장, 정신안정, 치매예방,
혈압강하, 면역증진

불로초(영지)

Ganoderma lucidum (Curtis) P. Karst.

분　포 : 한국, 일본, 중국 등 북반구 온대 이북
사용부위 : 자실체
이　명 : 지(芝), 삼수(三秀), 영지초(靈芝草), 장수버섯, 이령
생약명 : 영지(靈芝)
과　명 : 불로초과(Ganodermataceae)
개화기 : 여름~가을

녹각 불로초　　약재

생태적특성 불로초는 여름부터 가을까지 활엽수의 생목 밑동이나 그루터기 위에 무리지어 나거나 홀로 발생하며, 부생생활을 한다. 갓의 지름은 5~20cm이고, 두께는 1~3cm 정도이며, 원형 또는 콩팥형이다. 버섯 전체가 옻칠을 한 것처럼 광택이 난다. 표면은 적갈색이고, 갓 둘레는 생장하는 동안은 광택이 나는 황색이며, 동심원상의 얕은 고리 홈선이 있다. 조직은 단단한 목질로 2층으로 되어 있으며, 상층은 백색이고 아래층은 갈황색이다. 관공은 1층이며, 길이는 0.5~1cm 정도이며, 관공구는 원형이다. 대의 길이는 2~10cm 정도이며, 검은 적갈색으로 휘어져 있으며, 측생이다. 포자문은 갈색이고, 포자 모양은 난형이다.

각 부위별 생김새

불로초 자실체

녹각 불로초 자실체

성분 에르고스테롤(ergosterol), 트레할로오스(trehalose), 유기산(organic acid: 리시놀산과 푸마르산), 아미노포도당 등이 함유되어 있다.

성미 성질은 평하고 맛은 달고 쓰다.

귀경 간(肝), 심(心), 폐(肺) 경락에 작용한다.

효능과 치료 강장, 정신안정, 치매예방, 혈압강하, 면역증진 등의 효과가 있다. 꿈을 많이 꾸거나 불면증, 불안증, 건망증 등의 치료에 사용하여 신경을 안정시켜 준다. 특히 기와 혈을 보하는 효능이 있어 기력이 없고 위장이 약한 사람이 이와 같은 증상이 있을 때 보다 효과적이다. 이 밖에도 불로초는 만성기침과 천식 치료에도 효과가 있고 고혈압, 고지혈증, 관상동맥경화증, 간염 등에도 치료 효과를 나타낸다.

약용법과 용량 1회 복용량은 말린 불로초 4~20g이다. 잘게 잘라 물에 달여 마시거나 가루로 만들어 복용한다. 신경쇠약으로 불면증, 불안증, 건망증 등이 있을 때에는 영지와 오디를 함께 달여 차로 만들어 마신다. 만성기침과 천식에는 영지를 달여 장기간 차로 마신다.

야생 불로초 채취품

기능성물질 특허자료

▶ **골다공증 예방 및 치료용 영지버섯 추출물**

본 발명에 의한 영지버섯 추출물은 골다공증 치료제 또는 예방제로서 사용될 수 있을 뿐만 아니라 건강식품으로도 응용될 수 있다.
– 등록번호 : 10-0554387, 출원인 : (주)오스코텍

▶ **저지혈증 효과를 갖는 영지버섯 유래의 세포외다당체와 세포내다당체 및 그 용도**

본 발명은 저지혈증 효과를 갖는 영지버섯 유래의 세포외다당체 및 세포내다당체에 관한 것으로, 저지혈증 효과가 증가하는 뛰어난 효과가 있다.
– 등록번호 : 10-0468648, 출원인 : 학교법인

수렴, 류머티즘에 의한 동통,

해독, 당뇨 치료

붉나무

Rhus chinensis Mill. = [Rhus javanica L.]

한약의 기원 : 이 약은 붉나무, 청부양(青麩楊), 홍부양(紅麩楊)의 잎 위에 주로 오배자면충이 기생하여 만든 벌레집이다. 외형에 따라 두배(肚倍)와 각배(角倍)로 나뉜다.

사용부위 : 뿌리, 뿌리껍질, 잎, 열매, 벌레집(오배자)

이　명 : 오배자나무, 굴나무, 뿔나무, 불나무, 염해자(鹽海子)

생약명 : 오배자(五倍子), 염부자(鹽膚子), 염부자근(鹽膚子根), 염부수근피(鹽膚樹根皮), 염부수백피(鹽膚樹白皮), 염부엽(鹽膚葉), 염부화(鹽膚花)

과　명 : 옻나무과(Anacardiaceae)

개화기 : 8~9월

열매

종인 약재

벌레집(오배자)

생태적특성 붉나무는 전국의 산기슭이나 산골짜기에서 자라는 낙엽활엽관목 또는 소교목으로, 높이는 7m 전후이며, 굵은 가지가 드문드문 있고 작은 가지는 노란색이다. 잎은 홀수깃꼴겹잎으로 서로 어긋나고 잔잎은 7~13장이다. 잔잎은 달걀모양이거나 달걀 모양 타원형에 잎자루가 없고 잎 축에는 날개가 붙어 있으며 잎끝은 날카롭고 밑부분은 둥글거나 뾰족하며 가장자리에는 거친 톱니가 있다. 꽃은 황백색으로 8~9월에 잡성에 원뿔꽃차례로 가지 끝에서 핀다. 열매는 씨열매로 납작하며 둥근 모양으로 10~11월에 황갈색으로 달린다.

각 부위별 생김새

잎

꽃

열매

오배자

붉나무의 잎에 오배자 진딧물의 자상에 의하여 생긴 벌레집을 오배자(五倍子)라고 한다.

- 오배자 생김새와 성질 : 불규칙하게 2~4개의 갈라진 주머니 모양을 하거나 깨져 있다. 바깥면은 회색을 띤 회갈색으로 연한 회갈색의 짧은 털로 덮여 있고 길이는 3~7cm, 너비는 2~5cm, 두께는 0.2cm 정도이며 단단하면서 부서지기 쉽다. 속은 비어 있지만 회백색의 분질 또는 죽은 벌레와 분비물이 남아 있을 때도 있다. 냄새가 없고 맛은 떫으며 수렴성이다.
- 오배자의 약효 : 오배자는 수렴, 지사제로 단백질에 대한 수렴작용으로 장 점막에 불용성의 보호막을 형성하여 장 연동운동을 억제해 지사 효과를 낸다. 그 외 지혈, 지한, 습진, 진해, 항균 효과를 가지고 있다.

채취시기와 방법 열매는 10～11월, 뿌리와 뿌리껍질은 연중 수시, 잎은 여름, 오배자는 가을에 채취한다.

성분 뿌리와 뿌리껍질에는 스코폴레틴 3,7,4-트리하이드록시플라본(scopoletin 3,7,4-trihydroxy flavone), 휘세틴(ficetin), 잎에는 쿼세틴(quercetin), 메틸에스테르(methylester), 엘라그산(ellag acid), 열매에는 타닌(tannin)이 50～70% 함유되어 있으며 유기몰식자산(galic acid)이 2～4%, 그 외 지방, 수지, 전분이 함유되어 있으며 유기물에는 사과산(malic acid), 주석산(tartaric acid), 구연산 등이 함유되어 있다. 벌레집에는 갈로타닌(gallotannin), 펜타갈로일글루코스(pentagalloylglucose)가 함유되어 있다.

성미 뿌리와 뿌리껍질은 성질이 시원하고, 맛은 시고 짜며 떫다. 잎은 성질이 차고, 맛은 시고 짜다. 열매는 성질이 시원하고, 맛은 시다. 벌레집은 성질이 평범하고, 맛은 떫다.

귀경 간(肝), 폐(肺) 경락에 작용한다.

효능과 치료 뿌리는 생약명을 염부자근(鹽膚子根)이라 하여 거풍, 소종, 화습(化濕)의 효능이 있고 감기에 의한 발열, 해수, 하리, 수종, 류머티즘에 의한 동통, 타박상, 유선염, 주독 등을 치료한다. 뿌리껍질은 생약명을 염부수근피(鹽膚樹根皮)라 하며, 청열, 해독, 어혈(瘀血), 해수, 요통, 기관지염, 황달, 외상출혈, 수종, 타박상, 종독, 독사교상 등을 치료한다. 잎은 생약명을 염부엽(鹽膚葉)이라 하여 수렴, 해독, 진해, 화담의 효능이 있다. 열매는 생약명을 염부자(鹽膚子)라 하여 수렴, 지사, 화담의 효능이 있고 해수, 황달, 도한, 이질, 완선, 두풍 등을 치료한다. 벌레집은 생약명을 오배자(五倍子)라 하여 수렴(收斂), 지사제로서 지사, 지혈, 지한, 궤양, 습진, 진해, 항균, 항염, 구내염, 창상, 화상, 동상 등의 치료에 사용한다. 붉나무 추출물은 뇌기능 개선, 당뇨병 예방 및 치료에도 사용할 수 있다.

약용법과 용량 말린 뿌리 및 뿌리껍질 30～50g(생것은 100～150g)을 물 900mL에 넣어 반이 될 때까지 달여 하루에 2～3회 나눠 마시며, 외용할 경우에는 뿌리 및 뿌리껍질 달인 액으로 환부를 씻거나 짓찧어 도포하며, 가루로 만들어 참깨기름이나 들깨기름에 섞어 환부에 바른다. 생 잎 100~150g을 물 900mL에 넣어 반이 될 때까지 달여 하루에 2~3회 나눠 마시며, 외용할 경우에는 잎을 짓찧어 환부에 바르거나, 즙을 내어 가제에 적셔 환부에 바른다. 말린 열매 30~50g을 물 900mL에 넣어 반이 될 때까지 달여 하루에 2~3회 나눠 마시거나 가루로 만들어 복용한다. 외용할 경우에는 열매 달인 액으로 환부를 씻거나 짓찧어 도포하며, 가루로 만들어 참깨기름이나 들깨기름에 섞어 환부에 바른다. 말린 벌레집 10~20g을 물 900mL에 넣어 반이 될 때까지 달여 하루에 2~3회 나눠 마시며, 외용할 경우에는 벌레집을 가루로 만들어 연고제 등과 섞어 환부에 바른다.

혼동하기 쉬운 약초 비교

붉나무

옻나무

기능성물질 특허자료

▶ 뇌 기능 개선효과를 가지는 붉나무 추출물을 포함하는 약학조성물 및 건강식품조성물

본 발명은 뇌 기능 개선효과를 가지는 성분인 붉나무 추출물을 포함하는 약학조성물 및 건강식품조성물에 관한 것으로 보다 상세하게는 붉나무로부터 추출된 담마레인 트리테르펜 화합물(3-hydroxy-3,19-epoxydammar-20,24-dien-22,26-olide)을 포함하는 것을 특징으로 하는 뇌 기능 개선용 약학조성물 및 건강식품조성물에 관한 것이다. 본 발명의 붉나무 추출물을 포함하는 약학조성물은 뇌 기능 개선의 효과를 가지는 바 뇌관련 질환의 치료 및 예방에 유용하게 사용될 수 있을 것이며, 또한 본 발명의 붉나무 추출물을 포함하는 건강식품조성물은 일반 소비자가 거부감 없이 즐길 수 있는 기능성 건강식품을 제공하여 국민생활건강에 이바지할 수 있을 것이다.

– 공개번호 : 10-2011-0004691, 출원인 : 대한민국(농촌진흥청장

▶ 붉나무 추출물을 포함하는 당뇨병 치료 또는 예방용 조성물

본 발명은 붉나무 추출물을 유효성분으로 포함하는 당뇨병 치료 또는 예방용 조성물에 관한 것으로 붉나무 추출물은 알파-글루코시다제 저해효과가 우수할 뿐만 아니라, 프로틴 티로신 포스파타제(protein tyrosinephosphatase, PTP1B) 저해효과와 인슐린 저항성 완화효과가 우수하여 당뇨병의 치료 또는 예방효과가 우수하다.

– 공개번호 : 10-2010-0128668, 출원인 : 목포대학교 산학협력단

강정, 시력감퇴, 항산화작용

비수리

Lespedeza cuneata (Dum. Cours.) G. Don

한약의 기원 : 이 약은 비수리의 전초이다.

사용부위 : 전초

이 명 : 철소파(鐵掃把), 철선팔초(鐵線八草), 야계초(野鷄草)

생약명 : 야관문(夜關門)

과 명 : 콩과(Leguminosae)

개화기 : 8~9월

전초 채취품

약재

생태적특성 비수리는 전국의 산과 들, 산기슭, 도로변 등에 자생하거나 재배하는 여러해살이풀 혹은 낙엽활엽반관목으로, 전체에 가는 털이 나 있다. 높이는 1m 전후이고, 줄기는 곧게 자라며 위쪽은 가지가 많이 갈라지고, 잎은 서로 어긋나고 3출엽이며 잔잎은 선상 거꿀바소꼴로 표면에는 털이 없고 뒷면에는 잔털이 나 있다. 꽃은 흰색으로 8~9월에 피며 자색의 반점줄이 있고 꽃받침 잎은 선상 바늘 모양이며 밑부분까지 갈라지며 각 열편은 1개의 맥과 명주털이 나 있다. 열매는 꼬투리열매로 넓은 달걀 모양이며 10~11월에 달린다.

각 부위별 생김새

잎

꽃

열매

채취시기와 방법 꽃이 피는 8~9월에 전초를 채취한다.

성분 피니톨(pinitol), 플라보노이드(flavonoid), 페놀, 타닌(tannin), 베타-시토스테롤(β-sitosterol)이 함유되어 있고, 플라보노이드에서는 쿼세틴(quercetin), 캠페롤(kaempferol), 비텍신(vitexin), 오리엔틴(orientin) 등이 분리된다.

성미 성질이 시원하고, 맛은 쓰고 맵다.

귀경 간(肝), 신(腎), 폐(肺) 경락에 작용한다.

효능과 치료 전초는 생약명을 야관문(夜關門)이라 하는데 이는 '밤에 문이 열린다'는 뜻으로 정력작용의 뛰어난 효과를 강조한 듯하다. 정력작용 외에 간장과 신장을 도와주고 폐음(肺陰)을 보익(補益)하며 종기, 유정(遺精), 유뇨(遺尿), 백대(白帶), 위통, 하리, 타박상, 시력감퇴, 목적(目赤), 결막염, 급성 유선염(乳腺炎) 등을 치료한다. 비수리 추출물은 항산화작용, 세포손상보호, 피부노화방지 등의 효과가 있다.

약용법과 용량 말린 전초 50~100g을 물 900mL에 넣어 반이 될 때까지 달여 하루에 2~3회 나눠 마신다.

기능성물질 특허자료

▶ 항산화작용을 갖는 비수리의 추출물을 포함하는 조성물

본 발명은 비수리 추출물을 유효성분으로 포함하는 항산화 조성물에 관한 것이다. 비수리 추출물은 1,1-디페닐-2-피크릴 하이드라질 라디칼 소거 활성 및 수산(oxalic acid)기 라디칼 소거 활성이 우수하고 강한 항산화 활성을 가져 화장료 조성물, 약학조성물, 건강기능식품 등에 다양하게 이용할 수 있다.

– 공개번호 : 10-2012-0055476, 출원인 : 대한민국(산림청 국립수목원장)

▶ 비수리 추출물 함유 기능성 맥주 및 상기 기능성 맥주 제조 방법

본 발명은 맥주 제조 방법에 관한 것으로 보다 상세하게는 맥주의 맛과 향, 건강 기능상의 효과를 향상시키기 위해 기능성 식물인 비수리의 지상부 추출물을 함유한 기능성 맥주 및 상기 기능성 맥주의 제조 방법에 관한 것이다.

– 공개번호 : 10-2012-0082571, 출원인 : 강진오 · 박서현

비수리

청비수리

호비수리

지갈, 진해, 거담

비파나무

Eriobotrya japonica (Thunb.) Lindl.
= [*Mespilus japonica* Thunb.]

한약의 기원 : 이 약은 비파나무의 잎이다.

사용부위 : 잎, 꽃, 열매

이 명 : 비파(枇杷), 비파근(枇杷根), 비파화(枇杷花)

생약명 : 비파엽(枇杷葉)

과 명 : 장미과(Rosaceae)

개화기 : 10~11월

잎 약재　　꽃 약재 전형　　열매

생태적특성 비파나무는 제주도 및 남부 지방에서 과수 또는 관상용으로 재배하는 상록활엽소교목으로, 높이는 10m 내외로 자란다. 작은 가지는 굵고 튼튼하며 가지는 많이 갈라지고 연한 갈색의 가는 털로 덮여 있다. 잎은 두껍고 서로 어긋나며 긴 타원형 또는 거꿀달걀 모양 바소꼴로 잎끝은 짧고 뾰족하다. 잎 가장자리에는 톱니가 있고 윗면은 심녹색에 광택이 나며 뒷면은 연한 갈색의 가는 털이 빽빽하게 나 있다. 꽃은 황백색으로 10~11월에 원뿔꽃차례로 수십 송이가 한데 모여서 핀다. 열매는 액상의 이과로 공 모양 또는 타원형에 가깝고 다음해 6~7월에 황색 혹은 등황색으로 달린다.

각 부위별 생김새

잎

꽃

열매

채취시기와 방법 열매는 6~7월, 잎은 연중 수시, 꽃은 10~11월에 채취한다.

성분 잎에는 정유가 들어 있으며 그 주성분은 네롤리돌(nerolidol) 및 파르네솔(farnesol)이다. 그 외에는 알파-피넨(α-pinene), 베타-피넨(β-pinene), 캄펜, 미르센(myrcene), p-시멘(p-cymene), 리날룰(linalool), 알파-일란겐(α-ylangene), 알파-파르네센(α-farnesene), 베타-파르네센(β-farnecene), 캄퍼(camphor), 네롤(nerol), 게라니올(geraniol), 알파-카디놀(α-cadinol), 엘레몰(elemol), 리날룰옥사이드(linalool oxide),

아미그달린(amygdalin), 우르솔산(ursolic acid), 올레아놀산(oleanolic acid), 주석산(tartaric acid), 사과산(malic acid), 타닌(tannin), 비타민 B · C, 소비톨(sorbitol) 등이 함유되어 있다. 꽃에는 정유와 올리고사카라이드(oligosaccharide)가 함유되어 있다. 열매에는 수분, 질소, 탄수화물이 함유되어 있고 그중에서 환원당이 70% 이상을 차지하고 이 밖에 펜토산(pentosan)과 조섬유가 차지한다. 과육에는 지방, 당류, 단백질, 셀룰로오스(cellulose), 펙틴(pectin), 타닌, 회분 중에는 나트륨, 칼륨, 철분, 인 등이 함유되어 있고 비타민 B · C도 함유되어 있다. 크립토잔틴(cryptoxanthin), 베타-카로틴 등의 색소도 함유되어 있고, 열매 즙에는 포도당, 과당, 서당, 사과산이 함유되어 있다.

성미 잎은 성질이 시원하고, 맛은 쓰다. 꽃은 성질이 조금 따뜻하고, 맛은 담백하다. 열매는 성질이 시원하고, 맛은 달고 시며, 독성은 없다.

귀경 폐(肺), 위(胃), 방광(膀胱) 경락에 작용한다.

효능과 치료 잎은 생약명을 비파엽(枇杷葉)이라 하여 건위, 청폐(淸肺), 강기(降氣), 화담(化痰), 진해, 거담, 비출혈, 구토 등을 치료한다. 꽃은 비파화(枇杷花)라 하여 감기, 해수, 혈담(血痰)을 치료한다. 열매는 비파(枇杷)라 하여 자양강장작용을 비롯하여 지갈(止渴), 윤폐(潤肺), 하기(下氣), 해수, 토혈, 비혈, 조갈, 구토를 치료한다.

약용법과 용량 말린 잎 20~30g을 물 900mL에 넣어 반이 될 때까지 달여 하루에 2~3회 나눠 마신다. 말린 꽃 20~30g을 물 900mL에 넣어 반이 될 때까지 달여 하루에 2~3회 나눠 마신다. 생열매 10~15개를 하루에 2~3회 매 식후 나눠 먹거나 생열매 10~15개를 물 900mL에 넣어 반이 될 때까지 달여 하루에 2~3회 나눠 마신다.

거풍, 고혈압, 자양강장, 당뇨

뽕나무

Morus alba L.

한약의 기원 : 이 약은 뽕나무의 주피를 제거한 뿌리껍질, 완전히 익기 전의 열매, 잎, 어린 가지이다.
사용부위 : 뿌리, 뿌리껍질, 가지, 잎, 열매
이 명 : 오듸나무, 새뽕나무, 상목(桑木), 상근(桑根)
생약명 : 상엽(桑葉), 상백피(桑白皮), 상지(桑枝), 상심자(桑椹子)
과 명 : 뽕나무과(Moraceae)
개화기 : 5~6월

열매 약재 잎 약재 뿌리 약재

생태적특성 뽕나무는 전국의 산기슭이나 마을 부근에서 자생하거나 심어 가꾸는 낙엽활엽교목 또는 관목으로, 작은 가지가 많고 회백색 혹은 회갈색으로 잔털이 나 있으나 차츰 없어진다. 잎은 달걀 모양의 원형 또는 긴 타원형 달걀 모양으로 3~5장으로 갈라지고 가장자리에는 둔한 톱니가 있으며 잎끝이 뾰족하고 표면은 거칠거나 평활하다. 꽃은 황록색으로 5~6월에 단성으로 암수딴그루이며 잎과 거의 동시에 피며, 수꽃은 새 가지의 밑부분 잎겨드랑이에서 밑으로 처지는 미상꽃차례로 달리고 암꽃은 길이가 0.5~1cm이고 암술대는 거의 없다. 열매는 6월에 검은색으로 달린다.

각 부위별 생김새

잎

꽃

열매

채취시기와 방법 잎은 봄 · 여름, 뿌리와 뿌리껍질은 겨울, 가지는 늦은 봄부터 초여름, 열매는 6월에 익었을 때 채취한다.

꾸지뽕나무의 항암작용

개다래와 다래는 모두 덩굴성식물로 다래는 개다래보다 덩굴 길이가 길게 뻗어나가고, 잎은 둘다 막질인데 개다래 잎의 상반부는 흰색에서 미황색으로 차츰 변화되어 잎 위에 새가 흰 똥을 싸놓은 모양처럼 보인다. 개다래 열매는 긴 달걀 모양이며 익으면 귤홍색이 되고, 다래 열매는 달걀 모양이며 익으면 녹색이 된다.

성분 뿌리껍질(상 백 피)에 는 움벨리페론(umblliferone) , 멀베로크로멘(mulberro-chromene), 시클로멀베린(cyclomulberrin), 시클로멀베로크로맨(cyclomulberro-chromene), 스코폴레틴(scopoletin), 트리고넬린(trigonelline), 타닌(tannin)질 등이 함유되어 있고 플라보노이드(flavonoid)계의 모루신(morusin), 트리테르페노이드(triterpenoid)계의 알파,베타-아미린(α,β-amyrin), 시토스테롤(sitosterol), 베물린산, 아데닌(adenin), 베타인(betaine), 팔미트산(palmitic acid), 스테아르산(stearic acid) 등이 함유되어 있다. 잎(상엽)에는 곤충 변태성 호르몬인 이노코스테론(inokosterone), 엑다이스테론(ecdysterone), 트리테르페노이드계 베타-시토스테롤(β-sitosterol), 베타-시토스테롤-베타-글루코시드(β-sitosterol-β-glucoside)가 함유되어 있고, 플라보노이드계의 루틴(rutin), 모라세틴(moracetin), 이소쿼세틴(isoquercetin)이 함유되어 있으며, 쿠마린(coumarin)계의 움벨리페론(umbelliferone), 스코폴레틴, 스코폴린(scopolin) 등이 함유되어 있다. 정유(精油, essential oils) 성분으로 알파,베타-헥세날(α,β-hexenal), 오이게놀(eugenol), 과이어콜(guaiacol), 메틸살리실레이트(methyl salicylate) 등 20여 종의 물질로 이루어져 있다. 그 밖에 염기성물질인 트리고넬린, 아데닌과, 유기산인 클로로겐산(chlorogenic acid), 푸마르산(fumal acid), 엽산(folate: 비타민 B_9) 등, 아미노산인 아스파라긴산(asparaginicacid), 글루탐산(glutamic acid), 감마-아미노부틸산(γ-Aminobutyric Acid), 피페콜산(pipecolic acid), 클루타치온(glutathione) 등이 함유되어 있다. 이 밖에도 티아민(thiamine), 리보플라빈(rivoflavin: 비타민 B_2), 피리독신(pyridoxine: 비타민 B_6), 니코틴산(nicotinic acid), 판토텐산(pantothenic acid), 타닌질 등이 함유되어 있다. 열매(상심)에는 당분, 탄닌이 함유되어 있고, 사과산(malic acid), 레몬산(citric acid) 같은 유기산과, 비타민 B_1, B_2, C, 카로틴(carotene), 리놀산(linolic acid), 스테아린산(stearic acid), 올레인산(oleic acid) 등이 함유되어 있다.

성미 뿌리는 성질이 따뜻하고, 맛은 달고, 독성은 없다. 뿌리껍질, 열매는 성질이 차고, 맛은 달다. 가지는 성질이 평범하고, 맛은 쓰다. 잎은 성질이 차고, 맛은 쓰고 달다.

귀경 뿌리껍질은 비(脾), 폐(肺), 신(腎) 경락에 작용한다. 줄기는 간(肝) 경락에 작용한다. 잎은 간(肝), 비(脾), 폐(肺) 경락에 작용한다. 열매는 간(肝), 신(腎) 경락에 작용한다.

효능과 치료 뿌리는 상근(桑根)이라 하여 진균 억제작용이 있고 어린이의 경풍, 관절통, 타박상, 눈충혈, 아구창을 치료한다. 뿌리껍질의 코르크층을 제거한 가죽질의 껍질은 생약명을 상근백피(桑根白皮)라 하여 이뇨, 고혈압, 해열, 진해, 천식, 종기, 황달, 토혈, 수종, 각기, 빈뇨를 치료한다. 가지는 생약명을 상지(桑枝)라 하여 고혈압, 각기부종, 거풍습, 수족마비, 손발저림 등을 치료한다. 잎은 생약명을 상엽(桑葉)이라 하여 당뇨, 거풍, 청열, 양혈, 두통, 목적, 고혈압, 구갈, 중풍, 해수, 습진, 하지상피종 등을 치료한다. 열매는 오디라 하며 생약명으로는 상심자(桑椹子)이고 보간, 익신, 진해, 소갈, 당뇨, 변비, 이명, 피로해소, 자양강장, 관절 부위를 치료한다.

약용법과 용량 말린 뿌리 50~100g을 물 900mL에 넣어 반이 될 때까지 달여 하루에 2~3회 나눠 마신다. 말린 뿌리껍질 20~50g을 물 900mL에 넣어 반이 될 때까지 달여 하루에 2~3회 나눠 마신다. 외용할 경우에는 짓찧어 환부에 바른다. 말린 가지 100~150g을 물 900mL에 넣어 반이 될 때까지 달여 하루에 2~3회 나눠 마신다. 말린 잎 20~30g을 물 900mL에 넣어 반이 될 때까지 달여 하루에 2~3회 나눠 마신다. 생열매 50~100g을 하루에 2~3회 나눠 먹거나, 물 900mL에 넣어 반이 될 때까지 달여 하루에 2~3회 나눠 마신다.

혼동하기 쉬운 약초 비교

뽕나무 꾸지뽕나무

기능성물질 특허자료

▶ 항당뇨 기능성 뽕나무 오디 침출주 및 그 제조 방법

본 발명은 뽕나무 오디를 시료로 오디 주스분말, 오디 침출주, 오디 발효주 및 오디 식초를 제조하고 식이군으로 나누어 스트렙토조토신(streptozotocin) 유발 당뇨 쥐를 실험동물로 하여 실험한 결과, 오디 침출주 투여군이 혈당 수준, 혈청인슐린 수준 및 혈청콜레스테롤과 중성지방에 있어서 가장 우수하였다.

– 공개번호 : 10–2012–0118379, 출원인 : 대구가톨릭대학교 산학협력단

항종양, 면역력증강, 중풍,
치매, 시력감퇴, 소화기 및 호흡기 감염예방

뽕나무버섯

Armillaria mellea (Vahl) P. Kummer

분 포 : 한국, 전 세계
사용부위 : 자실체
이 명 : *Armillaria mellea* (Vahl) Karst.
생약명 : 밀환균(密環菌: 중국)
과 명 : 뽕나무버섯과(Physalacriaceae)
개화기 : 봄~가을

자실체

생태적특성 뽕나무버섯은 봄부터 늦은 가을까지 활엽수, 침엽수의 생나무 그루터기, 죽은 가지 등에 뭉쳐서 발생하는 활물기생성 버섯이다. 갓은 지름이 3~15cm 정도로 처음에는 평반구형이나 성장하면서 편평형이 된다. 갓 표면은 연한 갈색 또는 황갈색이며, 중앙부에 진한 갈색의 미세한 인편이 나 있고, 갓 둘레에는 방사상의 줄무늬가 있다. 주름살은 내린주름살형이며, 약간 성글고, 처음에는 백색이나 성장하면서 연한 갈색의 상흔이 나타난다. 대의 길이는 4~15cm 정도, 섬유질이며, 아래쪽이 약간 굵다. 표면은 황갈색을 띠며 아래쪽은 검은 갈색이다. 턱받이는 백황색의 막질로 이루어져 있다. 포자문은 백색이며, 포자 모양은 타원형이다.

각 부위별 생김새

자실체

자실체

성분 배당체로서 베타글루칸(β-glucan)을 함유한다. 또한 유리아미노산 27종, 미량금속 원소 6종 등을 함유한다. 또 에르고스테롤(ergosterol), 글리세롤(glycerol), 에리스리톨(erythritol), 아라비톨(arabitol), 만니톨(mannitol), 글루코오스(glucose), 키틴(chitin), 트리할로오즈(trehalose), 폴리사카라이드(polysacchharide) 등을 함유한다.

성미 성질은 따뜻하고 맛은 달고 약간 쓰다.

귀경 간(肝), 심(心), 비(脾) 경락에 작용한다.

효능과 치료 풍사를 제거하고 경락을 잘 통하게 하는 거풍활락(祛風活絡), 진정과 혈행을 잘 하게 하는 진정활락(鎭靜活絡) 등의 효능이 있다. 항산화, 항종양, 면역력 증강, 중풍, 치매치료, 시력감퇴, 소화기 및 호흡기 감염예방 등의 효과가 있다.

약용법과 용량 시력감퇴, 야맹증, 피부 건조증, 호흡기 및 소화기 감염증, 점막 분비 능력 감퇴, 신경쇠약, 구루병, 전간(간질), 현훈(眩暈: 어지럼증), 요퇴동통(腰腿疼痛: 허리와 대퇴부의 동통) 등에 이용한다.

혼동하기 쉬운 버섯 비교

뽕나무 버섯

너도 벚꽃버섯

양기를 튼튼하게 하며, 조루,
불임증, 음낭습진

사상자

Torilis japonica (Houtt.) DC.

한약의 기원 : 이 약은 사상자, 벌사상자의 열매이다.

사용부위 : 종자

이 명 : 뱀도랏, 진들개미나리, 사미(蛇米), 사주(蛇珠)

생약명 : 사상자(蛇床子)

과 명 : 산형과(Umbelliferae)

개화기 : 6~8월

약재 전형

약재

생태적특성 사상자는 전국 각지의 산과 들에서 흔하게 자라는 두해살이풀로, 키는 30~70cm로 곧게 자라고 전체에는 잔털이 나 있다. 잎은 어긋나고 3출 2회 깃꼴로 갈라지며 잔잎은 달걀 모양 바소꼴로 가장자리에 톱니가 있고 끝이 뾰족하다. 꽃은 흰색으로 6~8월에 겹산형꽃차례로 핀다. 소산경(小傘梗: 작은 우산대 모양의 꽃자루)은 5~9개로 6~20송이의 꽃이 달린다. 열매는 달걀 모양으로 8~9월에 맺으며 짧은 가시 같은 털이 나 있어서 다른 물체에 잘 달라붙는다.

각 부위별 생김새

잎

꽃

열매

채취시기와 방법 열매가 익었을 때 채취하여 햇볕에 말린다.

성분 열매에는 약 1.4%의 정유가 함유되어 있고 주성분은 알파-카디넨(α-cadinene), 토릴렌(torilene), 토릴린(torilin) 등이고, 그 밖에 페트로셀린(petroceline), 미리스틴(myristine), 올레인(oleine) 등이 함유되어 있다.

성미 성질이 따뜻하고, 맛은 맵고 쓰다.

귀경 비(脾), 신(腎) 경락에 작용한다.

효능과 치료 신장 기능을 따뜻하게 하여 양기를 튼튼하게 하며, 풍을 제거하는 거풍의 효능이 있고, 수렴성 소염작용을 한다. 양위(陽萎), 자궁이 한랭하여 불임이 되는 증상, 음낭의 습진, 부인 음부 가려움증, 습진, 피부 가려움증 등의 치료에 사용할 수 있다.

약용법과 용량 말린 종자 10g을 물 700mL에 넣어 끓기 시작하면 약하게 줄여 200~300mL가 될 때까지 달여 하루에 2회 나눠 마신다. 가루나 환으로 만들어 복용하기도 한다. 사상자는 복분자, 구기자, 토사자(菟絲子), 오미자 등과 합하여 오자(五子)라 불리며 같은 양을 배합하여 신장의 정기를 돋우는 최고의 처방으로 사용한다.

혼동하기 쉬운 약초 비교

사상자 열매

독고마리 열매

기능성물질 특허자료

▶ 사상자 추출물을 함유하는 면역 증강용 조성물

본 발명은 사상자의 추출물을 함유하는 면역 활성 증강을 위한 조성물에 관한 것으로, 보다 구체적으로 본 발명은 선천성 면역에 관계된 수용체인 TLR-2 및 TLR-4(Toll-like receptor 2 and 4)의 면역세포 내에서 활성 증진효과, 실험동물에서 림프구 수의 증가 및 대장균 감염을 유도한 동물 모델의 면역 증강 효능이 우수하여 면역저하증의 예방, 억제 및 치료에 우수한 면역 증강 효능을 갖는 식품, 의약품 및 사료 첨가제로서 유용하다.

– 공개번호 : 10-2010-0102756, 출원인 : 원광대학교 산학협력단

식적, 요통, 건위, 퇴행성 뇌질환

산사나무

Crataegus pinnatifida Bunge

한약의 기원 : 이 약은 산사나무 및 그 변종의 잘 익은 열매이다.
사용부위 : 뿌리, 목재, 나무껍질, 열매
이 명 : 아아가위나무, 아그배나무, 찔구배나무, 질배나무, 동배, 애광나무, 산사, 양구자(羊仇子), 산사자(山査子)
생약명 : 산사(山査)
과 명 : 장미과(Rosaceae)
개화기 : 4~5월

열매 약재 전형

열매 약재

생태적특성 산사나무는 전국 각지의 산과 들, 촌락 부근에서 자생 또는 심어 가꾸는 낙엽활엽교목으로, 높이는 6m 정도이며, 가지에는 털이 없고 가시가 나 있다. 잎은 넓은 달걀 모양 또는 삼각상 달걀 모양으로 서로 어긋나고 새 날개깃처럼 깊게 갈라지며 가장자리에는 불규칙한 톱니가 있다. 꽃은 흰색으로 4~5월에 산방꽃차례로 10~12송이가 모여서 피고, 열매는 이과(梨果)로 둥글며 흰색 반점이 있고 9~10월에 붉게 익는다.

각 부위별 생김새

잎

꽃

열매

채취시기와 방법 열매는 가을에 익었을 때, 뿌리는 봄 · 겨울, 목재는 연중 수시 채취한다.

성분 뿌리 및 나무껍질, 목재에는 애스쿠린(aesculin)이 함유되어 있다. 열매에는 하이페로사이드(hyperoside), 쿼세틴(quercetin), 안토시아니딘(anthocyanidin), 올레아놀산(oleanolic acid), 당류, 산류 등이 함유되어 있고, 비타민 C가 많이 들어 있다. 그 외 타닌(tannin), 하이페린(hyperin), 클로로겐산(chlorogenic acid), 아세틸콜린(acetylcholine), 지방유, 시토스테롤(sitosterol), 주석산(tartaric acid), 사과산(malic acid) 등도 함유되어 있다. 종자에는 아미그달린(amygdalin), 하이페린, 지방유가 함유되어 있다.

성미 뿌리는 성질이 평범하고, 맛은 달다. 목재는 성질이 차고, 맛은 쓰고, 독성은 없다. 열매는 성질이 조금 따뜻하고, 맛은 시고 달다.

귀경 간(肝), 심(心), 비(脾), 위(胃) 경락에 작용한다.

효능과 치료 뿌리는 산사근(山査根)이라고 하여 소적(消積), 거풍, 지혈, 식적, 이질, 관절염, 객혈을 치료한다. 목재는 산사목(山査木)이라고 하여 심한 설사, 두풍(頭風: 머리 통증이 오랫동안 수시로 발작하는 증상), 가려움증을 치료한다. 열매는 생약명을 산사(山査)라고 하며 혈압강하작용과 항균작용이 있고 식적(食積: 음식이 잘 소화되지 않고 뭉쳐 생기는 증상)을 치료하고 어혈을 풀어주며 조충(絛蟲: 촌충)을 구제해주는 효능이 있고 건위, 육고기 정체(肉積), 소화불량, 식욕부진, 담음(痰飮: 체내의 수액이 잘 돌지 못해 만들어진 병리적인 물질), 하리, 장풍(腸風: 대변을 볼 때 피가 나오는 증상), 요통, 선기(仙氣) 등을 치료한다. 산사 추출물은 최근에 지질 관련 대사성질환과 건망증 및 뇌질환 치료에 유용한 약학조성물이라는 연구결과가 발표된 바 있다.

약용법과 용량 말린 뿌리 30~50g을 물 900mL에 넣어 반이 될 때까지 달여 하루에 2~3회 나눠 마신다. 말린 목재 50~60g을 물 900mL에 넣어 반이 될 때까지 달여 하루에 2~3회 나눠 마신다. 말린 열매 20~30g을 물 900mL에 넣어 반이 될 때까지 달여 하루에 2~3회 나눠 마신다. 외용할 경우에는 열매 달인 액으로 환부를 씻거나 짓찧어서 붙인다.

자양강장, 정기수렴, 강정, 항산화

산수유

Cornus officinalis Siebold & Zucc.
= [*Macrocarpium officinale* (Sieb. et Zucc.) Nakai]

한약의 기원 : 이 약은 산수유나무의 씨를 제거한 잘 익은 열매이다.
사용부위 : 과육
이 명 : 산수유나무, 산시유나무, 실조아(實棗兒), 촉산조(蜀酸棗), 약조(藥棗), 홍조피(紅棗皮), 육조(肉棗), 계족(鷄足)
생약명 : 산수유(山茱萸)
과 명 : 층층나무과(Cornaceae)
개화기 : 3~4월

약재 전형

약재

생태적특성 산수유는 전국 각지의 인가 근처에 조경용 또는 약용으로 재배하는 낙엽활엽소교목으로, 높이 7m 전후로 자란다. 나무껍질은 연한 갈색이며 잘 벗겨지고 큰 가지나 작은 가지에는 털이 없다. 잎은 달걀 모양, 타원형 또는 긴 타원형에 서로 마주나고 잎끝이 좁고 날카로우며 밑은 둥글거나 넓은 쐐기형이고 가장자리는 밋밋하다. 꽃은 양성화이며 황색으로 3~4월에 잎보다 먼저 피고 작은 꽃이 산형꽃차례로 20~30송이씩 달려 있다. 열매는 씨열매로 긴 타원형에 9~10월경에 적색으로 익는다.

각 부위별 생김새

잎

꽃

열매

채취시기와 방법 9~10월에 열매를 채취한다.

성분 과육의 주성분은 코르닌(cornin), 즉 벨베나린사포닌(verbenalin saponin), 타닌(tannin), 우르솔산(ursolic acid), 몰식자산(galic acid), 사과산(malic acid), 주석산(tartaric acid), 비타민 A가 함유되어 있으며, 종자의 지방유에는 팔미틴산(palmitic acid), 올레산(oleic acid), 리놀산(linolic acid) 등이 함유되어 있다.

성미 성질이 약간 따뜻하고, 맛은 시고 달고, 독성은 없다.

귀경 간(肝), 신(腎) 경락에 작용한다.

효능과 치료 과육은 생약명을 산수유(山茱萸)라고 하며 항균작용과 혈압강하 및 이뇨작용이 있고 보간, 보신, 정기수렴, 요슬둔통(腰膝鈍痛), 이명, 양위, 유정, 빈뇨, 간허한열 등을 치료한다. 산수유 추출물은 협전증, 항산화, 노화방지 등에 약효가 있다는 것이 연구결과 밝혀졌다.

약용법과 용량 말린 과육 20~30g을 물 900mL에 넣어 반이 될 때까지 달여 하루에 2~3회 나눠 마신다.

혼동하기 쉬운 약초 비교

산수유 꽃

생강나무 꽃

기능성물질 특허자료

▶ **산수유 추출물을 함유하는 혈전증 예방 또는 치료용 조성물**

산수유 추출물을 유효성분으로 함유하는 약학조성물은 트롬빈 저해활성 및 혈소판 응집 저해 활성을 나타내어 혈전 생성을 효율적으로 억제할 수 있으며 추출액, 분말, 환, 정 등의 다양한 형태로 가공되어 상시 복용 가능한 제형으로 조제할 수 있는 뛰어난 효과가 있다.

– 공개번호 : 10-2013-0058518, 출원인 : 안동대학교 산학협력단

위궤양, 신경쇠약, 허약체질

산호침버섯

Hericium coralloides (Scop.) Pers.

분 포 : 한국, 동아시아, 유럽, 북아메리카

사용부위 : 자실체

이 명 : 옥염(玉髥)

생약명 : 산호상후두균(珊瑚狀猴頭菌: 중국)

과 명 : 노루궁뎅이과(Hericiaceae)

개화기 : 여름~가을

자실체

생태적특성 산호침버섯은 여름에서 가을까지 침엽수 고사목에 발생한다. 자실체는 1~3cm로 전체적으로 백색이며 노숙하면 담황갈색을 띤다. 대 기부가 짧고 뭉툭하며 기질에 부착되어 있고, 몇 개의 분지가 형성되며 그 분지의 측면 또는 아랫면에서 향지성인 수염 모양의 긴 돌기가 늘어져 있다. 이 수염상 돌기는 백색이고, 0.5~2.5cm의 다발로 지면을 향해 늘어져 있으며, 백색 또는 담황백색을 띤다. 조직은 백색이며 쓴맛이 강하며 부드럽고 잘 부서진다. 포자문은 백색이고, 포자의 크기는 3~5×3~4㎛로 구형에 가까우며, 평활하다.

각 부위별 생김새

자실체

자실체

성분 배당체로서 베타글루칸(β−glucan)을 함유한다.

성미 성질은 평하고 맛은 달다.

귀경 간(肝), 심(心), 비(脾), 폐(肺), 신(腎) 경락에 작용한다.

효능과 치료 오장을 이롭게 하고, 소화를 도우며, 몸을 튼튼하게 하는 등의 효능이 있다.

약용법과 용량 위궤양, 신경쇠약, 허약체질 등에 이용한다.

청열이수, 해독소종

삼백초

Saururus chinensis (Lour.) Baill.

한약의 기원 : 이 약은 삼백초의 뿌리를 포함한 전초이다

사용부위 : 전초

이 명 : 수목통(水木通), 오로백(五路白), 삼점백(三點白)

생약명 : 삼백초(三白草)

과 명 : 삼백초과(Saururaceae)

개화기 : 6~8월

전초 약재 전형

생태적특성 삼백초는 제주도에서 자생하고 남부 지방에서 많이 재배하는 숙근성 여러해살이풀로, 꽃 · 잎 · 뿌리의 세 곳이 흰색을 띤다고 하여 삼백(三白)으로 이름이 붙여졌다. 키는 50~100cm이다. 잎은 어긋나고 5~7개의 맥이 있으며 뒷면은 연한 흰색이고 끝부분의 2~3장과 잎의 앞면은 흰색이다. 꽃은 흰색으로 6~8월에 수상꽃차례를 이루며 처음에는 처져 있으나 꽃이 피면 곧추서고 양성이고 꽃잎은 없다. 열매는 둥글고 종자는 각 실에 1개씩 들어 있다.

각 부위별 생김새

어린잎

성장된 잎

꽃

채취시기와 방법 7~8월에 전초를 채취하여 햇볕에 말리고 토사와 이물질을 제거하고 가늘게 썰어서 사용한다.

성분 정유가 함유되어 있으며 주성분은 메틸-n-노닐케톤(methyl-n-nonylketone)이다. 그 외에 쿼세틴(quercetin), 이소쿼시트린(isoquercitrin), 아비쿨라린(avicularin), 하이페린(hyperin), 루틴(rutin) 등이 함유되어 있다.

성미 성질이 차고, 맛은 쓰고 매우며, 독성은 없다.

귀경 비(脾), 신(腎), 담(膽), 방광(膀胱) 경락에 작용한다.

효능과 치료 열을 식히고 소변을 잘 나가게 하는 청열이수, 독을 풀고 종기를 삭히는 해독소종, 담을 제거하는 거담 등의 효능이 있어서 수종과 각기, 황달, 임탁, 대하, 옹종, 종독 등을 치료한다.

약용법과 용량 청열, 이수, 대하 등의 치료를 위해서는 한 가지 약재를 사용하며 삼백초 말린 전초 15g을 물 700mL에 넣어 끓기 시작하면 약하게 줄여 200~300mL가 될 때까지 달여 하루에 2회 나눠 마신다. 특히 민간에서는 간암으로 인해 복수(腹水)가 생길 때, 황달이나 각기, 부녀자들의 대하 치료에 사용한다고 한다.

혼동하기 쉬운 약초 비교

삼백초 잎

개다래 나무 잎

기능성물질 특허자료

▶ 삼백초 추출물을 포함하는 당뇨병 예방 및 치료용 조성물

본 발명은 현저한 혈당강하 효과를 갖는 삼백초 잎 추출물을 유효성분으로 함유하는 조성물에 관한 것으로서, 본 발명의 삼백초 잎 추출물은 우수한 α-글루코시다제 저해활성을 나타낼 뿐만 아니라 식후 탄수화물의 소화 속도를 느리게 하여 혈중 포도당(glucose) 농도의 급격한 상승을 억제하므로, 이를 포함하는 조성물은 당뇨병 예방 및 치료를 위한 의약품 및 건강기능식품으로 유용하게 이용될 수 있다.

– 공개번호 : 10-2005-0093371, 특허권자 : 학교법인 인제학원

양기를 보하고,
허리와 무릎의 무력증

삼지구엽초

Epimedium koreanum Nakai

한약의 기원 : 이 약은 삼지구엽초, 음양곽(淫羊藿), 유모음양곽(柔毛淫羊藿), 무산음양곽(巫山淫羊藿), 전엽음양곽(箭葉淫羊藿)의 지상부이다.

사용부위 : 전초

이 명 : 음양각, 선령비(仙靈脾), 천냥금(千兩金)

생약명 : 음양곽(淫羊藿)

과 명 : 매자나무과(Berberidaceae)

개화기 : 4~5월

전초 약재 전형

생태적특성 삼지구엽초는 강원도와 경기도 등 주로 경기 이북의 산속, 숲에서 자생하는 여러해살이풀이다. 키는 30cm 정도로 자라며, 3갈래로 갈라진 가지에 각각 달린 3개의 잔잎은 조금 긴 작은 잎자루를 가지며 끝이 뾰족하고 긴 달걀 모양이다. 잔잎은 길이 5~13cm, 너비 2~7cm이다. 표면은 녹갈색이며 잔잎 뒷면은 엷은 녹갈색이다. 잎의 가장자리에는 잔 톱니가 있고 밑부분은 심장 모양이며 옆으로 난 잔잎은 좌우가 고르지 않고 질은 빳빳하며 부스러지기 쉽다. 줄기는 속이 비었으며 약간 섬유성이다. 꽃은 황백색으로 4~5월에 아래를 향하여 피고, 열매는 튀는열매로 방추형이며 2개로 갈라진다.

각 부위별 생김새

줄기

꽃

열매

채취시기와 방법 여름과 가을에 줄기와 잎이 무성할 때 전초를 채취하여 햇볕 또는 그늘에서 말린다. 사용할 때에는 그대로 사용하거나 특별한 가공을 하여 사용하는데 가공해 사용하면 약효를 높일 수 있다.

- 양지유(羊脂油) 가공 : 양지유(양의 지방 부위를 팬에 눌러가며 기름을 추출하여 모은 것)를 가열하여 용화(溶化)하고 가늘게 절단한 음양곽을 넣어 약한 불[文火]로 볶아서[炙] 음양곽에 양지유가 충분히 흡수되어 겉면이 고르게 광택이 날 때 꺼내어 말

린 후 사용한다.

- 연유(酥乳: 수유) 가공 : 연유는 음양곽 무게의 약 15%를 사용하며 용기에 넣고 약한 불로 가열하여 완전히 녹인 뒤에 재차 음양곽을 넣고 고르게 저어주면서 볶아낸다.
- 술 가공[주제(酒製)] : 음양곽에 황주(막걸리)를 분사하여 황주가 음양곽에 충분히 스며들게 한 뒤에 볶아준다(황주 20~25%).

성분 뿌리에는 데스-O-메틸이카린(des-O-methylicariin)이 함유되어 있다. 지상부(잎과 줄기)에는 이카린(icariin), 케릴알코올(cerylalcohol), 헤니트리아콘탄(henitriacontane), 파이토스테롤(phytosterol), 팔미트산(palmitic acid), 올레산(oleic acid), 리놀레산(linoleic acid)이 함유되어 있다.

성미 성질이 따뜻하고, 맛은 맵고 달며, 독성은 없다.

귀경 간(肝), 신(腎) 경락에 작용한다.

효능과 치료 신(腎)을 보하며 양기를 튼튼하게 하는, 풍사를 물리치고 습사를 제거하는 등의 효능이 있어서 양도가 위축되어 일어서지 않는 증상을 치료한다. 또한 소변임력(小便淋瀝), 반신불수, 허리와 무릎의 무력증인 요슬무력(腰膝無力), 풍사와 습사로 인하여 결리고 아픈 통증인 풍습비통(風濕痺痛), 기타 반신불수나 사지불인(四肢不仁), 갱년기 고혈압증(更年期高血壓症) 등을 치료하는 데 사용한다. 또한 빈혈, 부인의 냉병 치료 등에도 널리 사용되었다.

약용법과 용량 말린 약재 15g을 물 700mL에 넣어 끓기 시작하면 약하게 줄여 200~300mL가 될 때까지 달여 하루에 2회 나눠 마신다. 풍습을 제거[거풍습(祛風濕)]할 목적이라면 말린 약재를 그대로 사용하고(生用), 신(腎)의 양기를 보하고자 [익신보양(益腎補陽)] 할 목적이거나 몸을 따뜻하게 하여 한사(寒邪)를 흩어지게 하고자 할 목적[온산한사(溫散寒邪)]이라면 양지유(羊脂油)로 가공하여 사용한다.
중국에서는 음양곽(*E. brevicornum Maxim.*), 유모음양곽(柔毛淫羊藿, *E. pubescens Maxim.*) 등을 사용한다.

산지구엽초꽃

기능성물질 특허자료

▶ 삼지구엽초 추출물을 포함하는 허혈성 뇌혈관 질환 예방 또는 개선용 조성물

본 발명은 삼지구엽초 추출물을 포함하는 허혈성 뇌혈관 질환 예방 또는 개선용 조성물에 관한 것으로, 보다 상세하게는 뇌허혈에 민감하다고 알려져 있는 해마조직 CA1 영역의 신경세포 손상을 효과적으로 예방할 뿐만 아니라, 인체에 부작용을 발생시키지 않는 무해한 삼지구엽초 추출물을 포함하는 허혈성 뇌혈관 질환 예방 또는 개선용 조성물을 제공할 수 있다.

– 공개번호 : 10–2007–0092497, 출원인 : (주)네추럴에프앤피

식욕부진, 비위허약, 식은땀

삽주(큰삽주)

Atractylodes ovata (Thunb.) DC.

한약의 기원 : 이 약은 삽주, 백출(白朮)의 뿌리줄기를 그대로, 또는 주피를 제거한 것이다.
사용부위 : 뿌리줄기
이 명 : 산계(山薊), 출(朮), 산개(山芥), 천계(天薊), 산강(山薑)
생약명 : 백출(白朮: 큰삽주), 창출(蒼朮: 삽주)
과 명 : 국화과(Compositae)
개화기 : 7~10월

뿌리 채취품

약재

생태적특성 삽주(창출)와 큰삽주(백출)로 구분하며, 분류학적으로 백출(白朮)과 창출(蒼朮)은 구분할 때 조심해야 한다. 『대한약전』에 따르면 백출은 백출(*Atractylodes macrocephala*)과 삽주(*A. japonica*)를 기원으로 하고 창출은 가는잎삽주(=모창출, *A. lancea* D.C.) 또는 만주삽주(=북창출, 당삽주, *A. chinensis* D.C.)의 뿌리줄기라고 기재하고 있으나 본서에서는 국생종에 따라 큰삽주(*A. ovata*)는 백출로, 삽주(*A. japonica*)는 창출로 정리하였다. 일반인들이 가장 쉽게 식물체를 분류할 수 있는 특징은 백출 기원의 큰삽주와 백출의 경우에는 잎자루(엽병)가 있으나 창출 기원의 모창출과 북창출의 경우에는 모창출의 신초 잎을 제외하고는 잎자루(엽병)가 전혀 없다는 점이다. 이를 주의하여 관찰하면 쉽게 구분할 수 있다.

- 삽주(창출) : 삽주는 여러해살이풀로, 우리나라 각지에서 분포하며, 키가 30~100cm로 자란다. 뿌리줄기를 창출이라 하여 약재로 사용하며 섬유질이 많고, 백출에 비하여 분성이 적다. 불규칙한 연주상 또는 결절상의 둥근기둥 모양으로 약간 구부러졌으며 분지된 것도 있고 길이 3~10cm, 지름 1~2cm이다. 표면은 회갈색으로 주름과 수염뿌리가 남아 있고, 정단에는 줄기의 흔적이 있다. 질은 견실하고, 단면은 황백색 또는 회백색으로 여러 개의 등황색 또는 갈홍색의 유실(油室)이 흩어져 존재한다. 꽃은 흰색과 붉은색으로 7~10월에 원줄기 끝에서 두상꽃차례로 피고 암수딴그루이며 지름은 1.5~2cm이다. 암꽃은 모두 흰색이다.
- 큰삽주(백출) : 큰삽주는 여러해살이풀로, 중국의 절강성에서 대량 생산되고 다른 지역에서도 재배되고 있으며, 키가 50~60cm로 자란다. 뿌리줄기는 불규칙한 덩어리 또는 일정하지 않게 구부러진 둥근기둥 모양을 하고 길이 3~12cm, 지름 1.5~7cm이다. 표면은 회황색 또는 회갈색으로 혹 모양의 돌기가 있으며 끊겼다 이어지는 세로 주름과 수염뿌리가 떨어진 자국이 있고 맨 꼭대기에는 잔기와 싹눈의 흔적이 있다. 질은 단단하고 잘 절단되지 않으며, 단면은 평탄하고 황백색 또는 담갈색으로 갈황색의 점상유실(點狀油室)이 흩어져 있으며 창출에 비하여 섬유질이 적고 분성이 많다. 꽃은 7~10월에 원줄기 끝에서 암수딴그루로 핀다. 열매는 여윈열매로 부드러운 털이 나 있다.

각 부위별 생김새

어린잎

꽃

열매

채취시기와 방법 상강(霜降) 무렵부터 입동(立冬) 사이에 뿌리줄기를 채취한 후 흙과 모래 등을 제거하고 말린 뒤 다시 이물질을 제거하고 저장한다.

성분 뿌리줄기에는 아트락티롤(atractylol), 아트락틸론(atractylon), 푸르푸랄(furfural), 3β-아세톡시아트락틸론(3β-acetoxyatractylon), 셀리나-4(14)-7(11)-디엔-8-원[selina-4(14)-7(11)-diene-8-one], 아트락틸레놀리(atractylenolie) Ⅰ~Ⅲ 등이 함유되어 있다.

성미

- 삽주(창출) : 성질이 따뜻하고, 맛은 맵고 쓰며, 독성은 없다.
- 큰삽주(백출) : 성질이 따뜻하고, 맛은 쓰고 달며, 독성은 없다.

귀경

- 삽주는 간(肝), 비(脾), 위(胃) 경락에 작용한다.
- 큰삽주는 비(脾), 위(胃) 경락에 작용한다.

효능과 치료

- 삽주(창출) : 습사를 말리고 비(脾)를 튼튼하게 하는 조습건비(燥濕健脾), 풍사와 습사를 제거하는 거풍습(去風濕), 눈을 밝게 하는 명목(明目) 등의 효능이 있어서 식욕부진, 구토설사, 각기, 풍한사에 의한 감기 등을 치료하는 데 사용된다.
- 큰삽주(백출) : 비의 기운을 보하고 기를 더하는 보비익기(補脾益氣), 습사를 말리고 소변을 잘 나가게 하는 조습이수(燥濕利水), 피부를 튼튼하게 하며 땀을 멈추게 하는 고표지한(固表止汗), 태아를 안정시키는 안태(安胎) 등의 효능이 있어서 비위허약과 음식을 못 먹고 헛배가 부르는 증상, 설사, 소변을 못 보는 증상, 기가 허하여 식은땀을 흘리는 증상, 태동불안 등을 치료하는 데 사용된다.
- 사용상의 주의 : 삽주(창출)와 큰삽주(백출)는 모두 습사를 제거하고 비를 튼튼하게 하는 작용이 있으나 백출은 비를 튼튼하게 하는 보비(補脾)의 효능이 뛰어나지만 습사를 말리는 조습(燥濕) 효능은 창출에 비하여 떨어진다. 반면 창출은 조습의 효능이 백출보다 뛰어나면서 운비(運脾)의 효능이 좋다. 따라서 비위가 허하여 그 기능을 보하고자 할 때에는 백출을 사용하고, 비위가 실(實)하여 그 기능을 사(瀉)하고자 할 때에는 창출을 사용하는 것이 좋다. 그러므로 습사로 인하여 결리고 아픈 증상을 치료하는 데 있어서 허하면서 습이 중할 때에는 백출을, 실할 때에는 창출을 응용하는 것이 좋다.

약용법과 용량 습사를 말리고 수도를 편하게 하기 위해서는 약재를 말려 가공하지 않고 그대로 사용하고, 기를 보하고 비를 튼튼하게 하는 목적으로 사용할 때에는 쌀뜨물에 담갔다가 건져서 약한 불에 볶아서 사용하면 좋고, 건비지사(健脾止瀉)에는 갈색이 나도록 볶아 사용한다. 민간에서는 음식 먹고 체한 데, 소화불량을 치료하는 데 삽주 가루 5g 정도를 사용하였고, 만성 위염(부드럽게 가루로 만든 것을 4~6g씩 하루 3회 복용), 감기 치료 등에 응용하였다. 민간에서는 말린 뿌리 10g을 물 700mL에 넣어 끓기 시작하면 약하게 줄여 200~300mL가 될 때까지 달여 하루에 2회 나눠 마신다.

부종, 옹종, 옴

상사화

Lycoris squamigera Maxim.

한약의 기원 : 이 약은 상사화의 비늘줄기이다.
사용부위 : 비늘줄기(알뿌리)
이 명 : 개가재무릇, 이별초, 녹총(鹿葱)
생약명 : 상사화(相思花)
과 명 : 수선화과(Amaryllidaceae)
개화기 : 8월

뿌리 채취품

약재 전형

생태적특성 상사화는 제주도를 포함하여 중부 지방 이남에서 자생하고 재배도 하는 여러해살이풀이다. '상사화(相思花)'라는 이름은 꽃이 필 때에는 잎이 없고, 잎이 있을 때에는 꽃이 피지 않으므로 꽃과 잎이 서로 그리워한다는 뜻에서 붙여졌다. 키는 60cm로 자라며, 비늘줄기의 겉껍질은 흑갈색이다. 잎은 넓은 선 모양으로 길이는 20~30cm이며 봄에 나와서 6~7월에 말라 죽는다. 꽃은 연한 홍자색으로 8월에 산형꽃차례를 이루며 피고 관상용으로 재배된다.

각 부위별 생김새

어린잎

꽃

열매

채취시기와 방법 알뿌리 모양의 비늘줄기는 언제든지 채취가 가능하며 햇볕에 말려서 보관하며 사용하거나, 생것을 그대로 사용한다. 생용은 대부분 생것을 짓찧어 환부에 붙일 때 쓰는 약용법이다.

성분 비늘줄기에는 전분, 알칼로이드(alkaloid), 라이코린(lycorine) 등이 함유되어 있다.

성미 성질이 따뜻하고, 맛은 매우며, 독성은 없다.

귀경 간(肝), 방광(膀胱) 경락에 작용한다.

효능과 치료 소변을 잘 나가게 하는 이수, 종기를 삭히는 소종 등의 효능이 있어서 수종(水腫: 부종), 옹종, 개선(疥癬: 옴) 등의 치료에 응용한다.

약용법과 용량 말린 비늘줄기 5g을 물 700mL에 넣어 끓기 시작하면 약하게 줄여 200~300mL가 될 때까지 달인 뒤 하루에 2회 나눠 마신다. 생것을 짓찧어서 환부에 바르기도 하는데 보통은 자기 전에 붙이고 다음 날 아침에 떼어낸다

혼동하기 쉬운 약초 비교

상사화

꽃무릇

기능성물질 특허자료

▶ 상사화 추출물을 함유하는 항바이러스 조성물

본 발명은 상사화 추출물을 함유하는 항바이러스 조성물에 관한 것으로서, 더욱 상세하게는 인간, 돼지, 말, 조류 등을 감염시키는 인플루엔자 바이러스(influenza virus) 질환의 예방 또는 치료용 조성물에 관한 것이다. 본 발명의 상사화 추출물은 정상세포에 대한 독성이 낮으면서도 항바이러스 효과가 탁월하므로 이를 포함하는 조성물은 인플루엔자 바이러스 질환의 예방 및 병증 개선을 위한 식품 또는 약학 조성물 등에 유용하다.

– 등록번호 : 10–0740563–0000, 출원인 : (주)알앤엘바이오

어혈, 진통, 신경통, 피부염

생강나무

Lindera obtusiloba Blume
= [*Benzoin obtusiloboum* (Bl.) O. Kuntze.]

한약의 기원 : 이 약은 생강나무의 싹이 트기 전 채취한 어린 가지이다.
사용부위 : 나무껍질
이 명 : 아귀나무, 동백나무, 아구사리, 개동백나무, 삼각풍(三角楓), 향려목(香麗木), 단향매(檀香梅), 삼찬풍(三鑽風)
생약명 : 황매목(黃梅木)
과 명 : 녹나무과(Lauraceae)
개화기 : 3월

줄기 약재 전형

뿌리 약재 전형

생태적특성 생강나무는 전국의 산기슭 계곡에서 잘 자라는 낙엽활엽관목으로, 높이는 3m 정도로, 가지가 많이 갈라지며 꺾으면 생강 냄새가 난다. 잎은 달걀 모양 또는 넓은 달걀 모양에 서로 어긋나고 잎 밑은 날카로우며 양 끝은 뭉툭하고 가장자리에는 톱니가 없이 윗부분은 3개로 갈라진다. 윗면은 녹색이고 처음에는 단모(短毛)가 있으나 뒤에는 털이 없어지며 아랫면은 명주털이 빽빽하게 나 있거나 털이 없다. 꽃은 암수딴그루인데 황색으로 3월에 잎보다 먼저 피고 꽃자루가 없이 산형꽃차례로 많이 핀다. 열매는 씨열매로 둥글고 9~10월에 검은색으로 익는다.

각 부위별 생김새

잎

꽃

열매

채취시기와 방법 나무껍질을 연중 수시 채취한다.

성분 나무껍질에는 시토스테롤(sitosterol), 스티그마스테롤(stigmasterol), 캄페스테롤(campesterol), 가지와 잎에는 방향유가 함유되어 있으며 주성분은 린데롤(linderol), 즉 l-보르네올(l-borneol)이다. 종자유 속에는 카프린산(capric acid), 라우린산(lauric acid), 미리스틴산(myristic acid), 린데린산(linderic acid), 동백산(decan-4-oic acid), 추주산(tsuzuic acid), 올레인산(oleic acid), 리놀레산(linoleic acid) 등이 함유되어 있다.

성미 성질이 따뜻하고, 맛은 맵다.

귀경 심(心), 폐(肺), 간(肝) 경락에 작용한다.

효능과 치료 생강이 도입되기 전 생강 대용으로 활용되던 생강나무는 소종, 활혈, 어혈의 효능이 있고 타박상, 어혈종통(瘀血腫痛), 진통, 신경통, 염좌를 치료한다. 생강나무 추출물은 피부질환의 아토피, 염증, 알레르기, 혈액순환, 심혈관질환, 피부미백 등의 효과도 있다.

약용법과 용량 말린 나무껍질 20~30g을 물 900mL에 넣어 반이 될 때까지 달여 하루에 2~3회 나눠 마신다. 외용할 경우에는 생것을 짓찧어 환부에 붙인다.

기능성물질 특허자료

▶ 생강나무 추출물을 유효성분으로 함유하는 혈행 개선 조성물

본 발명은 생강나무 추출물을 유효성분으로 함유하는 혈행 개선 조성물에 관한 것으로서, 더욱 상세하게는 생강나무 추출물을 유효성분으로 함유하는 혈행 개선에 의한 혈전 질환의 예방 및 치료용 약학조성물 및 건강보조식품에 관한 것이다. 본 발명의 생강나무 추출물 및 조정제물은 물, 에탄올, 메탄올, 부탄올 등의 다양한 용매로 추출하여 획득할 수 있으며, 추출물 및 조정제물은 시험관 내에서 다양한 응집유도에 의해 유도된 혈소판 응집 저해효과가 우수할 뿐 아니라, 생체 내 급격한 혈전생성 저해효과가 우수하므로 혈전 색전증 등과 같이 혈액순환 장애로 수반되는 질환의 예방 및 치료에 유용하게 사용될 수 있다.

– 공개번호 : 10-2011-0055872, 특허권자 : 양지화학(주)

▶ 생강나무 가지의 추출물을 포함하는 심혈관계 질환의 예방 및 치료용 조성물

본 발명은 생강나무 가지의 추출물을 포함하는 심혈관계 질환의 치료 및 예방을 위한 조성물에 관한 것으로서 구체적으로 생강나무 추출물은 혈관 질환의 주요 원인인 NAD(P)H 옥시다제(oxidase)를 강력하게 저해하는 동시에 혈관평활근(vascular smooth muscle)의 수축과 이완을 조절하여 강력한 혈관 이완효과를 나타내어 혈압조절 및 혈관 내피세포 기능장애(endothelial dysfunction)를 개선시키므로, 이를 유효성분으로 함유하는 조성물은 심혈관계 질환의 예방 및 치료를 위한 의약품 또는 건강기능식품으로 유용하게 이용될 수 있다.

– 공개번호 : 10-2009-0079584, 특허권자 : 한화제약(주)

소화불량, 월경불순, 항산화

생열귀나무

Rosa davurica Pall. = [*Rosa willdenowii* Sprengel.]

한약의 기원 : 이 약은 생열귀나무의 뿌리, 꽃, 열매이다.
사용부위 : 뿌리, 꽃, 열매
이 명 : 범의찔레, 가마귀밥나무, 붉은인가목, 뱀찔레, 생열귀장미, 산자민(山刺玫), 산자매(山刺玫), 산자민화(山刺玫花)
생약명 : 자매과(刺莓果), 자매과근(刺莓果根), 자매화(刺莓花)
과 명 : 장미과(Rosaceae)
개화기 : 5월

열매

줄기

생태적특성 생열귀나무는 중국, 극동러시아와 우리나라의 평안도와 함경도에서 강원도 백두대간까지 분포하는 낙엽활엽관목으로, 높이는 1~1.5m이고, 뿌리는 굵고 길며 짙은 갈색이다. 가지는 암자색이며 털이 없다. 작은 가지와 잎자루 밑부분에 한 쌍의 가시가 나 있다. 잎은 어긋나며 타원형이거나 깃 모양으로 길이 1~3.5cm, 너비 0.5~1.5cm이다. 잎 윗면은 짙은 녹색이고 털이 없으며 밑면은 회백색이고 짧고 부드러운 털이 나 있다. 꽃은 홍자색으로 5월에 단생 혹은 2~3송이가 피고 지름은 4cm 정도이다. 열매는 공 모양 또는 둥근 달걀 모양이며 적색이다. 열매는 9월에 익는데, 열매 내의 종자 수는 24~30여 개다.

각 부위별 생김새

잎

꽃

열매

채취시기와 방법 열매는 9월, 뿌리는 연중 수시, 꽃은 5월에 채취한다.

성분 열매에는 베타-카로틴과 비타민 C 등이 함유되어 있다.

성미 뿌리는 성질이 따뜻하고, 맛은 쓰다. 꽃은 성질이 평범하고, 맛은 달다. 열매는 성질이 따뜻하고, 맛은 시다.

귀경 비(脾), 위(胃), 신(腎) 경락에 작용한다.

효능과 치료 뿌리는 생약명을 자매과근(刺莓果根)이라고 하며 월경부지(月經不止)를 치료하고 세균성 이질의 치료에도 효과가 있다. 꽃은 생약명을 자매화(刺莓花)라고 하며 월경과다를 치료한다. 열매는 생약명을 자매과(刺莓果)라고 하며 소화불량, 소화촉진, 위통, 건비, 양혈(養血), 기체복사(氣滯腹瀉), 월경불순 등을 치료한다. 생열귀나무 추출물은 항산화, 항노화용 피부 화장료 및 비타민 C의 약효에 사용할 수 있다.

약용법과 용량 말린 뿌리 20~30g을 물 900mL에 넣어 반이 될 때까지 달인 뒤 달걀 1개를 넣어 하루에 2~3회 나눠 마신다. 말린 꽃 10~20송이를 물 900mL에 넣어 반이 될 때까지 달여 하루에 2~3회 나눠 마신다. 말린 열매 20~30g을 물 900mL에 넣어 반이 될 때까지 달여 하루에 2~3회 나눠 마신다.

혼동하기 쉬운 약초 비교

생열귀

해당화

기능성물질 특허자료

▶ **생열귀나무로부터 비타민 성분의 추출방법**

생열귀나무 열매에 아스코르빈산은 레몬보다 10배 이상 함유하고, β-카로틴은 당근보다 8~10배 많이 함유하고 있어 이들 열매로부터 고수율로 비타민을 추출 분리하여 건강보조식품인 음료, 분말 및 주류 등의 제품에 사용할 수 있다.

– 공개번호 : 10-1996-0040363, 출원인 : 신국현 외

거담, 이뇨, 소종, 최토(催吐)

석산(꽃무릇)

Lycoris radiata (L'Hér.) Herb.

한약의 기원 : 이 약은 석산의 비늘줄기이다.
사용부위 : 비늘줄기
이　명 : 가을가재무릇, 꽃무릇, 오산(烏蒜), 독산(獨蒜)
생약명 : 석산(石蒜)
과　명 : 수선화과(Amaryllidaceae)
개화기 : 9~10월

뿌리 채취품

생태적특성 석산은 여러해살이풀로, 남부 지방에서 주로 분포하고 전북 고창 선운사와 전남 영광 불갑사 등의 석산 군락지가 유명하며, 습윤한 곳에서 잘 자란다. 비늘줄기는 타원형 또는 공 모양이며 외피는 자갈색이다. 잎은 한곳에 모여나기하고 줄 모양 또는 띠 모양이며 윗면은 청록색, 아랫면은 분녹색(粉綠色)이다. 꽃은 붉은색으로 9~10월에 피지만 잎이 없이 꽃대가 나와서 피며 열매도 맺지 않고, 꽃이 스러진 다음에 짙은 녹색의 잎이 나온다.

각 부위별 생김새

어린잎

꽃

열매

채취시기와 방법 가을에 꽃이 진 뒤에 채취한 비늘줄기를 깨끗이 씻어서 그늘에서 말린다.

성분 비늘줄기에는 호모라이코린(homolycorine), 라이코레닌(lycorenine), 타제틴(tazettine), 라이코라민(lycoramine), 라이코린(lycorine), 슈도라이코린(pseudolycorine), 칼라르타민(calarthamine) 등과 같은 여러 종류의 알칼로이드가 함유되어 있다. 비늘줄기는 물에 담가서 알칼로이드를 제거하면 좋은 녹말을 얻을 수 있다. 그 밖에 20%의 전분과 식물의 생장 억제 및 항암작용이 있는 라이코리시디놀(lycoricidinol), 라이코리시딘(lycoricidine)이 함유되어 있다. 잎과 꽃에는 당류와 글리코사이드

(glycoside)가 함유되어 있다.

성미 성질이 따뜻하고, 맛은 맵고, 독성이 있다(상사화는 독성이 없음).

귀경 간(肝), 비(脾), 폐(肺), 신(腎) 경락에 작용한다.

효능과 치료 가래를 제거하는 거담, 소변을 잘 보게 하는 이뇨, 종기를 삭히는 소종, 잘 토하도록 도와주는 최토(催吐) 등의 효능이 있어서 해수, 수종(水腫), 림프샘염 등의 치료에 사용할 수 있다. 또한 옹저(癰疽), 창종(瘡腫) 등의 치료에 사용하기도 한다.

약용법과 용량 말린 비늘줄기 2~3g을 물 700mL에 넣어 끓기 시작하면 약하게 줄여 200~300mL가 될 때까지 달여 하루에 2회 나눠 마신다. 생것을 짓찧어서 환부에 붙이거나, 달인 물로 환부를 씻어내기도 한다.

꽃

기능성물질 특허자료

▶ 석산 추출물을 유효성분으로 포함하는 항균용 조성물

본 발명의 석산 추출물은 식중독 병원균인 대장균, 녹농균, 살모넬라균 및 황색포도상구균에 대한 항균활성을 나타낼 뿐만 아니라 헬리코박터 파일로리균(helicobacter pylori)에 대한 항균활성도 우수하므로, 이를 유효성분으로 포함하는 본 발명의 조성물은 항균 용도로 유용하게 사용될 수 있다.

– 공개번호 : 10–2013–0079282, 출원인 : 태극제약(주), 영광군, 충남대학교 산학협력단

열병, 간질 발작, 복부창만, 이명, 건망증

석창포

Acorus gramineus Sol.

한약의 기원 : 이 약은 석창포의 뿌리줄기이다.

사용부위 : 뿌리줄기

이 명 : 석장포, 창포(菖蒲), 창본(昌本), 창양(昌陽), 구절창포(九節昌蒲)

생약명 : 석창포(石菖蒲)

과 명 : 천남성과(Araceae)

개화기 : 6~7월

약재 전형

약재

생태적특성 석창포는 여러해살이풀로, 남부 지방에 분포하고 일부 농가에서는 재배도 한다. 약재로 쓰는 뿌리줄기는 납작하고 둥근기둥 모양으로 구부러지고 갈라졌으며 길이는 3~20cm, 지름은 0.3~1cm이다. 뿌리줄기의 표면은 자갈색 또는 회갈색으로 거칠고 고르지 않은 둥근 마디가 있으며 마디와 마디 사이 길이는 0.2~0.8cm로 고운 세로 주름이 있다. 다른 한쪽은 수염뿌리가 남아 있거나 둥근점 모양의 뿌리 흔적이 있다. 잎 흔적은 삼각형으로 좌우로 서로 어긋나게 배열되었고 그 위에는 털비늘 모양의 남은 엽기가 붙어 있다. 질은 단단하고 단면은 섬유성으로 유백색 또는 엷은 홍색이며 내피의 층층고리인 층환(層環)이 뚜렷하고 많은 유관속과 갈색의 유세포를 볼 수 있다. 꽃은 연한 황색으로 6~7월에 핀다. 열매는 튀는열매로 달걀 모양이다.

각 부위별 생김새

뿌리 줄기

꽃

채취시기와 방법 가을과 겨울에 뿌리줄기를 채취하며 수염뿌리와 이물질을 제거하고 깨끗이 씻어서 햇볕에 말린다.

성분 정유, 베타-아사론(β-asarone), 아사론(asarone), 카리오필렌(caryophyllene), 세키숀(sekishone) 등이 함유되어 있다.

성미 성질이 따뜻하고, 맛은 맵고 쓰며, 독성은 없다.

귀경 간(肝), 심(心), 비(脾) 경락에 작용한다.

효능과 치료 담을 없애고 막힌 곳을 뚫어주는 화담개규(化痰開竅), 습사를 없애고 기를 통하게 하는 화습행기(化濕行氣), 풍사를 제거하고 결리고 아픈 증상을 다스리는 거풍이비(祛風利痺), 종기를 다스리고 통증을 없애는 소종지통(消腫止痛) 등의 효능이 있어서 열병으로 정신이 혼미한 증상, 심한 가래, 배가 그득하게 차오르며 통증이 있는 증상, 풍사와 습사로 인하여 결리고 아픈 증상, 간질 발작, 광증(狂症), 건망증, 이명, 이농(耳膿: 귓속의 농), 타박상, 기타 부스럼과 종창, 옴 등을 다스리는 데 응용한다.

약용법과 용량 세정하여 잠시 침포(浸泡)한 다음 윤투(潤透)되면 절편해서 햇볕에 말려 사용한다. 말린 석창포 12g을 물 700mL에 넣어 끓기 시작하면 약하게 줄여 반 정도가 될 때까지 달여 하루에 2~3회 나눠 마시면 간질의 발작 횟수가 줄어들고 발작 증상도 가벼워진다고 한다. 중풍의 치료에도 활용하는데 얇게 썰어서 말린 석창포 1.8kg을 자루에 넣어 청주 180L에 담가 밀봉해서 100일 동안 두었다가 술이 초록빛이 되면 기장쌀 8kg으로 밥을 지어 술에 넣고 밀봉해 14일 동안 두었다가 걸러서 매일 마신다.

꽃

대장염, 장출혈, 탈항, 후두염, 옹종

속새

Equisetum hyemale L.

한약의 기원 : 이 약은 속새의 지상부이다.

사용부위 : 지상부

이 명 : 찰초(擦草), 좌초(銼草), 목적초(木賊草), 절골초(節骨草), 절절초(節節草)

생약명 : 목적(木賊)

과 명 : 속새과(Equisetaceae)

개화기 : 포자번식

약재 전형

약재

생태적특성 속새는 강원도 이북 지방과 제주도에서 분포하는 상록 여러해살이풀로, 생육환경은 산지의 나무 밑이나 음습지이다. 뿌리줄기는 짧고 검은색이고 옆으로 뻗는다. 원줄기 속은 비어 있고 가지를 치지 않으며 많은 마디와 세로 방향으로 패인 10~18개의 가느다란 능선을 가지고 있으며 규산염이 축적되어 있어 단단하다. 줄기의 키는 30~60cm까지 자라며 지상부 줄기는 곧고 밀집해서 나온다. 땅 위 가까운 곳에서 여러 갈래로 갈라져서 나오기 때문에 여러 줄기가 모여난 것 같다. 잎은 퇴화되어 비늘같이 보인다. 마디 부분을 완전히 둘러싼 엽초(칼집 모양의 잎자루)가 있으며 끝은 톱니가 있고 검은색이나 갈색 기운이 돈다.

각 부위별 생김새

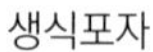

생식포자

꽃

채취시기와 방법 여름부터 가을 사이에 지상부를 채취한 후 짧게 절단해 그늘에서 말리거나 햇볕에 말린다.

성분 줄기에는 파우스트린(paustrine), 디메틸설폰(dimethylsulfone), 티민(thymine), 바닐린(vanillin), 캠페롤(kaempferol), 캠페롤글루코사이드(kaempferol glycoside) 등이 함유되어 있다.

성미 성질이 평범하고, 맛은 달고 약간 쓰다.

귀경 간(肝), 폐(肺), 담(膽) 경락에 작용한다.

효능과 치료 풍사를 없애는 소풍(疏風), 열을 내리게 하는 해열 등의 효능이 있으며 그 밖에도 이뇨, 소염, 해기(解肌: 외감병 초기에 땀이 약간 나는 표증을 치료하는 방법), 퇴예(退翳: 백내장을 치료함) 등의 효능이 있다. 대장염, 장출혈, 탈항, 후두염, 옹종 등의 치료에 응용한다.

약용법과 용량 말린 지상부 10g을 물 700mL에 넣어 끓기 시작하면 약하게 줄여 200~300mL가 될 때까지 달여 하루에 2회 나눠 마신다. 환이나 가루로 만들어 복용하기도 한다.

혼동하기 쉬운 약초 비교

속새

쇠뜨기

기능성물질 특허자료

▶ **속새 등 약용식물 추출 발효물을 유효성분으로 함유하는 숙취 예방 또는 해소용 조성물 및 그 제조방법**

본 발명은 속새, 감초, 갈근 등 약용식물 추출 발효물을 유효성분으로 함유하는 숙취 예방 또는 해소용 조성물 및 그 제조방법에 관한 것으로, 보다 상세하게는 인체에 부작용이 없으면서, 알코올 탈수소효소(ADH) 활성을 저해하면서 알데하이드 탈수소효소(ALDH) 활성을 촉진하여 숙취해소 효과가 뛰어난 약용식물 추출 발효물을 유효성분으로 함유하는 숙취 예방 또는 해소용 조성물 및 제조방법에 관한 것이다.

– 등록번호 : 10-0963227-0000 , 출원인 : 극동에치팜(주)

맛과 향이 뛰어난 고급 식용버섯, 항암효과

송이

Tricholoma matsutake (S. Ito & S. Imai) Singer

분 포 : 한국, 중국, 일본
사용부위 : 자실체
이 명 : 송심(松蕈), 송구마(松口蘑)
생약명 : 송이(松栮)
과 명 : 송이과(Tricholomataceae)
개화기 : 가을(땅속 온도가 19℃ 이하로 5~7일간 지속될 때)

자실체

생태적특성 송이의 갓은 지름이 5~25cm인데 초기에는 공 모양으로 가장자리 안쪽으로 말리다가 성장하면서 편평하게 펴진다. 갓은 섬유상 막질의 내피막으로 싸여 있다. 갓 표면은 옅은 황색 바탕에 황갈색, 적갈색의 섬유상 인피 또는 누운 섬유상 인피가 있으며, 성장하면 종종 바큇살 모양으로 갈라져 하얀 조직이 나오기도 한다. 주름살은 대에 홈주름살이고 약간 치밀하며, 흰색이지만 성장하면서 갈색 얼룩이 진다.

각 부위별 생김새

자실체

자실체

성분 조단백질 15.6%, 조지방 6.3%, 수용성 무질소물질 62.6%, 조섬유 8.8%, 회분 6%가 함유되어 있다. 글루코스(glucose)만으로 이루어진 다당류인 글루칸(glucan), 에르고스테롤(ergosterol), 만니톨(mannitol), 항종양 성분인 에미타민(emitamin)이 함유되어 있다.

성미 성질이 평범하고, 맛은 달다.

귀경 간(肝), 비(脾), 신(腎) 경락에 작용한다.

효능과 치료 송이는 장과 위의 기능을 강화하는 효능이 있어 식욕을 돋우고 설사를 멎게 하며 기운을 나게 한다. 실제로 송이에는 강력한 소화효소가 함유되어 있어 송이밥을 만들어 먹으면 소화가 잘된다. 또한 통증을 멎게 하고, 담을 삭이며, 소변이 뿌옇게 나오는 증상, 소변을 참지 못하는 증상, 허리와 대퇴가 시리고 아픈 증상, 수족이 마비되는 증상 등을 치료한다. 뿐만 아니라 송이는 항암효과가 뛰어난 버섯 중 하나인데 균사체에 있는 다당류 성분인 글루칸이라는 물질이 강력한 항암작용을 할 뿐 아니라 병에 대한 저항력도 높여준다.

약용법과 용량 1회 복용량은 말린 송이 4~12g이다. 물에 달여 마시거나 가루로 만들어 복용한다. 다른 버섯과 달리 향이 있어 오래 달여 복용하는 것은 좋지 않은데 이는 송이뿐 아니라 향이 있는 버섯이나 약초의 공통점이기도 하다. 다른 버섯도 마찬가지지만 송이도 체질이 냉하거나 잘 붓는 사람은 한 번에 많이 복용하지 않도록 한다.

기능성물질 특허자료

▶ 우수한 풍미와 증진된 기능성을 갖는 혼합곡물의 송이버섯균사체 발효조성물, 그의 제조방법 및 그의 식품에서의 이용

본 발명에서는 이취가 차폐되고 송이버섯의 향이 가미되어 풍미가 우수하고, 필수아미노산 및 불포화지방산의 함량이 증진되어 영양성이 우수하고, 총 페놀릭스 및 비배당체 이소플라본(아글리콘)의 함량이 증가되고, 항산화 활성 및 소화효소 저해활성이 증진된 혼합곡물의 송이버섯균사체 발효조성물, 그 제조방법 및 이를 포함하는 건강기능성 식품이 제공된다. 본 발명에 따른 발효조성물은 항산화, 체중 조절, 콜레스테롤 저하, 고지혈증 개선, 동맥경화 완화, 당뇨병 완화, 혈액순환 개선, 면역력 개선, 안면홍조 개선 및 골다공증 개선 등의 여성 호르몬 불균형에 따른 갱년기질환 개선용 건강기능성 식품으로서 유용하다.

– 공개번호 : 10-2017-0051053, 출원인 : 경남과학기술대학교 산학협력단

토혈, 코피, 장출혈, 해수, 임질

쇠뜨기

Equisetum arvense L.

한약의 기원 : 이 약은 쇠뜨기의 전초이다.

사용부위 : 전초

이 명 : 뱀밥, 쇠띠기, 즌솔, 토필(土筆), 필두채(筆頭菜), 마봉초(馬蜂草)

생약명 : 문형(問荊)

과 명 : 속새과(Equisetaceae)

개화기 : 포자 번식

약재 전형

생태적특성 쇠뜨기는 전국 각지에서 분포하는 여러해살이풀로, 쇠뜨기라는 이름은 소가 이 풀을 잘 먹어서 '소가 뜯는 풀'이라는 뜻이다. 키는 30~40cm로 자라며, 땅속줄기는 옆으로 뻗으며 번식한다. 생식줄기는 이른 봄에 나와서 포자낭수(胞子囊穗: 이삭 모양의 포자주머니)를 형성하고 마디에는 비늘 같은 잎이 돌려나며 가시는 없다. 포자낭수는 5~6월에 나와서 줄기의 맨 끝에 나며, 영양줄기는 뒤늦게 나오고 키 30~40cm로 속이 비어 있고 마디에는 비늘 같은 잎이 돌려난다.

각 부위별 생김새

생식포자

지상부

채취시기와 방법 여름철에 전초를 채취하여 그늘에서 말리거나 더러는 생식하기도 한다.

성분 에퀴세토닌(equisetonin), 에퀴세트린(equisetrin), 마티쿨라린(articulain), 이소퀘레이트린(isoquereitrin), 갈루테올린(galuteolin), 포풀닌(populnin), 캠페롤-3,7-디글루코사이드(kaempferol-3,7-diglucoside), 아스트라갈린(astragalin), 팔러스트린(palustrine), 고시피트린(gossypitrin), 3-메톡시피리딘(3-methoxypyridine), 허바세트린(herbacetrin) 등이 함유되어 있다.

성미 성질이 시원하고, 맛은 쓰다.

귀경 심(心), 폐(肺), 방광(膀胱) 경락에 작용한다.

효능과 치료 양혈, 진해, 이뇨하는 효능이 있고 토혈, 장출혈, 코피, 해수, 기천(氣喘), 소변불리, 임질 등의 치료에 응용할 수 있다.

약용법과 용량 말린 전초 10g을 물 700mL에 넣어 끓기 시작하면 약하게 줄여 200~300mL가 될 때까지 달여 하루에 2회 나눠 마신다. 생식줄기는 생즙을 내어 마시기도 하며, 짓찧어 환부에 붙이기도 한다. 연한 생식줄기는 나물로 식용하고, 영양줄기는 이뇨제 등의 약재로 사용한다.

생식포자

기능성물질 특허자료

▶ 이뇨작용을 갖는 쇠뜨기 등의 천연식물의 음료 조성물

본 발명은 탁월한 이뇨작용을 갖고 있는 것으로 알려진 쇠뜨기 줄기, 등칡 줄기, 으름덩굴 줄기 등, 여러 천연식물의 추출물에 비타민 C, 감미료, 유기산 등을 첨가하여 맛의 신선함과 동시에 이러한 천연식물의 생리적 효능(이뇨작용)을 기대하는 새로운 음료 조성물 및 이에 함유되는 천연식물 추출액의 제조방법에 관한 것이다.

– 등록번호 : 10-0177548-0000, 출원인 : 씨제이(주)

허리와 무릎이 아프고 시린 증상, 월경부조

쇠무릎

Achyranthes japonica (Miq.) Nakai

한약의 기원 : 이 약은 쇠무릎, 우슬의 뿌리이다.

사용부위 : 뿌리

이 명 : 쇠무릅, 우경(牛莖), 우석(牛夕), 백배(百倍), 접골초(接骨草)

생약명 : 우슬(牛膝)

과 명 : 비름과(Amaranthaceae)

개화기 : 8~9월

뿌리 채취품

약재 전형

생태적특성 쇠무릎은 여러해살이풀로, 전국 각처의 산과 들에 분포하며, 줄기 마디가 소의 무릎처럼 굵어서 쇠무릎이라고 부른다. 당우슬은 남서부 섬 지방에, 붉은쇠무릎은 제주도 등지에 분포한다. 키는 50~100cm로 자라고, 뿌리는 가늘고 길며 토황색이다. 원줄기는 네모지고 곧추서며 가지가 많이 갈라지고, 줄기에는 털이 나 있다. 잎은 마주나고 타원형 또는 거꿀달걀 모양이며, 꽃은 녹색으로 8~9월에 잎겨드랑이와 원줄기 끝에서 이삭 모양으로 핀다. 열매는 포과(胞果)로 긴 타원형이며 9~10월에 맺는다.

각 부위별 생김새

잎

어린잎

줄기 마디

채취시기와 방법 가을부터 이듬해 봄 사이에 줄기와 잎이 마른 뒤 뿌리를 채취하되 잔털과 이물질을 제거하고 말린다.

성분 엑다이스테론(ecdysterone), 이노코스트론(inokostrone), 미시스틱산(mysistic acid), 팔미틱산(palmitic acid), 올레산(oleic acid), 리놀릭산(linolic acid), 아키란테스사포닌(achiranthes saponin) 등이 함유되어 있다.

성미 성질이 평범하고, 맛은 쓰고 시다.

귀경 간(肝), 심(心), 신(腎) 경락에 작용한다.

효능과 치료 혈액순환과 경락을 잘 통하게 하는 활혈통락(活血通絡), 관절을 편하고 이롭게 하는 통리관절(通利關節), 혈을 하초로 인도하는 인혈하행(引血下行), 간과 신장의 기능을 보하는 보간신, 허리와 무릎을 강하게 하는 강요슬(强腰膝), 임질 등의 병증으로 소변이 원활하지 못할 때 이를 잘 통하게 하는 이뇨통림(利尿通淋) 등의 효능이 있어서 월경이 좋지 않은 월경부조(月經不調), 월경을 통하게 하는 통경(通經), 월경이 막힌 경폐(經閉), 출산 후의 태반이 나오지 않아서 오는 복통(腹痛), 습사와 열사로 인하여 관절이 결리고 아플 때, 코피를 흘릴 때, 입안의 종기나 상처, 두통, 어지럼증, 허리와 무릎이 시리고 아프며 무력한 병증인 요슬산통무력(腰膝痠痛無力) 등의 치료에 응용할 수 있다.

약용법과 용량 약재로 사용할 때에는 노두(蘆頭: 뿌리 꼭대기 줄기가 나오는 부분)를 제거하고 잘게 썰어서 그대로 또는 주초(酒炒: 약재 무게의 약 20%의 술을 흡수시켜 프라이팬에서 약한 불로 노릇노릇하게 볶음)하여 사용한다. 말린 뿌리 10g을 물 700mL에 넣어 끓기 시작하면 약하게 줄여 200~300mL가 될 때까지 달여 하루에 2회 나눠 마신다. 환이나 가루 또는 고로 만들거나 주침(酒浸)하여 복용하기도 한다. 말린 약재에 간과 신을 보하는 기능이 있는 두충(杜冲), 상기생(桑寄生), 금모구척(金毛狗脊), 모과(木瓜) 등의 약재를 배합하여 허리와 대퇴부의 시리고 아픈 증상, 발과 무릎이 연약해지고 무력해지는 증상 등을 치료하는 데 응용한다. 보통 이들 약재를 같은 양의 물을 붓고 달여서 마시기도 하지만, 식혜를 만들어 마시기도 한다.

기능성물질 특허자료

▶ 우슬 또는 유백피 추출물을 함유한 류마토이드 관절염 치료용 약제 조성물

본 발명은 관절염 치료를 위하여 슈퍼옥사이드(Superoxide), 프로스타글란딘(PGE2), 인터루킨-1β(Interleukin-1β)의 생성을 억제할 뿐만 아니라 결합조직의 기질인 콜라겐 단백질을 분해하는 콜라게나제 효소의 활성을 억제시킴과 동시에 콜라겐 단백질 합성을 촉진시키는 우슬(쇠무릎 뿌리) 추출물, 유백피 추출물, 또는 이들의 혼합물을 함유한 류마토이드 관절염 치료용 약제 조성물에 관한 것이다.

– 공개번호 : 10-1999-0039416, 출원인 : (주)엘지생활건강

세균성 설사, 옹종, 사충교상, 시력감퇴

쇠비름

Portulaca oleracea L.

한약의 기원 : 이 약은 쇠비름의 전초로, 그대로 또는 쪄서 말린 것이다.

사용부위 : 지상부

이 명 : 돼지풀, 마현(馬莧), 오행초(五行草), 마치채(馬齒菜), 오방초(五方草)

생약명 : 마치현(馬齒莧)

과 명 : 쇠비름과(Portulacaceae)

개화기 : 6~9월

전초 채취품

약재 전형

생태적특성 쇠비름은 한해살이풀로, 각지의 산과 들에서 분포하며 밭이나 밭둑, 나대지 등에 잡초로 많이 난다. 키는 30cm 정도이며, 뿌리는 흰색이지만 손으로 훑으면 원줄기처럼 붉은색으로 변한다. 줄기는 갈적색의 육질이며 둥근기둥 모양으로 가지가 많이 갈라져 옆으로 비스듬히 퍼진다. 잎은 마주나거나 어긋나지만 밑부분의 잎은 돌려난 것처럼 보인다. 긴 타원형의 잎은 끝이 둥글고 밑부분은 좁아진다. 잎의 길이는 1.5~2.5cm, 지름은 0.5~1.5cm이다. 꽃은 노란색으로 6월부터 가을까지 줄기나 가지 끝에서 3~5송이씩 모여서 피고 양성화이다. 열매는 타원형으로 가운데가 옆으로 갈라져 많은 종자가 퍼진다.

각 부위별 생김새

잎

꽃

열매

채취시기와 방법 여름과 가을에 지상부를 채취한 후 이물질을 제거하고 물로 씻은 다음 살짝 찌거나 끓는 물에 담갔다가 햇볕에 말린 뒤 절단하여 사용한다. 잘 마르지 않으므로 절단하여 열풍식 건조기에 말려 사용하는 것이 효과적이다.

성분 칼륨염, 카테콜라민(catecholamines), 노르에피네프린(norepinephrine), 도파민, 비타민 A와 B, 마그네슘 등이 함유되어 있다.

성미 성질이 차고, 맛은 시며, 독성은 없다.

귀경 간(肝), 대장(大腸) 경락에 작용한다.

효능과 치료 열을 식히고 독을 풀어주는 청열해독, 혈의 열을 식히고 출혈을 멈추게 하는 양혈지혈 등의 효능이 있어서 열독과 피가 섞인 설사(대부분 세균성 설사를 말함)를 치료한다. 또한 옹종, 습진, 단독(丹毒), 뱀이나 벌레에 물린 상처인 사충교상을 치료한다. 그리고 변혈, 치출혈(痔出血), 붕루대하 등을 다스리며 눈을 밝게 하고, 청맹(靑盲: 눈뜬 장님)과 시력감퇴 등을 다스린다.

약용법과 용량 말린 지상부 4~8g을 물 1L에 넣어 끓기 시작하면 약하게 줄여 200~300mL가 될 때까지 달여 하루에 2회 나눠 마시거나 생즙을 내어 마시기도 한다. 짓찧어서 환부에 붙이거나, 태워서 재로 만든 뒤 개어서 환부에 붙이거나, 물에 끓여서 환부를 세척하기도 한다. 민간에서는 말린 약재를 태워 재로 만든 뒤 물을 부어 한동안 놓아 두면 위에 맑은 물이 생기는데 이 물에 발을 10~15분씩 담궈 무좀을 치료하기도 했다.

기능성물질 특허자료

▶ 항암 기능을 가지는 쇠비름 추출물

본 발명은 각종 암세포 성장을 억제할 수 있는 항암 기능을 가진 쇠비름 추출물을 이용한 항암제에 관한 것이다. 본 발명은 쇠비름을 헥산, 메탄올 등의 용매를 사용하여 용해한 후 고순도의 쇠비름 추출물을 구하는 것으로, 본 발명에 의하여 얻어진 쇠비름 추출물은 정상 세포에는 거의 영향을 미치지 않으나 각종 암세포, 즉 간암세포, 대장암세포, 위암세포, 자궁경부암세포 등에는 탁월한 암세포 성장 억제력을 발휘하여 각종 암의 치료효과를 기대할 수 있는 것이다.

– 공개번호 : 10-1999-0064952, 출원인 : 배지현

신체허약, 허리와 무릎의 통증,
당뇨, 음위

실새삼

Cuscuta australis R. Br.

한약의 기원 : 이 약은 갯실새삼의 종자이다.
사용부위 : 종자
이 명 : 토노(菟蘆), 사실(絲實), 토사(菟絲)
생약명 : 토사자(菟絲子)
과 명 : 메꽃과(Convolvulaceae)
개화기 : 7~8월

약재 전형

약재

생태적특성 새삼이나 실새삼은 우리나라 각지에서 자생하고 있으며 중국의 요녕, 길림, 하북, 하남, 산동, 산서, 강소성 등지에서도 생산하고 있다. 대토사자는 섬서, 귀주, 운남, 사천성 등지에서 생산하는데 거의 전량을 중국에서 수입한다.

- 새삼 : 새삼(*Cuscuta japonica* Choisy)은 덩굴성 한해살이 기생풀로, 전초를 토사(菟絲)라고 부른다. 줄기는 가늘고 황색이며 기생하는 식물체에 붙어서 왼쪽으로 감아 올라간다. 잎은 어긋나고 비늘 같은 것이 드문드문 달린다. 꽃은 흰색으로 8~9월에 가지의 각 부분에서 총상꽃차례로 핀다. 꽃자루는 매우 짧거나 없다. 열매는 9~10월에 황갈색으로 익고 튀는열매이며 달걀 모양이고 지름은 0.25~0.3cm이다. 표면은 회갈색 또는 황갈색으로 세밀한 돌기의 작은 점이 있고 한쪽 끝에는 조금 들어간 홈의 종자배꼽(種臍)이 있다. 질은 견실하여 손가락으로 눌러도 부서지지 않는다. 종자는 토사자(菟絲子)라 부른다.
- 실새삼 : 실새삼은 새삼에 비해 줄기가 가늘고 꽃은 새삼보다 한 달가량 이른 7~8월에 흰색으로 핀다. 꽃자루가 짧고 몇 개의 잔꽃이 모여 피며, 암술대는 1개이고, 열매는 타원형이다. 그 밖의 약성, 약효 등은 유사종인 새삼과 동일하다.

각 부위별 생김새

지상부

꽃

열매

채취시기와 방법 9~10월에 성숙한 종자를 채취한 후 이물질을 제거하고 깨끗이 씻어서 햇볕에 말린 다음 사용한다. 전제(煎劑: 끓이는 약)에 넣을 때는 프라이팬에 미초(微炒: 약한 불로 살짝 볶음)하여 가루로 만들고, 환에 넣을 때에는 소금물(2% 정도)에 삶은 후 갈아서 떡으로 만들어 햇볕에 말려서 사용한다.

성분 종자에는 배당체인 베타-카로틴(β-carotene), 감마-카로틴(γ-carotene), 5,6-에폭시-알파-카로틴(5,6-epoxy-α-carotene, tetraxanthine), 루테인(lutein) 등이 함유되어 있다.

성미 성질이 평범하고, 맛은 맵고 달며, 독성은 없다.

귀경 간(肝), 비(脾), 신(腎) 경락에 작용한다.

효능과 치료 간과 신을 보하며, 정액을 단단하게 하는 고정(固精), 간 기능을 자양하고 눈을 밝게 한다. 또한 안태(安胎)하며 진액을 생성하는 생진(生津)의 효능이 있어서 강장, 강정하고 정수를 보하는 기능이 있다. 신체허약, 허리와 무릎이 시리고 아픈 통증을 치료하며, 유정, 소갈(消渴: 당뇨), 음위(陰痿), 빈뇨 및 잔뇨감, 당뇨, 비허설사, 습관성 유산 등을 치료하는 데 사용한다.

약용법과 용량 말린 종자 6~15g을 물 1L에 넣어 1/3이 될 때까지 달여 마시거나, 환이나 가루로 만들어 복용한다. 숙지황, 구기자, 오미자, 육종용 등을 가미하여 신(腎)의 양기를 보양하고, 두충과 함께 사용하여 간과 신을 보하고 안태하는 효과를 얻는다. 민간에서는 말린 종자(토사자) 15g을 물 700mL에 넣어 끓기 시작하면 약하게 줄여 200~300mL가 될 때까지 달여 하루에 2회 나눠 마신다고 한다.

실새삼 줄기

기능성물질 특허자료

▶ 토사자 추출물을 포함하는 당뇨병 예방 및 치료를 위한 조성물

본 발명은 토사자(새삼 또는 실새삼의 씨) 추출물을 포함하는 당뇨병 예방 및 치료를 위한 조성물에 관한 것으로, 본 발명의 토사자 추출물은 우수한 혈당강하작용을 나타내 당뇨병 및 이로 인한 각종 합병증의 예방 및 치료에 유용한 약제 및 건강기능식품으로 이용할 수 있다.

– 공개번호 : 10–2005–0003668, 출원인 : 씨제이제일제당

과일 향기, 닭고기의 맛이 나며,
항종양효과

싸리버섯

Ramaria botrytis (Pers.) Ricken

분 포 : 한국, 일본, 유럽, 북아메리카
사용부위 : 자실체
이 명 : 싸리, 쥐버섯, 쥐다리버섯
생약명 : 포도색정지호균(葡萄色頂枝瑚菌)
과 명 : 나팔버섯과(Gomphaceae)
개화기 : 여름~가을

자실체

생태적특성 싸리버섯은 가을철 소나무와 참나무류의 혼합림에서 무리지어 나거나 홀로 8월 중순부터 10월 말에 발생한다. 싸리버섯은 버섯 갓 형태가 산호 모양 또는 싸리 빗자루와 비슷하여 붙여진 이름이다. 싸리버섯 갓의 가지 끝을 잘 보면 쥐의 다리 끝과 아주 흡사하여 쥐버섯, 쥐다리버섯이라고도 부른다. 가지의 끝부분에도 작은 가닥이 있고 여기에 포자(씨앗)가 생긴다. 또한 3~5cm의 굵은 흰자루 위에 싸리비 모양의 가지를 치고, 끝부분은 많은 가지가 모여 담홍색에서 담자색의 꽃양배추 모양이 된다. 싸리버섯 갓의 살은 흰색으로 차 있고 육질이며 잘 부스러진다. 싸리버섯의 종류는 매우 다양한데 우리나라에서는 송이싸리버섯, 참싸리버섯, 물싸리버섯, 좀싸리버섯, 물푸레싸리버섯, 자주싸리, 광대싸리, 붉은싸리버섯, 노랑싸리버섯, 창싸리버섯, 다박싸리, 황금싸리 등 10여 종이 채집 · 보고되었으며, 대부분 식용할 수 있는데 이 중 붉은싸리버섯, 노랑싸리버섯은 독성이 매우 강해 참싸리라고 부르는 싸리버섯을 주로 식용한다. 또한 대부분의 싸리버섯이 땅위에서 발생하는 것과는 달리 소나무 등에 주로 발생하는 좀나무싸리버섯도 버섯도감 등에는 식용불명에서 최근 식용으로 바뀌었다.

각 부위별 생김새

자실체

자실체

성분 비타민 B_2 · C, 프로비타민 D_2, 유리아미노산(28종), 에르고스테롤(ergosterol), 지방산(6종), 글리세롤(glycerol), 만니톨(masnnitol), 글루코스(glucose), 셀룰로스(cellulose), 헤미셀룰로스(hemicellulose), 펙틴(pectin), 리그닌(lignin) 등이 함유되어 있다.

성미 성질이 평범하고, 맛은 담담하다.

귀경 간(肝), 심(心) 경락에 작용한다.

효능과 치료 항종양, 혈장콜레스테롤 증가 등의 효과가 있다.

약용법과 용량 싸리버섯은 식용으로 맛이 좋아 인기가 좋은 버섯으로 삶아먹거나 버섯 전골, 버섯 국 등의 재료로 활용되며 고명, 졸임, 소스, 피클, 그라탕, 피자 등의 부재료로 널리 쓰인다. 돼지고기와 함께 찌개를 끓여도 맛있는데 주재료는 싸리버섯, 돼지고기, 고춧가루, 양파, 파, 애호박, 풋고추, 소금 등이다. 돼지고기를 참기름과 고추가루에 같이 볶으면서 물을 붓고 끓인다. 그 후 채소와 싸리버섯을 넣고 소금, 마늘로 간을 하여 끓이면 되는데 국물이 걸쭉해 아주 맛있다. 돼지고기는 적당히 지방층이 있는 것이 좋고 양파, 파, 애호박 등과 함께 요리하면 좋다. 싸리버섯은 채취 후 끓는 물에 데쳐서 하루이상 찬물에 담가 수용성인 독소를 빼야 하는데 데치지 않고 바로 생것으로 우릴 때에는 이틀 정도 우려내는 것이 안전하다. 충분히 우려냈으면 깨끗이 씻은 후 바로 요리에 들어간다(염장된 싸리버섯은 소금물로 씻으면 짠기가 잘 빠진다). 싸리버섯은 과일 향과 닭고기의 흰살맛이 나며, 잘게 썬 뿌리덩어리 부분은 씹히는 맛이 전복과 비슷한데 과식하면 위장장애를 겪을 수 있으니 주의해야 한다. 이 밖에 야생버섯 송이, 능이, 야생식용 잣버섯 등과 같은 요리법대로 다양하게 요리해서 먹으면 된다. 버섯국, 탕, 찌개, 구이, 튀김, 무침, 버섯밥 등 다양한 요리를 즐길 수 있다.

혼동하기 쉬운 버섯 비교

싸리버섯 자실체

붉은싸리버섯 자실체(독버섯)

기능성물질 특허자료

▶ 싸리버섯 융합체를 이용한 인지능 개선 추출물의 제조법

본 발명은 식용버섯인 싸리버섯(*Ramaria botrytis*) 융합체 추출물을 이용한 인지능 개선을 목적으로 싸리버섯 융합체 추출물의 제조법, 유효분획물 생산방법, 식품첨가제, 건강기능성 식품 및 의약품원료로 활용할 수 있는 제조 및 활용방법에 관한 것이다. 이를 위하여 본 발명에서는 알츠하이머 질병유발 효소로 알려진 프롤릴 엔도펩다아제(proyl endopeptidase; PEP)에 대하여 효소활성 저해 효과가 있는 유효물질 생산을 위하여 싸리버섯융합체 추출방법과 인지능 개선의 효능이 있는 식품첨가제, 건강기능성 식품 및 약학적 조성물의 제조방법을 특징으로 한다.

– 공개번호 : 1020080088721, 출원인 : 한영환

폐렴, 간염, 소화불량,
음낭습진, 골절

씀바귀

Ixeridium dentatum (Thunb.) Tzvelev

한약의 기원 : 이 약은 씀바귀의 전초이다

사용부위 : 전초

이　명 : 씸배나물, 고채(苦菜), 활혈초(活血草)

생약명 : 산고매(山苦蕒), 황과채(黃瓜菜)

과　명 : 국화과(Compositae)

개화기 : 5~7월

전초 채취품

뿌리

생태적특성 씀바귀는 여러해살이풀로, 전국의 산이나 들에서 자란다. 줄기의 키는 25~30cm이며 상층부에서 가지가 갈라진다. 잎은 끝이 뾰족하고 밑은 좁아져 잎자루로 이어지는데 절반 이하에서 치아 모양의 톱니가 생긴다. 줄기와 잎을 자르면 강한 쓴맛이 나고 흰 즙이 나온다. 꽃은 노란색으로 5~7월에 원줄기 끝에서 두상화가 산방꽃차례로 핀다. 열매는 9~10월경에 맺으며, 종자는 0.5~0.7cm의 길이로 겉에는 연한 갈색의 갓털이 난다. 이 갓털 때문에 민들레처럼 종자가 바람에 날려 번식한다.

각 부위별 생김새

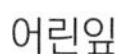

어린잎

꽃

열매

채취시기와 방법 초봄에 전초를 채취하여 햇볕에 말린다.

성분 타락사스테롤(taraxasterol), 바우에레놀(bauerenol), 우르솔산(ursolic acid), 올레아놀릭산(oleanolic acid), 트리페르페노이드(triperpenoids) 등이 함유되어 있다.

성미 성질이 차고, 맛은 쓰다.

귀경 심(心), 간(肝), 폐(肺) 경락에 작용한다.

효능과 치료 열을 내리게 하는 해열, 폐의 열기를 식히는 청폐열(淸肺熱), 혈의 열을 식히고 잘 돌려주는 양활혈(凉活血), 종기를 다스리는 소종, 새살을 돋게 하는 생기(生肌) 등의 효능이 있다. 폐렴, 간염, 소화불량, 음낭습진, 골절, 타박상, 종독 등을 치료하는 데 사용한다.

약용법과 용량 말린 전초 10g을 물 700mL에 넣어 끓기 시작하면 약하게 줄여 200~300mL가 될 때까지 달여 하루에 2회 나눠 마신다. 음낭습진, 타박상 등의 치료를 위해 외용할 경우에는 신선한 식물체를 짓찧어서 환부에 붙이거나 약재를 달인 물로 환부를 씻기도 한다. 어린순과 뿌리는 식용한다.

혼동하기 쉬운 약초 종류

씀바귀

벋음 씀바귀

산 씀바귀

선 씀바귀

항종양, 면역력 증강, 혈전용해

아까시흰구멍버섯

Perenniporia fraxinea (Bull.) Ryvarden

분 포 : 한국, 일본 등 북반구 온대 이북
사용부위 : 자실체
이 명 : 장수버섯
과 명 : 구멍장이버섯과(Polyporaceae)
개화기 : 봄~가을

자실체

생태적특성 아까시흰구멍버섯은 봄부터 가을까지 벚나무, 아까시나무 등 활엽수의 살아 있는 나무 밑동에 무리지어 발생하며, 목재를 썩히는 부생생활을 한다. 1년생으로 갓은 지름이 5~20cm, 두께가 1~2cm 정도이고, 처음에는 반구형이며 연한 황색 또는 난황색의 혹처럼 덩어리진 모양으로 발생하였다가 성장하면서 반원형으로 편평해진다. 갓 표면은 적갈색이나 차차 흑갈색이 되며, 각피화된다. 갓 가장자리는 성장하는 동안 연한 황색이고, 환문이 있다. 조직은 코르크질이고 연한 황갈색이다. 자실층은 황색에서 회백색으로 되며, 상처를 입으면 검은 갈색의 얼룩이 생긴다. 관공은 1개의 층으로 형성되며, 길이는 0.3~1cm 정도이고, 관공구는 원형으로 조밀하다. 포자문은 백색이며, 포자 모양은 난형이고 두꺼운 벽을 가지고 있다.

각 부위별 생김새

자실체

자실체

성분 유리아미노산, 폴리사카라이드(polysacchharide: 면역세포의 강화에 작용), 유로닉산(uronic acid), 카복시메틸셀룰라아제(carboxymethylcellulase), 펙티나제(pectinase) 등을 함유한다.

성미 밝혀진 것이 없다. (석박사님께 확인요)

귀경 밝혀진 것이 없다.

효능과 치료 항산화, 혈전용해 등의 효능이 있다.

약용법과 용량 항종양, 면역력증강, 혈액순환 등에 이용한다.

자실체

폐농양, 폐렴, 수종, 암종,
자궁염, 냉증

약모밀

Houttuynia cordata Thunb.

한약의 기원 : 이 약은 약모밀의 뿌리를 포함한 전초이다.

사용부위 : 전초

이　명 : 즙채, 십약, 집약초, 십자풀, 자배어성초(紫背魚星草), 중약(重藥)

생약명 : 어성초(魚腥草)

과　명 : 삼백초과(Saururaceae)

개화기 : 5~6월

약재 전형

약재

생태적특성 약모밀은 여러해살이풀로, 흔히 생약명인 어성초로도 불리며 잎을 비비면 생선 비린내가 난다고 하여 어성초(魚腥草)라는 이름이 붙여졌다. 제주도, 남부 지방의 습지에서 잘 자라지만 중부 지방에서도 분포하고 농가에서 재배하고 있다. 키는 20~50cm이고, 줄기는 납작한 둥근기둥 모양으로 비틀려 구부러졌고 표면은 갈황색으로 세로로 능선이 여러 개가 있는데 마디는 뚜렷하여 하부의 마디 위에는 수염뿌리가 남아 있으며, 질은 부스러지기 쉽다. 잎은 어긋나고 잎몸은 말려 쭈그러지는데 펴보면 심장 모양으로 길이 3~8cm, 너비 3~6cm이다. 끝은 뾰족하고 가장자리에는 톱니가 없이 매끈하며, 잎자루는 가늘고 길다. 꽃은 흰색으로 5~6월에 이삭 모양의 수상꽃차례로 줄기 끝에서 피는데 삼백초와는 달리 꽃차례가 짧다.

각 부위별 생김새

잎

꽃

열매

채취시기와 방법 주로 줄기와 잎이 무성하고 꽃이 많이 피는 여름철에, 때로는 가을까지 뿌리를 포함한 전초를 채취하여 햇볕에 말린 후 이물질을 제거하고 절단해 사용한다.

성분 지상부에는 정유, 후투이니움(houttuynium), 데카노일아세트알데하이드(decanoyl acetaldehyde), 쿼시트린(quercitrin), 이소쿼시트린(isoquercitrin) 등이 함유되어 있다.

성미 성질이 약간 차고(약간 따뜻하다고 함), 맛은 맵다.

귀경 폐(肺), 대장(大腸), 방광(膀胱) 경락에 작용한다.

효능과 치료 열을 식히고 독을 푸는 청열해독, 염증을 없애는 소염, 종기를 삭히는 소종 등의 효능이 있어서 폐에 고름이 고이는 폐농양, 폐렴, 기관지염, 인후염, 수종, 자궁염, 대하, 탈항, 치루, 일체의 옹종, 악창, 습진, 이질, 암종 등의 치료에 다양하게 사용되고 있다.

약용법과 용량 그냥 사용하면 생선 비린내 때문에 복용하기 힘들다. 따라서 채취한 후 약간 말려 시들시들할 때 술을 뿌려서 시루에 넣어 찌고 햇볕에 널어 말리고, 다시 술을 뿌려 찌고 말리는 과정을 반복하여 비린내가 완전히 가시고 고소한 냄새가 날 때까지 반복하면 복용하기도 좋고 약효도 더 좋아진다. 말린 전초 15g을 물 700mL에 넣어 끓기 시작하면 약하게 줄여 200~300mL가 될 때까지 달여 하루에 2회 나눠 마신다. 민간에서는 길경, 황금, 노근 등을 배합하여 폐옹(肺癰: 폐의 악창)을 다스리거나 기침과 혈담을 치료하는 데 사용했고, 폐렴이나 급·만성 기관지염, 장염, 요로감염증 등의 치료에 사용하여 많은 효과를 보았다. 물을 부어 달여 마시기도 하고, 환이나 가루로 만들어 복용하기도 한다. 외용할 경우에는 짓찧어 환부에 바르기도 한다.

기능성물질 특허자료

▶ 항당뇨 활성을 갖는 어성초 혼합 추출액

본 발명에 따른 어성초(약모밀 전초) 혼합 추출액은 당뇨 흰쥐의 체중 감소를 억제시키고 식이효율 저하를 방지하며, 췌장 β-세포로부터의 인슐린 분비를 증진시킬 뿐만 아니라 췌장조직을 보호하는 효과가 있어 항당뇨 활성이 우수하다.

– 공개번호 : 10-2010-0004328, 출원인 : 성숙경 외

감기, 백일해, 신장염, 자궁출혈

엉겅퀴

Cirsium japonicum var. *maackii* (Maxim.) Matsum.

한약의 기원 : 이 약은 엉겅퀴, 기타 동속근연식물의 전초이다.

사용부위 : 뿌리, 어린순, 잎, 꽃

이　명 : 가시엉겅퀴, 가시나물, 항가새

생약명 : 대계(大薊)

과　명 : 국화과(Compositae)

개화기 : 6~8월

전초 채취품　　뿌리 채취품　　약재

생태적특성 엉겅퀴는 전역의 산과 들에서 자라는 여러해살이풀이다. 생육환경은 양지의 물 빠짐이 좋은 토양이며, 키는 50~100cm 내외이다. 잎은 길이가 15~30cm, 너비는 6~15cm로 타원형 또는 뾰족한 타원형이며 밑부분이 좁고 새의 깃털과 같은 모양으로 6~7쌍이 갈라진다. 잎 가장자리에는 결각상의 톱니가 가시와 더불어 있다. 꽃은 6~8월에 피며 가지 끝과 원줄기 끝에서 1송이씩 피며 지름은 3~5cm이다. 꽃부리는 자주색 또는 적색이며 길이는 1.9~2.4cm이다. 열매는 9~10월경에 달리고 흰색 갓털은 길이가 1.6~1.9cm이다.

각 부위별 생김새

잎

꽃

열매

채취시기와 방법 이른 봄이나 가을에 잎을 채취하고, 가을에는 뿌리를 채취하여 햇볕에 말린다.

성분 리나린(linarin), 타락사스테릴(taraxasteryl), 아세테이트(acetate), 스티그마스테롤(stigmasterol), 알파-아미린(α-amyrin) 등이 함유되어 있다.

성미 성질이 시원하고, 맛은 쓰고 달다.

귀경 간(肝), 심(心), 비(脾) 경락에 작용한다.

효능과 치료 혈분의 열을 식혀주는 양혈, 출혈을 멎게 하는 지혈, 열을 내리는 해열, 종기를 삭이는 소종의 효능이 있어서 감기, 백일해, 고혈압, 장염, 신장염, 토혈, 혈뇨, 혈변, 산후출혈 등 자궁출혈이 멎지 않고 지속되는 병증, 대하증, 종기를 치료하는 데 사용한다. 최근에는 혈전의 용해 및 혈당을 내린다는 연구보고가 있다.

약용법과 용량 말린 약재 6~12g을 물 1L에 넣어 1/3이 될 때까지 달여 하루에 2~3회 나눠 마시거나, 가루 또는 즙을 내서 복용하기도 하며, 짓찧어서 환부에 붙인다.

혼동하기 쉬운 약초 비교

엉겅퀴

지칭개

기능성물질 특허자료

▶ 대계(엉겅퀴) 추출물을 포함하는 골다공증 예방 또는 치료용 조성물

본 발명은 골다공증 예방 또는 치료용 조성물에 관한 것으로, 보다 상세하게는 대계(엉겅퀴) 추출물을 유효성분으로 함유하는 골다공증 예방 또는 치료용 약학적 조성물 및 건강식품에 관한 것이다. 본 발명의 대계 추출물을 포함하는 조성물은 파골세포 분화 및 관련 유전자 발현의 억제 효과가 뛰어나므로 골다공증의 예방 및 치료용으로 유용하게 사용될 수 있다.

– 공개번호 : 10–2012–0044450, 출원인 : 한국한의학연구원

이질, 임질, 주독, 야뇨증, 유정

연꽃

Nelumbo nucifera Gaertn.

한약의 기원 : 이 약은 연꽃의 뿌리줄기, 잎, 열매, 종자이다.
사용부위 : 뿌리, 잎, 열매, 종자
이 명 : 연
생약명 : 연자심(蓮子心), 연자육(蓮子肉), 우절(藕節), 하엽(荷葉)
과 명 : 수련과(Nymphaeaceae)
개화기 : 7~8월

뿌리 채취품 약재 전형(연자육) 꽃봉우리

생태적특성 연꽃의 원산지는 인도로 추정되나 확실치 않고 일부에서는 이집트라고도 한다. 우리나라에서는 중부 이남 지방에서 재배되는 여러해살이수초이다. 생육환경은 습지나 마을 근처의 연못과 같은 곳이다. 키는 1m 정도 자라고, 잎은 지름이 40cm 정도이며 방패 모양으로 물 위로 올라와 있다. 뿌리에서 나온 잎은 잎자루가 길며 물에 잘 젖지 않고 꽃잎과 같이 수면보다 위에서 전개된다. 꽃은 연한 홍색 또는 흰색으로 7~8월에 꽃줄기 끝에서 대형 꽃이 1송이 피며 지름이 15~20cm로 뿌리에서 꽃줄기가 나오고 꽃줄기는 잎자루처럼 가시가 나 있다. 열매는 검은색이고 타원형이며 길이는 2cm 정도이다.

각 부위별 생김새

꽃봉우리

꽃

열매

채취시기와 방법 열매와 종자는 늦가을에 채취하고, 뿌리줄기와 뿌리줄기 마디는 연중 채취하며, 잎은 여름에 채취하여 말린다.

성분 잎에는 로메린(roemerine), 누시페린(nuciferine), 노르누시페린(nornuciferine), 아르메파빈(armepavine), 프로누시페린(pronuciferine), 리리오데닌(liriodenine), 아노나인(anonaine), 퀴세틴(quercetin), 이소퀴시트린(isoquercitrin), 넬럼보사이드(nelumboside), 종자에는 누시페린, 노르누시페린, 노르마르메파빈(norarmepavine) 등

이 함유되어 있다.

성미 부위에 따라서 약간씩 차이가 있는데 연근(뿌리줄기)은 성질이 차고, 맛은 달다. 하엽(잎)은 성질이 평범하고, 맛은 쓰다. 연자육(열매, 종자)은 성질이 평범하고, 맛은 달고 떫다. 연자심(익은 종자에서 빼낸 녹색의 배아)은 맛이 달다.

귀경 뿌리는 심(心), 비(脾) 경락에 작용한다. 잎은 심(心), 비(脾), 간(肝) 경락에 작용한다. 열매는 심(心), 비(脾), 신(腎) 경락에 작용한다.

효능과 치료 부위에 따라 정리하면 다음과 같다.

- 우절(藕節: 뿌리줄기) : 열을 내리고 어혈을 제거하며 독성을 풀어주는 효능이 있어서 가슴이 답답하고 열이 나며 목이 마르는 열병번갈(熱病煩渴), 주독, 토혈, 열이 하초에 몰려 생기는 임질을 치료하는 데 사용한다.
- 하엽(荷葉: 잎) : 수렴제 및 지혈제로 사용하는데 민간요법에서는 야뇨증 치료에 사용하기도 했다.
- 꽃봉오리 : 혈액순환을 돕고 풍사와 습사를 제거하며 지혈의 효능이 있다.
- 연자(蓮子: 열매와 종자) : 허약한 심기를 길러주고 신(腎) 경락의 기운을 더해주어 유정을 멈추게 하는 효능이 있다. 또한 수렴작용 및 비장을 강화하는 효능이 있어서 오래된 이질이나 설사를 멈추게 하고 꿈을 많이 꾸어 숙면을 취하지 못하는 다몽(多夢), 임질, 대하를 치료하는 데 사용한다.
- 연방(蓮房) : 뭉친 응어리를 풀어주고 습사를 제거하며 지혈의 효능이 있다. 연꽃의 익은 종자에서 빼낸 녹색의 배아(胚芽), 즉 연자심(蓮子心)은 마음을 진정시키고 열을 내려주며 지혈, 신장 기능을 강화하여 유정을 멈추게 하는 효능이 있다.

약용법과 용량 말린 연잎 6~12g에 물 1L를 붓고 1/3이 될 때까지 달여 하루에 나눠 마시거나, 환 또는 가루로 만들어 복용한다. 말린 연자육 12~24g에 물 1L를 붓고 1/3이 될 때까지 달여 하루에 나눠 마시거나, 환 또는 가루로 만들어 복용한다.

혼동하기 쉬운 약초 비교

연 수련

기능성물질 특허자료

▶ 연잎 추출물 및 타우린을 함유하는 대사성 질환 예방 및 치료용 조성물

본 발명은 고지혈증 또는 지방간 예방 및 치료용 조성물에 관한 것으로서, 보다 상세하게는 연잎 추출물 및 타우린을 유효성분으로 함유하는 대사성 질환인 고지혈증 또는 지방간 예방 및 치료용 조성물에 관한 것이다.

– 등록번호 : 10-1176435, 출원인 : 인하대학교 산학협력단

자양강장, 강정, 면역력 증강, 신경통 치료

오갈피나무

Eleutherococcus sessiliflorus (Rupr. & Maxim.) S. Y. Hu
= [*Acanthopanax sessiliflorus* (Rupr. et Max.) Seem]

한약의 기원 : 이 약은 오갈피나무, 기타 동속식물의 뿌리껍질, 나무껍질이다.
사용부위 : 뿌리껍질, 나무껍질, 잎
이 명 : 오갈피, 서울오갈피나무, 서울오갈피, 참오갈피나무, 아관목, 문장초(文章草), 오가엽(五加葉)
생약명 : 오가피(五加皮)
과 명 : 두릅나무과(Araliaceae)
개화기 : 8~9월

줄기 채취품

약재

열매 약재 전형

생태적특성 오갈피나무는 전국에서 분포하는 낙엽활엽관목으로, 높이는 3~4m이며, 뿌리 근처에서 가지가 많이 갈라져 사방으로 뻗치는데 털이 없고 가시가 드문드문 하나씩 나 있다. 밑쪽은 손바닥 모양 겹잎에 서로 어긋나고 잔잎은 3~5장으로 거꿀달걀 모양 또는 거꿀달걀 타원형이다. 잎 가장자리에는 톱니가 있고 표면은 녹색에 털이 없으며 잎맥 위에는 잔털이 나 있다. 꽃은 자주색으로 8~9월에 산형꽃차례로 가지 끝에서 피는데 취산상으로 배열된다. 열매는 물렁열매로 타원형이며 10~11월에 결실한다.

각 부위별 생김새

잎

꽃

열매

채취시기와 방법 잎은 봄 · 여름, 나무껍질은 가을 이후, 뿌리껍질은 봄부터 초여름에 채취한다.

성분 뿌리껍질 및 나무껍질에는 아칸토시드(acanthoside) A, B, C, D, 시링가레시놀(syringaresinol), 타닌(tannin), 팔미틴산(palmitin acid), 강심 배당체, 세사민(sesamin), 사비닌(savinin), 사포닌, 안토사이드(antoside), 캠페리트린(kaempferitrin), 다우코스테롤(daucosterol), 글루칸(glucan), 쿠마린(coumarin) 등이 함유되어 있으며 정유성분으로

4-메틸사이르실알데하이드(4-methylsailcyl aldehyde)도 함유되어 있다. 잎에는 강심배당체, 정유, 사포닌 및 여러 종류의 엘레우테로사이드(eleutheroside), 쿠마린 X, 베타-시토스테린(β-sitosterin), 카페인산(caffeic acid), 올레아놀릭산(oleanolic acid), 콘페릴알데히드(conferylaldehyde), 에틸에스테르(ethylester), 세사민 등이 함유되어 있다.

성미 뿌리껍질, 잎은 성질이 따뜻하고, 맛은 쓰고 맵다. 나무껍질은 성질이 따뜻하고, 맛은 맵고 쓰며 약간 달고, 독성은 없다.

귀경 폐(肺), 신(腎) 경락에 작용한다.

효능과 치료 뿌리껍질, 나무껍질은 생약명을 오가피(五加皮)라고 하며 자양강장, 강정, 강심, 항종양, 항염증, 면역증강약으로 독특한 효력을 지니고 보간, 보신, 진통, 진정, 신경통, 관절염, 요통, 마비 통증, 타박상, 각기, 불면증 등을 치료하며 간세포 보호작용과 항지간(抗脂肝)작용도 있다. 잎은 오가엽(五加葉)이라고 하여 심장병 치료에 효과적이며 피부 풍습이나 피부 가려움증, 타박상, 어혈 등을 치료한다. 오갈피 추출물은 골다공증, 위염, 위궤양, 치매, C형 간염 등의 치료 효과가 있다.

약용법과 용량 말린 뿌리껍질, 나무껍질 20~30g을 물 900mL에 넣어 반이 될 때까지 달여 하루에 2~3회 나눠 마시며, 외용할 경우에는 짓찧어서 타박상이나 염좌 등의 환부에 도포한다. 말린 잎 30~40g을 물 900mL에 넣어 반이 될 때까지 달여 하루에 2~3회 나눠 마시며, 피부 풍습이나 가려움증 치료에는 생잎을 채소로 식용하고, 타박상이나 어혈 치료를 위해 외용할 경우에는 짓찧어서 환부에 도포한다.

기능성물질 특허자료

▶ 오갈피 추출물의 골다공증 예방 또는 치료용 약학적 조성물

본 발명의 오갈피 추출물은 골다공증, 퇴행성 골 질환 및 류머티즘에 의한 관절염과 같은 골 질환의 예방 또는 치료에 유용하게 사용될 수 있다.

– 등록번호 : 10-0399374, 출원인 : (주)오스코텍

▶ 오갈피 추출물을 유효성분으로 함유하는 위장 질환의 예방 또는 치료용 조성물

본 발명에 따른 오갈피 추출물은 위염, 위궤양 및 십이지장궤양 등의 위장 질환의 예방 또는 치료에 유용하게 사용될 수 있다.
– 등록번호 : 10–1120000, 출원인 : (주)휴럼

▶ 오갈피 추출물을 포함하는 치매 예방 또는 치료용 조성물

본 발명은 오갈피 추출물을 포함하는 치매 예방 또는 치료용 조성물에 관한 것이다. 본 발명에 따른 상기 오갈피 추출물은 오가피에 물, 증류수, 알코올, 핵산, 에틸아세테이트, 아세톤, 클로로포름, 메틸렌 클로라이드 또는 이들의 혼합 용매를 첨가하여 추출된 것이다.
– 공개번호 : 10–2005–0014710, 출원인 : (주)바이오시너젠 · 성광수

▶ 오갈피 열매 추출물을 유효성분으로 함유하는 암 예방 및 치료용 약학적 조성물

본 발명은 오갈피 열매 추출물, 오가피 열매 분획물, 이로부터 분리된 화합물 또는 이의 약학적으로 허용 가능한 염을 유효성분으로 함유하는 암 질환의 예방 및 치료용 약학적 조성물에 관한 것으로, 암세포의 증식 억제 활성을 가짐으로써 종래의 암 치료제에 비해 천연물을 사용하여 부작용을 현저히 감소시킬 수 있다.
– 공개번호 : 10–2012–0085048, 출원인 : 정선군 · 경희대학교 산학협력단

▶ 오갈피 추출물을 포함한 C형 간염 치료제

본 발명은 오갈피속 나무(뿌리, 줄기, 가지 부분의 껍질)의 추출물을 포함하는 C형 간염 치료제에 관한 것으로, 오가피 추출물은 C형 간염 단백질 분해효소에 대한 강한 저해 활성을 나타내므로 C형 간염 치료제로 유용하게 사용될 수 있을 뿐만 아니라 각종 식음료에 포함되어 사용될 수 있다.
– 공개번호 : 10–1999–0047905, 출원인 : (주)엘지

혼동하기 쉬운 약초 비교

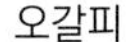
오갈피

가시 오갈피

자양강장, 해수, 수렴, 항암

오미자

Schisandra chinensis (Turcz.) Baill.

한약의 기원 : 이 약은 오미자의 잘 익은 열매이다.

사용부위 : 열매

이 명 : 개오미자, 오매자(五梅子)

생약명 : 오미자(五味子)

과 명 : 오미자과(Schisandraceae)

개화기 : 5~6월

약재 전형

약재

생태적특성 오미자는 전국의 깊은 산 계곡 골짜기에서 자생 또는 재배하는 덩굴성 낙엽활엽목본으로, 높이가 3m 전후이다. 작은 가지는 홍갈색이고 오래된 가지는 회갈색이며 나무 겉껍질은 조각조각으로 떨어져 벗겨진다. 잎은 넓은 타원형, 타원형 또는 달걀 모양이고 서로 어긋나며 가장자리에는 치아 모양의 톱니가 있으며 잎자루 길이는 1.5~3cm이다. 꽃은 붉은빛이 도는 황백색으로 5~6월에 자웅 암수딴그루로 피고, 열매는 물열매로 둥글며 9~10월에 심홍색으로 익는다.

각 부위별 생김새

꽃

덜익은 열매

익은 열매

채취시기와 방법 9~10월에 열매를 채취한다.

성분 열매에는 데옥시쉬잔드린(deoxyschizandrin), 감마-쉬잔드린(γ-schizandrin), 쉬잔드린(schzandrin) A, B, C, 이소쉬잔드린(isoschizandrin), 안겔로일이소고미신(angeloylisogomisin) H, O, P, Q, 벤조일고미신(benzoylgomisin) H, 벤조일이소고미신(benzoylisogomisin) O, 티그로일고미신(tigloylgomisin) H, P, 에피고민(epigomin) O, 데옥시고미신(deoxygomisin) A, 프레곤미신(pregonmisin), 우웨이지수(wuweizisu) A~C, 우웨이지춘(wuweizichun) A, B, 쉬잔헤놀(shizanherol) 등이 함유되어 있고, 정유에는 시트랄(citral), 알파,베타-차미그레날(α,β-chamigrenal)과 기타 유기산인 시트린산(citric acid),

말린산(malic acid), 타타린산(tataric acid), 비타민 C, 지방산 등이 함유되어 있다.

성미 성질이 따뜻하고, 맛은 시고 달다.

귀경 심(心), 폐(肺), 신(腎) 경락에 작용한다.

효능과 치료 열매는 생약명을 오미자(五味子)라고 하며 자양강장작용, 중추신경 흥분작용, 간세포 보호작용, 진해, 거담작용이 있고 수렴, 지사, 만성 설사, 몽정, 유정, 도한, 자한, 구갈, 해수, 삽정, 고혈압 등을 치료한다. 열매 및 종자 추출물은 항암, 대장염, 알츠하이머병, 비만 등의 치료 효과도 있다.

약용법과 용량 말린 열매 20~30g을 물 900mL에 넣어 반이 될 때까지 달여 하루에 2~3회 나눠 마신다. 외용할 경우에는 가루로 만들어 환부에 문지르거나 달인 액으로 환부를 씻어준다.

기능성물질 특허자료

▶ 오미자 씨앗 추출물을 함유하는 항암 및 항암 보조용 조성물

본 발명은 항암 및 항암 보조용 조성물에 관한 것으로서, 오미자 씨앗 추출물을 유효성분으로 함유하는 것을 특징으로 한다.
– 공개번호 : 10-2012-0060676, 출원인 : 문경시

▶ 오미자 추출물로부터 분리된 화합물을 유효성분으로 함유하는 대장염 질환의 예방 및 치료용 조성물

오미자 추출물로부터 분리된 화합물을 유효성분으로 함유하는 조성물을 대장염 질환의 예방 및 치료용 약학 조성물 또는 건강기능식품으로 유용하게 이용할 수 있다.
– 공개번호 : 10-2012-0008366, 출원인 : 김대기

▶ 오미자 씨앗 추출물을 함유하는 알츠하이머씨병 예방 및 치료용 조성물

본 발명은 알츠하이머씨병을 예방 및 치료하는 기능을 갖는 조성물에 관한 것으로서 본 발명에 따른 알츠하이머씨병 예방 및 치료용 조성물은 오미자 씨앗 추출물을 유효성분으로 함유하는 것을 특징으로 한다.
– 공개번호 : 10-2012-0060678, 출원인 : 문경시

▶ 오미자 에틸아세테이트 분획물을 유효성분으로 포함하는 비만 예방 또는 치료용 조성물

본 발명의 오미자 에틸아세테이트 분획물 또는 이로부터 분리한 우웨이지수 C는 지방세포의 분화를 억제하고, 지질의 축적을 억제하는 효능이 우수하므로 비만의 예방 또는 치료에 유용하게 사용될 수 있다.
– 공개번호 : 10-2012-0112137, 출원인 : 서울대학교 산학협력단

대장염, 변혈, 월경과다, 화상, 종기

오이풀

Sanguisorba officinalis L.

한약의 기원 : 이 약은 오이풀, 장엽지유(長葉地楡)의 뿌리이다.

사용부위 : 뿌리줄기

이 명 : 지우초, 수박풀, 외순나물, 백지유(白地楡), 서미지유(鼠尾地楡)

생약명 : 지유(地楡)

과 명 : 장미과(Rosaceae)

개화기 : 7~9월

약재 전형

약재

생태적특성 오이풀은 숙근성 여러해살이풀로, 전국의 산과 들에서 자라며, 키는 30~150cm이다. 뿌리의 표면은 회갈색, 자갈색 또는 어두운 갈색으로 거칠고 세로 주름과 세로로 갈라진 무늬 및 곁뿌리 자국이 있다. 약재로 쓰이는 뿌리줄기는 불규칙하고 양끝이 뾰족한 원기둥꼴 또는 둥근기둥 모양으로 조금 구부러지거나 비틀려 구부러졌다. 질은 단단하고, 단면은 평탄하거나 혹은 껍질부에 황백색 또는 황갈색의 선상섬유(線狀纖維)가 많으며, 목질부는 황색 또는 황갈색이며 바퀏살 모양으로 배열되어 있다. 원줄기는 곧게 자라고 상층부에서 가지가 갈라진다. 잎은 길이가 2.5~5cm, 너비는 1~2.5cm로 삼각형의 톱니가 있고 타원형이다. 꽃은 어두운 홍자색으로 7~9월에 핀다. 열매는 이삭 모양으로 달걀 모양이며 날개가 있다.

각 부위별 생김새

잎

꽃

열매

채취시기와 방법 새잎이 올라오기 전인 봄이나 가을에 줄기잎이 마른 다음 뿌리를 채취하여 햇볕에 말린다. 이물질을 제거하고 양혈지혈(凉血止血)에는 말린 것을 그대로 사용[생용(生用)]하고, 지혈, 수렴, 하리 등의 치료 효과를 높이고자 하면 초탄(炒炭: 프라이팬에 넣고 가열하여 불이 붙으면 산소를 차단해서 검은 숯을 만드는 포제 방법)하여 사용한다.

성분 지우사포닐(ziyusaponil), 상구이소르빈[sanguisorbin, 게닌상구이소르비게닌(genin sanguisorbigenin)=토메토솔릭산(tometosolic acid)], 타닌(tannin), 비타민 C, 포몰릭(pomolic), 사포닌 등이 함유되어 있다.

성미 성질이 약간 차고, 맛은 쓰고 시며, 독성은 없다.

귀경 간(肝), 심(心), 대장(大腸) 경락에 작용한다.

효능과 치료 혈을 식히는 양혈, 출혈을 멈추게 하는 지혈, 독을 푸는 해독, 기를 거두어들이는 수렴, 종기를 없애는 소종 등의 효능이 있어서 토혈, 코피, 월경과다, 혈붕, 대장염, 치루, 변혈, 치출혈, 혈리, 붕루, 불에 덴 상처 등을 치유하고 그 밖에도 외상출혈이나, 습진 등을 치유하는 중요한 약재이다. 유사종인 가는오이풀, 긴오이풀, 산오이풀, 큰오이풀의 뿌리도 모두 '지유(地楡)'라는 생약명으로 불리며 동일한 약재로 사용한다. 특히 지유는 소염, 항균작용이 뛰어나서 소염제로 습진이나 생손앓이, 화상 치료 등에 아주 요긴하게 사용되던 민간약재였다. 소염제로 사용할 때에는 오이풀 뿌리를 씻은 다음 짓찧어서 따끈따끈하게 만들어 염증이나 타박상, 곪은 곳, 상처가 부은 곳에 붙인다. 생손앓이에는 오이풀 뿌리 달인 물에 손가락을 담근다. 화상 치료에는 오이풀 뿌리를 가루로 만들어 끓는 식물성 기름에 넣고 풀처럼 되게 고루 섞은 다음 멸균된 병에 담아두고 환부에 고루 바르면 분비물이 줄어들고 딱지가 생기면서 감염도 방지되고 통증도 멈추며 새살이 빨리 돋아난다.

약용법과 용량 민간에서는 말린 뿌리줄기 10g을 물 1L에 넣어 끓기 시작하면 약하게 줄여 200~300mL가 될 때까지 달여 하루에 2회 나눠 마신다. 환이나 가루로 만들어 복용하고, 가루로 만들거나 짓찧어서 환부에 붙이기도 한다. 습진에는 불에 타도록 볶아서 가루로 만든 뿌리 30g에 바셀린 70g을 넣고 고루 섞어서 환부에 바르는데 이때 자초(지치 뿌리)와 황백(황벽나무 껍질) 가루를 각각 10, 30g씩 첨가하면 더욱 좋다.

혼동하기 쉬운 약초 비교

오이풀

가는 오이풀

기능성물질 특허자료

▶ 오이풀 등을 이용한 아토피성 피부질환을 위한 외용제 조성물

본 발명은 뽕나무 뿌리, 어성초, 유백피, 오이풀 및 창이자 등을 이용하여 아토피성 피부질환을 완화 또는 치유하는 조성물에 관한 것이다. 본 발명의 조성물은 천연 한약재를 원료로 하여 부작용이 적고 각종 건성 및 지성 피부염 등에도 뛰어난 치유 효과를 갖는다.

– 등록번호 : 10-0987563-0000, 출원인 : 오재필, 오수철

소적, 살충, 어혈, 진통

옻나무

Rhus verniciflua Stokes

한약의 기원 : 이 약은 옻나무의 줄기에 상처를 입혀 흘러나온 수액을 말린 덩어리, 줄기껍질이다.

사용부위 : 뿌리껍질, 목질부, 나무껍질, 수지

이 명 : 옷나무, 참옷나무, 칠수(漆樹), 대목칠(大木漆), 생칠(生漆), 칠수피(漆樹皮), 칠수목심(漆樹木心)

생약명 : 건칠(乾漆), 칠피(漆皮)

과 명 : 옻나무과(Anacardiaceae)

개화기 : 5~6월

옷나무 껍질 약재 전형

옷 액 약재 전형

줄기 약재 전형

생태적특성 옻나무는 전국 산지에서 자생 또는 재배하는 낙엽활엽교목으로, 높이 20m 내외로 자라고, 작은 가지는 굵으며 회황색이고 어릴 때는 털이 있으나 차츰 없어진다. 잎은 1회 홀수깃꼴겹잎이 나선상으로 서로 어긋나고 잔잎은 9~11장이고 달걀 모양 또는 타원형 달걀 모양으로 잎끝은 점차적으로 날카로운 모양이고 밑부분은 쐐기형 또는 원형으로 가장자리는 밋밋하다. 꽃은 황록색으로 5~6월에 단성이거나 양성, 자웅이주 혹은 잡성에 원뿔꽃차례로 잎겨드랑이에서 피며 꽃자루는 짧다. 열매는 씨열매로 편평한 원형에 10~11월경 결실한다.

각 부위별 생김새

잎

꽃

열매

채취시기와 방법 수지는 4~5월, 나무껍질, 뿌리껍질은 봄 · 가을, 목질부는 연중수시 채취한다.

옻나무와 붉나무

옻나무과에 속하는 옻나무와 붉나무는 둘다 낙엽교목으로 두 나무 모두 잎이 1회 홀수깃꼴겹잎이고 꽃차례도 원뿔꽃차례이며 열매도 씨열매로 비슷하다. 단지 옻나무는 독성이 있어 접촉하면 피부 알레르기를 일으켜 가렵고 홍반이 생기며 심지어 호흡곤란을 일으키는 등 심한 부작용이 일어나지만 붉나무는 그렇지 않다. 옻나무와 붉나무는 성분이나 약효도 모두 다르다. 특히 붉나무 잎에는 오배자 진딧물에 의하여 생긴 벌레집을 오배자라고 하여 수렴제로 사용하는 점이 특이하다.

성분 수지의 생약명을 생칠(生漆)이라고 하며 이 생칠을 가공한 건조품을 건칠(乾漆)이라고 한다. 건칠의 성분은 생칠 중의 우르시올(urushiol)이 라카아제(laccase) 작용으로 인해 공기 중에서 산화되어 생성된 검은색의 수지 물질을 가공한 건조품이다. 생칠은 나무껍질을 긁어 상처를 내어 나오는 지방액을 모아서 저장하였다가 사용한다. 수지는 스텔라시아닌(stellacyanin), 라카아제, 페놀라아제(phenolase), 타닌과 콜로이드질도 함유되어 있다. 콜로이드(colloid) 주요 성분은 다당류로 글루크론산(glucuronic acid), 갈락토스(galactose), 자일로스(xylose)도 함유되어 있다.

성미 나무껍질, 목질부는 성질이 따뜻하고, 맛은 맵고, 독성이 조금 있다. 수지는 성질이 따뜻하고, 맛은 쓰고, 독성이 있다. 건칠은 약성이 따뜻하고, 맛이 맵고, 독성이 있다.

귀경 간(肝), 비(脾), 위(胃) 경락에 작용한다.

효능과 치료 나무껍질과 뿌리껍질은 칠수피(漆樹皮)라고 하여 접골, 타박상을 치료하는 데 사용하며 특히 흉부손상 치료에 효과적이고, 심재는 칠수목심(漆樹木心)이라고 하여 진통, 행기(行氣), 심위기통(心胃氣痛)을 치료한다. 건칠은 살충, 소적(消積), 어혈, 해열, 학질, 소염, 건위, 통경, 월경폐지, 진해, 관절염을 치료한다.

약용법과 용량 말린 나무껍질 5～10g을 물 900mL에 넣어 반이 될 때까지 달여 하루에 2～3회 나눠 마시거나, 말린 나무껍질 10～20g을 닭 한 마리에 넣고 고와서 적당히 복용한다. 외용할 경우에는 짓찧어서 술에 볶아 환부에 붙인다. 말린 심재 10～20g을 물 900mL에 넣어 반이 될 때까지 달여 하루에 2～3회 나눠 마신다. 건칠 10～15g을 가루나 환으로 만들어 하루에 2～3회 나눠 복용한다. 옻나무 추출물은 간 질환의 예방 및 치료에 효과적이라는 연구도 발표되었다.

혼동하기 쉬운 약초 비교

옻나무

덩쿨 옻나무

기능성물질 특허자료

▶ 옻나무로부터 분리된 추출물 및 플라보노이드 화합물들을 함유한 간질환 치료제

본 발명은 옻나무의 극성용매 또는 비극성용매 가용추출물 및 그 분획물로부터 분리된 푸스틴 및 설퍼레틴 화물을 함유하는 간기능 개선, 간세포 섬유화에 따른 간경화 예방 및 치료를 위한 조성물에 관한 것으로서 담도결찰하여 간 섬유화를 유도한 군에서 발생하는 AST, ALT, SDH, γ-GT 활성을 저해할 뿐만 아니라 총 빌리루, 히드록시프롤린 및 MDA 농도량을 유의성 있게 억제하여 간질환의 예방 및 치료에 효과적이고 안전한 의약품 및 건강보조식품을 제공한다.

– 공개번호 : 10-2004-0043255, 출원인 : 학교법인 상지학원

소화불량, 간열증, 담낭염, 뇌염, 방광염

용담

Gentiana scabra Bunge

한약의 기원 : 이 약은 용담, 과남풀, 조엽용담(條葉龍膽)의 뿌리, 뿌리줄기이다.

사용부위 : 뿌리

이 명 : 초룡담, 섬용담, 과남풀, 선용담, 초용담, 룡담

생약명 : 용담(龍膽)

과 명 : 용담과(Gentianaceae)

개화기 : 8~10월

뿌리 채취품

약재

생태적특성 용담은 전국의 산과 들에서 자라는 숙근성 여러해살이풀로, 생육환경은 풀숲이나 양지이다. 키는 20~60cm이고, 잎은 표면이 녹색이고 뒷면은 회백색을 띤 연녹색이며 길이는 4~8cm, 너비는 1~3cm로 마주나고 잎자루가 없이 뾰족하다. 꽃은 자주색으로 8~10월에 윗부분의 잎겨드랑이와 끝에서 피며 꽃자루는 없고 길이는 4.5~6cm이다. 열매는 10~11월에 달리고 시든 꽃부리와 꽃받침에 달려 있다. 씨방에 작은 종자들이 많이 들어 있다. 꽃이 많이 달리면 옆으로 처지는 경향이 있고 바람에도 약해 쓰러진다. 하지만 쓰러진 잎과 잎 사이에서 꽃이 많이 피기 때문에 줄기가 상했다고 해서 끊어내서는 안 된다.

각 부위별 생김새

잎

꽃

열매

채취시기와 방법 봄과 가을에 뿌리를 채취하여 햇볕에 말리며 가을에 말린 것이 약성이 더 좋다.

성분 겐티오피크린(gentiopicrin), 겐티아닌(gentianine), 겐티아노스(gentianose), 스웨르티아마린(swertiamarin) 등이 함유되어 있다.

성미 성질이 차고, 맛은 쓰다.

귀경 간(肝), 심(心), 담(膽) 경락에 작용한다.

효능과 치료 위를 튼튼하게 하는 건위, 열을 풀어주는 해열, 담 기능을 이롭게 하는 이담, 간열을 내리는 사간(瀉肝), 염증을 없애는 소염의 효능이 있어서 소화불량, 간열증(肝熱症), 담낭염, 황달, 두통, 간질, 뇌염, 방광염, 요도염, 눈에 핏발이 서는 증상 등을 치료하는 데 사용한다.

약용법과 용량 말린 뿌리 3~10g을 물 1L에 넣어 1/3이 될 때까지 달여 하루에 2~3회 나눠 마신다.

구슬봉이꽃

이뇨, 요로결석, 관절통, 항암

으름덩굴

Akebia quinata (Houtt.) Decne. = [*Rojania quinata* Thunb.]

한약의 기원 : 이 약은 으름덩굴의 주피를 제거한 줄기, 잘 익은 열매이다.

사용부위 : 뿌리, 덩굴줄기와 목질, 열매

이　명 : 으름, 목통, 통초(通草), 연복자(燕覆子), 팔월찰(八月札), 목통근(木通根)

생약명 : 목통(木通), 예지자(預知子)

과　명 : 으름덩굴과(Lardizabalaceae)

개화기 : 4~5월

줄기 채취품　　열매 약재 전형　　약재

생태적특성 으름덩굴은 전국의 산기슭 계곡에서 자라는 덩굴성 낙엽활엽목본으로, 덩굴 길이는 5m 전후로 뻗어나가고, 가지는 회색에 가는 줄이 있으며 껍질눈은 돌출한다. 잎은 손바닥처럼 생긴 손꼴겹잎이고 3~5장의 겹잎이 가지 끝에 모여나거나 서로 어긋나며 잎자루는 가늘고 길다. 잔잎은 보통 5장으로 거꿀달걀 모양 또는 타원형에 잎끝은 약간 오목하고 양면에 털이 나 있으며 가장자리는 밋밋하다. 꽃은 4~5월에 암자색으로 피며, 열매는 물열매로 원기둥 모양에 양 끝은 둥글고 9~10월에 익어 벌어진다.

각 부위별 생김새

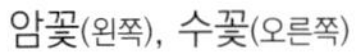

암꽃(왼쪽), 수꽃(오른쪽)

미숙 열매

완숙 열매

채취시기와 방법 열매는 9~10월, 덩굴줄기와 목질은 가을, 뿌리는 9~10월에 채취한다.

성분 뿌리에는 스티그마스테롤(stigmasterol), 베타-시토스테롤(β-sitosterol), 베타-시토스테롤-베타-d-글루코시드(β-sitosterol-β-d-glucoside), 아케보시드 stg. 등이 함유되어 있다. 덩굴줄기와 목질부에는 사포닌의 헤드라게닌 및 올레아놀릭산(oleanolic acid)을 게닌(genin)으로 하는 아케보시드(akeboside) st b~f, h~k, 키나토시드(quinatosid) A~D 등과 트리테르페노이드(triterpenoid), 노라주노린산(norajunolic acid), 기타 스티그마스테롤, 스테롤(sterol) 등이 함유되어 있다. 열매에는 트리테르페노이드사포닌

(triterpenoid saponin), 올레아놀릭산, 헤드라게닌, 콜린소니딘(collinsonidin), 카로파낙스 사포닌(kalopanaxsaponin) A, 헤데로시드(hederoside) D_2가 함유되어 있다.

성미 뿌리는 성질이 평범하고, 맛은 쓰다. 덩굴줄기와 목질은 성질이 시원하고, 맛은 쓰다. 열매는 성질이 차고, 맛은 달다.

귀경 심(心), 소장(小腸), 방광(膀胱) 경락에 작용한다.

효능과 치료 뿌리는 목통근(木桶根)이라고 하여 거풍, 이뇨, 활혈, 행기(行氣), 보신, 보정, 관절통, 소변곤란, 헤르니아, 타박상 등을 치료한다. 덩굴줄기와 목질은 생약명을 목통(木桶)이라고 하여 이뇨작용과 항균작용이 있고 병원성 진균에 대한 억제작용이 있으며 소변불리, 혈맥통리(血脈通利), 사화(瀉火), 진통, 진정, 소변혼탁, 수종, 부종, 항염, 전신의 경직통, 유즙불통 등을 치료한다. 열매는 팔월찰(八月札)이라고 하며 진통, 이뇨, 활혈, 번갈, 이질, 요통, 월경통, 헤르니아, 혈뇨, 탁뇨, 요로결석을 치료한다. 으름덩굴 종자 추출물은 암 예방과 치료에 효과적이다.

약용법과 용량 말린 뿌리 30~50g을 물 900mL에 넣어 반이 될 때까지 달여 하루에 2~3회 나눠 마시며 즙을 내어 마셔도 되고, 술에 용출하여 마셔도 된다. 외용할 경우에는 뿌리를 짓찧어서 환부에 붙인다. 말린 덩굴줄기와 목질 20~30g을 물 900mL에 넣어 반이 될 때까지 달여 하루에 2~3회 나눠 마신다. 말린 열매 50~100g을 물 900mL에 넣어 반이 될 때까지 달여 하루에 2~3회 나눠 마시거나 술에 용출하여 아침저녁으로 마셔도 된다.

기능성물질 특허자료

▶ **으름덩굴 종자 추출물을 포함하는 항암 조성물 및 그의 제조 방법**

본 발명은 으름덩굴 종자 추출물을 포함하는 항암 조성물 및 그의 제조 방법에 관한 것으로, 본 발명의 조성물은 우수한 항암성을 나타내며, 이에 추가적으로 전호, 인삼 또는 울금 추출물을 처방하여 보다 증강된 항암효과를 얻을 수 있어 암의 예방 또는 치료제로서 유용하게 사용할 수 있다.

– 공개번호 : 10-2005-0087498, 출원인 : 김승진

신경통, 관절염, 손발 마비,
통풍, 간염

으아리

Clematis terniflora var. mandshurica (Rupr.) Ohwi

한약의 기원 : 이 약은 으아리, 가는잎사위질빵, 위령선의 뿌리, 뿌리줄기이다.
사용부위 : 뿌리, 뿌리줄기
이 명 : 큰위령선, 노선(露仙), 능소(能消), 철각위령선(鐵脚威靈仙)
생약명 : 위령선(威靈仙)
과 명 : 미나리아재비과(Ranunculaceae)
개화기 : 6~8월

뿌리 채취품

약재 전형

생태적특성 으아리는 낙엽활엽 만경목(덩굴식물)으로, 줄기는 2m 정도 뻗으며, 잎은 마주나고 깃꼴겹잎이며 보통 5장의 잔잎을 가진다. 잔잎은 달걀 모양 또는 타원형이다. 꽃은 흰색으로 6~8월에 피는데 취산꽃차례는 줄기 끝에서 나오는 정생(頂生) 또는 줄기와 잎 사이에서 나오는 액생(腋生: 잎겨드랑이나기)이며, 열매는 9~10월에 결실한다.

각 부위별 생김새

줄기, 잎

꽃

열매

- 위령선(威靈仙: 뿌리) : 뿌리줄기는 기둥 모양으로 길이 1.5~10cm, 지름 0.3~1.5cm이다. 표면은 담갈황색으로 정단(頂端)에는 줄기의 밑부분이 잔류되어 있고, 질은 단단하고 질기며, 단면은 섬유성으로 아래쪽에는 많은 가는 뿌리가 붙어 있다. 뿌리는 가늘고 긴 둥근기둥 모양으로 약간 구부러졌고 길이 7~15cm, 지름 0.1~0.3cm이다. 표면은 흑갈색으로 가는 세로 주름이 있으며 껍질 부분은 탈락되어 황백색의 목질부가 노출되어 있다. 질은 단단하면서 부스러지기 쉽고, 단면의 껍질 부분은 비교적 넓고, 목질부는 담황색으로 방형(方形)이며 껍질 부분과 목질부 사이는 항상 벌어져 있다.
- 면단철선연(棉團鐵線蓮) : 이 약의 뿌리줄기는 짧은 기둥 모양[短柱狀]으로 길이

1～4cm, 지름은 0.5～1cm이다. 뿌리는 길이 4～20cm, 지름 0.1～0.2cm이다. 표면은 자갈색 또는 흑갈색이며, 단면의 목질부는 원형이다.

- 동북철선연(東北鐵線蓮) : 이 약의 뿌리줄기는 기둥 모양으로 길이 1～11cm, 지름 0.5～2.5cm이다. 뿌리는 비교적 밀집되었고 길이 5～23cm, 지름 0.1～0.4cm이다. 표면은 자흑색으로, 단면의 물관부는 원형에 가깝다.

채취시기와 방법 가을에 뿌리를 채취하는데 이물질을 제거하고 가늘게 절단하여 말려서 사용한다.

성분 뿌리에는 아네모닌(anemonin), 아네모놀(anemonol), 스테롤(sterol), 락톤(lactone), 프로토아네모닌(protoanemonin), 사포닌 등이 함유되어 있다.

성미 성질이 따뜻하고, 맛은 맵고 짜며, 독성은 없다.

귀경 간(肝), 폐(肺), 방광(膀胱) 경락에 작용한다.

효능과 치료 통증을 가라앉히는 진통, 풍사와 습사를 제거하는 거풍습, 경락을 통하게 하는 통경락(通經絡) 등의 효능이 있어서 각종 신경통, 관절염, 근육통, 수족마비, 언어장애, 통풍, 각기병, 편도염, 볼거리, 간염, 황달 등의 치료에 유효하다.

약용법과 용량 말린 약재 4～12g을 물 700mL에 넣어 끓기 시작하면 약하게 줄여 200～300mL가 될 때까지 달여 하루에 2회 나눠 마신다. 환이나 가루로 만들어 복용하며, 짓찧어 환부에 붙이기도 한다. 어린잎은 식용한다. 민간에서는 구안와사증(口眼喎斜: 풍으로 인하여 입이 돌아가는 증상), 류머티즘성 관절염, 편도염의 치료에 다음과 같이 사용하기도 한다.

- 구안와사증 : 뿌리, 줄기, 잎 등 어떤 부위라도 마늘 한 쪽과 함께 찧어 중간 정도 크기의 조개껍질에 소복하게 채워서 팔목관절에서 4cm 정도 손바닥 안쪽, 또는 엄지와 검지손가락 사이 합곡혈(合谷穴)에 붙이는데 왼쪽으로 돌아가면 오른쪽 손에, 오른쪽으로 돌아가면 왼쪽 손에 붙인다. 하루에 7시간 정도를 붙이고 살이 불에 데인 자국처럼 물집이 생기면 떼어낸다.

- 류머티즘성 관절염 : 뿌리를 병에 잘게 썰어 넣고 푹 잠기도록 술을 부어 넣은 뒤 마개를 꽉 막아 일주일 정도 두었다가 꺼내어 잘 말려서 부드럽게 가루로 만든 다음 꿀로 반죽하여 환으로 만들어 하루에 3회, 한 번에 4~6g씩 식후에 먹는다. 또는 잘게 썬 말린 뿌리 20g을 물 1L에 넣어 반이 될 때까지 달여 하루에 3회 나눠 마시거나, 으아리 12g, 오가피 10g을 물 1L에 넣어 1/3이 될 때까지 달여 하루에 3회 나눠 마셔도 좋다.
- 편도염 : 말린 줄기, 잎 30~60g을 물 1L에 넣어 1/3이 될 때까지 달여 하루에 2~3회 나눠 공복에 마시면 염증을 가라앉히고 진통작용을 한다.

혼동하기 쉬운 약초 비교

으아리　　　　큰꽃 으아리

거풍, 관절염, 수렴, 진통

음나무

Kalopanax septemlobus (Thunb.) Koidz.
= [*Kalopanax pictus* (Thunb.) Nakai]

한약의 기원 : 이 약은 음나무의 줄기껍질이다.

사용부위 : 뿌리, 나무껍질

이 명 : 개두릅나무, 당엄나무, 당음나무, 멍구나무, 엉개나무, 엄나무, 해동목(海桐木), 해동수근(海桐樹根)

생약명 : 해동피(海桐皮)

과 명 : 두릅나무과(Araliaceae)

개화기 : 8월

줄기 채취품 새잎 채취품 약재

생태적특성 음나무는 전국의 산기슭 양지쪽 길가에서 자라는 낙엽활엽교목으로, 높이가 20m 전후로 자라며, 나무와 가지에 굵은 가시가 많이 나 있다. 잎은 긴 가지에서는 서로 어긋나고 짧은 가지에서는 모여나며 손바닥 모양으로 5~7갈래로 찢어져 잎끝은 길게 뾰족하고 가장자리에는 톱니가 있다. 꽃은 황록색으로 7~8월에 우산 모양의 산형꽃차례로 피고 윤기가 나며 다섯으로 갈라진다. 열매는 공 모양에 가깝고 9~10월에 결실한다.

각 부위별 생김새

어린잎

꽃

열매

채취시기와 방법 나무껍질은 연중 수시, 뿌리는 늦여름부터 가을에 채취한다.

성분 뿌리에는 다당류가 함유되어 있고 가수분해 후에 갈락투론산(galacturonic-acid), 글루코스(glucose), 아라비노스(arabinose), 갈락토스(galactose), 글루칸(glucan), 펙틴(pectin)질이 함유되어 있다. 나무껍질에는 트리테르펜사포닌(triterpene saponin)으로 카로파낙스사포닌(kalopanaxsaponin) A, B, G, K, 페리칼프사포닌(pericarpsaponin) P13, 헤데라사포닌(hederasaponin) B, 픽토시드(pictoside) A가 함유되어 있고 리그난(lignan)으로 리리오덴드린(liriodendrin)이 함유되어 있으며 페놀 화합물(phenolic compound)로 코니페린(coniferin), 카로파낙신(kalopanaxin) A, B, C, 기타 포리아세치

렌(polyacetylen) 화합물, 타닌(tannin), 플라보노이드(flavonoid), 쿠마린(coumarin), 글루코시드(glucoside), 알칼로이드(alkaloid)류, 정유, 레신(resin), 전분 등이 함유되어 있다.

성미 뿌리는 성질이 시원하고, 맛은 쓰고, 독성은 없다. 나무껍질은 성질이 평범하고, 맛은 쓰고 맵다.

귀경 간(肝), 심(心), 비(脾) 경락에 작용한다.

효능과 치료 뿌리 또는 뿌리껍질에는 해동수근(海桐樹根)이라 하여 거풍, 제습, 양혈, 어혈의 효능이 있고 장풍치혈(腸風痔血), 타박상, 류머티즘에 의한 골통 등을 치료한다. 나무껍질은 생약명을 해동피(海桐皮)라고 하며 수렴, 진통약으로 거풍습, 살충, 활혈의 효능이 있고 류머티즘에 의한 근육마비, 근육통, 관절염, 가려움증 등을 치료한다. 또 황산화작용을 비롯해서 항염, 항진균, 항종양, 혈당강하, 지질저하 작용 등이 있다. 음나무 추출물은 HIV증식 억제 활성으로 AIDS(후천성 면역 결핍증), 퇴행성 중추신경계질환 개선 등의 효과를 가지고 있다.

약용법과 용량 말린 뿌리 20~40g을 물 900mL에 넣어 반이 될 때까지 달여 하루에 2~3회 나눠 마신다. 외용할 경우에는 짓찧어서 환부에 붙인다. 말린 나무껍질 30~50g을 물 900mL에 넣어 반이 될 때까지 달여 하루에 2~3회 나눠 마신다. 외용할 경우에는 달인 액으로 환부를 씻거나 짓찧어서 환부에 붙이거나 가루로 만들어 기름에 개어 환부에 붙인다.

어린나무 가시

로거수 가시태화

풍습동통, 장염, 활혈, 해독

이질풀

Geranium thunbergii Siebold & Zucc.

한약의 기원 : 이 약은 이질풀, 기타 동속 근연식물의 지상부로, 꽃이 피기 전, 꽃이 필 때 채취한 것이다.

사용부위 : 전초

이 명 : 개발초, 이질초, 방우아초, 오엽초(五葉草), 오판화(五瓣花), 노관초(老鸛草)

생약명 : 현초(玄草)

과 명 : 쥐손이풀과(Geraniaceae)

개화기 : 8~9월

자실체

생태적특성 이질풀은 여러해살이풀로, 전국 각지의 산과 들에서 자란다. 키는 50cm 정도로 비스듬하게 자라며, 잎은 마주나고 잎자루가 있다. 잎의 모양은 손바닥을 편 것 같으며 잎몸은 3~5개로 갈라진다. 꽃은 연한 홍색, 홍자색 또는 흰색으로 8~9월에 꽃줄기에서 2개의 작은꽃줄기가 갈라져 각 1송이씩 피며 지름은 1~1.5cm이다. 열매는 10월경에 달리고 길이가 1.5~2cm로 학의 부리처럼 생겼다. 검은색의 씨방은 5개로 갈라져서 위로 말리는데 각각의 씨방에는 종자가 1개씩 들어 있다.

각 부위별 생김새

잎

꽃

열매

채취시기와 방법 꽃이 피는 시기에 채취해야 약효가 가장 좋기 때문에 꽃이 필때 채취하여 말려두고 사용한다.

성분 타닌이 50~70%로 주성분은 게라닌(geraniin)이다. 디하이드로게라닌(dehydrogeraniin), 후로신(furosin)이 소량 함유되어 있고, 퀴세틴(quercetin), 캠페롤-7-람노사이드(kaempferol-7-rhamnoside), 캠페롤(kaempferol) 등의 플라보노이드(flavonoid) 성분이 함유되어 있다.

성미 성질이 평범하고, 맛은 쓰고 맵고, 독성은 없다.

귀경 간(肝), 심(心), 대장(大腸) 경락에 작용한다.

효능과 치료 수렴(收斂)하는 성질이 강하며, 풍을 제거하고, 활혈과 해독의 효능이 있어서 풍사와 습사로 인하여 결리며 쑤시고 아픈 풍습동통(風濕疼痛)과 구격마목(拘擊麻木), 장염, 이질, 설사 등을 다스리는 데 아주 유용하다. 이질풀은 설사 치료에는 최고의 효과를 가지는데 수렴성이 강하고 위장의 점막을 보호하며 염증을 완화하는 효과도 있다. 설사를 멈추고, 장내 세균을 억제하는 효과가 있어 식중독이 많이 발생하는 여름철에 아주 요긴한 약재이다. 차 대신 자주 마시면 건위와 정장약으로 뛰어난 효과가 있고, 설사 치료를 위해 사용할 때에는 진하게 달여서 따뜻하게 마셔야 한다. 이질풀 및 쥐손이풀(이명: 손잎풀, 이질풀)의 동속근연식물 열매가 달린 전초는 모두 '현초(玄草)'라는 생약명으로 부르며 약용한다. 특히 이질에 걸렸을 때 달여 마시면 탁월한 치료 효과가 있다고 하여 이질풀이라는 이름이 붙었다.

약용법과 용량 말린 전초 15~20g을 물 700mL에 넣어 끓기 시작하면 약하게 줄여 200~300mL가 될 때까지 달여 하루에 2회 나눠 마신다.

기능성물질 특허자료

▶ 항염증 효능을 가지는 이질풀 추출물 및 이를 유효성분으로 함유하는 조성물

본 발명은 NF-κB, 사이클로옥시게나제-2(Cyclooxygenase-2), 콘드로이티나제(chondroitinase)의 활성화 저해를 통해 항염증 효능을 가지는 이질풀 추출물 및 이를 유효성분으로 함유하는 항염증용 조성물, 발효유, 음료 및 건강기능식품에 관한 것으로서, 이질풀 추출물은 항염증 효능을 가지는 작용이 탁월하여 염증성 질환의 치료 및 예방을 목적으로 하는 약학적 조성물 등으로 이용될 수 있다.

– 공개번호 : 10-2009-0056171, 출원인 : (주)한국야쿠르트

월경불순, 월경통, 급성 신염, 소화불량, 혈뇨

익모초

Leonurus japonicus Houtt.

한약의 기원 : 이 약은 익모초의 지상부로, 꽃이 피기 전, 꽃이 필 때 채취한 것이다.

사용부위 : 잎, 줄기, 종자

이 명 : 임모초, 개방아, 충울(茺蔚), 익명(益明), 익모(益母)

생약명 : 익모초(益母草)

과 명 : 꿀풀과(Labiatae)

개화기 : 7~8월

약재

씨앗 약재

생태적특성 익모초는 두해살이풀로, 전국 각지에서 자생하며, 여성들의 부인병을 치료하는 데 효과가 있어 '익모초(益母草)'라는 이름이 붙었다. 농가에서 약용작물로 재배하거나 화단이나 작은 화분에 관상용으로 재배하기도 한다. 키는 1~2m이고, 줄기는 참깨 줄기처럼 모가 나고 곧추서며, 잎은 서로 마주난다. 뿌리에서 난 잎은 약간 둥글고 깊게 갈라지며 꽃이 필 때 없어진다. 줄기에 달린 잎은 3갈래의 깃 모양으로 갈라진다. 꽃은 홍자색으로 7~8월에 잎겨드랑이에서 뭉쳐서 피고 꽃받침은 5갈래로 갈라진다. 열매는 분과로 8~9월에 달걀 모양으로 익는다. 충울자(茺蔚子)라고 부르는 종자는 3개의 능각이 있어서 단면이 삼각형처럼 보이고 검게 익는다.

각 부위별 생김새

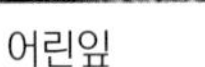
어린잎

꽃

열매

채취시기와 방법 줄기잎이 무성하고 꽃이 피기 전인 여름철에 채취한 후 이물질을 제거하고 절단하여 그늘에서 말려서 사용한다.

성분 리누린(leonurine), 스타키드린(stachydrine), 리누리딘(leonuridine), 리누리닌(leonurinine), 루테인(rutein), 안식향산(benzoic acid), 라우릭산(lauric acid), 스테롤, 비타민 A, 아르기닌(arginine), 스타키오스(stachyose) 등이 함유되어 있다.

성미 성질이 약간 차고, 맛은 쓰고 맵고, 독성은 없다.

귀경 간(肝), 심(心), 비(脾), 신(腎) 경락에 작용한다.

효능과 치료 어혈을 풀어주고 월경을 조화롭게 하며, 혈의 순환을 돕고, 수도를 이롭게 하고, 자궁수축 등의 효능이 있어서 월경불순, 출산 시 후산이 잘 안 되는 오로불하(惡露不下)와 어혈복통(瘀血腹痛), 월경통, 붕루, 타박상, 소화불량, 급성 신염, 소변불리, 혈뇨, 식욕부진 등을 치료하는 데 유용하다.

약용법과 용량 말린 약재를 가루로 만들어 한 번에 5g 정도를 물 700mL에 넣어 끓기 시작하면 약하게 줄여 200~300mL가 될 때까지 달여 하루에 2회 나눠 마신다. 민간에서는 이 방법으로 여성의 손발이 차고 월경이 고르지 못한 부인병을 치료하거나 대하증을 치료하는 데 사용하였고, 산후에 배앓이를 치료하기 위하여 꽃이 필 무렵 채취하여 깨끗이 씻은 다음 짓찧어 즙을 내는데 한 번에 익모초 즙 한 숟가락에 술을 약간씩 섞어서 먹는데 하루에 3회 나눠 마신다. 또한 무더운 여름에 더위를 먹고 토하면서 설사를 할 때에는 익모초를 짓찧어 즙을 내서 한 번에 1~2숟가락씩 자주 마신다.

기능성물질 특허자료

▶ 익모초 추출물을 함유하는 고혈압의 예방 및 치료용 약학 조성물

본 발명은 익모초 추출물을 함유하는 조성물에 관한 것으로, 본 발명의 익모초 추출물은 ACE(안지오텐신 전환효소)를 저해함으로써 안지오텐신 전환효소의 작용으로 발생하는 혈압상승을 효과적으로 억제할 뿐만 아니라, 인체에 대한 안전성이 높으므로, 이를 함유하는 조성물은 고혈압의 예방 및 치료용 약학 조성물 및 건강기능식품으로 유용하게 이용될 수 있다.

– 등록번호 : 10-0845338, 출원인 : 동국대학교 산학협력단

해열, 항균, 항염

인동덩굴

Lonicera japonica Thunb.
= [*Lonicera acuminata* var. *japonica* Miq.]

한약의 기원 : 이 약은 인동덩굴의 꽃봉오리, 막 피기 시작한 꽃, 덩굴성 줄기, 잎이다.

사용부위 : 덩굴줄기, 잎, 꽃봉오리

이 명 : 인동, 능박나무, 능박나무, 털인동덩굴, 우단인동, 덩굴섬인동, 금은등(金銀藤), 이포화(二包花), 노옹수, 금채고

생약명 : 금은화(金銀花), 인동(忍冬)

과 명 : 인동과(Caprifoliaceae)

개화기 : 6~7월

꽃봉우리 약재

줄기 약재

생태적특성 인동덩굴은 전국 산기슭이나 울타리 근처에서 자생하는 덩굴성 반상록 활엽관목으로, 덩굴줄기는 오른쪽으로 감아 올라가며 3m 전후로 뻗어나간다. 작은 가지는 적갈색에 털이 나 있고, 줄기 속은 비어 있으며, 잎은 달걀형 또는 긴 달걀 모양으로 서로 마주난다. 잎끝은 뾰족하고 밑부분은 둥글거나 심장 모양에 가깝고 가장자리는 밋밋하다. 꽃은 흰색으로 6~7월에 피고 3~4일이 지나면 황금색으로 변하며, 꽃잎은 입술 모양으로 위쪽 꽃잎은 얕고 4개로 갈라져 바깥면은 부드러운 털로 덮여 있다. 꽃이 처음 필 때에는 흰색을 띠는 은빛이고 3~4일이 지나면 황금색이 되어 이 꽃을 '금은화(金銀花)'라고 이름 지었다고 한다. 열매는 물열매로 둥글고 9~10월에 검은색으로 익는다.

각 부위별 생김새

잎

꽃

열매

채취시기와 방법 덩굴줄기와 잎은 가을 · 겨울, 꽃봉오리는 5~6월에 채취한다.

성분 줄기에는 타닌(tannin), 알칼로이드(alkaloid)가 함유되어 있다. 그 외 로가닌(loganin), 세코로가닌(secologanin), 트리터펜사포닌(tritepene saponin)의 로니세로시드(loniceroside) A~C 등도 함유되어 있다. 잎과 덩굴줄기에는 로니세린(lonicerin), 루테올린(luteolin) 등의 플라보노이드류가 함유되어 있으며, 꽃봉오리에는 루테올린, 이노시톨(inositol), 로가닌, 세코로가닌, 로니세린, 사포닌 중에 헤데라게닌(hederagenin), 클로로게닌산(chlorogenic acid), 긴놀(ginnol), 아우로잔틴(auroxanthin) 등이 함유되어 있다.

성미 성질이 차고, 맛은 달다.

귀경 심(心), 폐(肺) 경락에 작용한다.

효능과 치료 덩굴줄기와 잎은 생약명을 인동(忍冬)이라 하며 약성은 차고, 맛이 달며 달인 액은 황색포도상구균과 대장균 등의 발육을 억제하는 항균작용과 항염증작용이 있다. 또한 에탄올 추출물에는 고지혈증의 치료 효과가 있으며 메탄올 추출물은 암세포주에 대하여 세포 독성을 나타내고 감기몸살로 인한 해열작용이 있다. 또한 이뇨 · 소염약으로 종기의 부종을 삭여주고 버섯 중독의 해독제로도 사용하며 전염성 간염의 치료에도 도움을 준다. 꽃은 생약명을 금은화(金銀花)라고 한다. 또한 알코올 추출물은 살모넬라균, 티프스균, 대장균 등의 성장을 억제하는 항균작용이 있고 인플루엔자 바이러스에 대한 항바이러스작용도 있다. 특히 전염성 질환의 발열의 치료 효과가 있고 청열, 해독의 효능이 있으며 감기몸살의 발열, 해수, 장염, 종독, 세균성 적리, 이하선염, 염증, 패혈증, 외상감염, 종기, 창독 등을 치료한다. 인동덩굴 추출물은 성장호르몬 분비촉진, 자외선에 의한 세포변이 억제 효과가 있다.

약용법과 용량 말린 덩굴줄기와 잎 50~100g을 물 900mL에 넣어 반이 될 때까지 달여 하루에 2~3회 나눠 마신다. 외용할 경우에는 달인 액으로 환부를 씻거나 달인 액을 조려서 고(膏)로 만들어 환부에 붙이거나 가루로 만들어 기름과 조합하여 환부에 붙인다. 말린 꽃봉오리 10~30g을 물 900mL에 넣어 반이 될 때까지 달여 하루에 2~3회 나눠 마신다.

붉은 인동

기능성물질 특허자료

▶ 성장호르몬 분비 촉진 활성이 뛰어난 인동 추출물, 이의 제조 방법 및 용도

본 발명의 인동초 추출물은 강력한 성장호르몬 분비 촉진 활성을 나타냄은 물론 천연 약재로서 안전성이 확보되어 있으므로 성장호르몬 분비 촉진제용 의약품, 화장품 및 식품 등으로 유용하게 사용될 수 있다.

– 공개번호 : 10–2005–0005633, 출원인 : (주)엠디바이오알파

▶ 자외선에 의한 세포 변이 억제 효과를 갖는 인동 추출물을 포함하는 조성물

본 발명에서는 인동을 이용하여 자외선에 의한 세포 손상 또는 세포 변이에 따른 질환을 방지, 억제할 수 있는 추출물 및 그 추출 방법을 제안한다. 본 발명에 따라 얻어진 인동 추출물은 예를 들어 자외선 노출로 인한 세포 계획사(apoptosis), 세포막 변이, 세포분열 정지, DNA 변이와 같은 핵 성분의 파괴 등을 억제할 수 있음을 확인하였다.

– 공개번호 : 10–2009–0001237, 출원인 : 순천대학교 산학협력단

자양강장, 스트레스에 의한 위장 허약, 식욕부진, 병후 회복

인삼

Panax ginseng C. A. Mey.

한약의 기원 : 이 약은 인삼의 뿌리로, 그대로 또는 가는 뿌리와 코르크층을 제거한 것이다.

사용부위 : 뿌리

이 명 : 고려인삼, 방초(芳草), 황삼(黃蔘), 신초(神草)

생약명 : 인삼(人蔘), 미삼(尾蔘)

과 명 : 두릅나무과(Araliaceae)

개화기 : 4~5월

수삼

건삼(곡삼)

생태적특성 인삼은 여러해살이풀로, 전국에서 재배하고 종자로 번식하며, 깊은 산에서 자생하는 인삼을 '산삼'이라고 한다. 키는 40~60cm로 자라고, 뿌리줄기는 짧으며 곧거나 비스듬히 선다. 뿌리줄기에서 3~4개의 잎이 돌려나기로 나며 잎자루가 길고 장상복엽에 5개의 작은 잎은 달걀 모양으로 가장자리에 톱니가 있다. 꽃은 4~5월에 연한 녹색이나 흰색으로 산형꽃차례로 핀다. 조선 1417년(태종 17) 『향약구급방』에 기록되어 있는 170여 종의 향약에 인삼이 포함되어 있는데, 여기서 인삼이 '人蔘'으로 적혀 있다. 한국 고유 인삼의 고명(古名)은 '심'으로 『동의보감』에 인삼의 향명(鄕名)이 '심'이라 기록되어 있다. 현재는 겨우 산삼 채취인의 별칭인 '심마니'에서 그 이름이 명맥을 유지하고 있을 뿐이다. 함경남도 지방의 산삼 채취인들은 인삼을 '방추' 또는 '방초'라 하는데, 어원은 방초(芳草)일 것으로 추측된다.

각 부위별 생김새

잎

꽃

열매

인삼의 분류

인삼은 건조방법에 따라서 햇볕에 말린 것(요즘은 건조기에 말리기도 함)을 백삼(白蔘)이라 부르고 6년근을 증숙(蒸熟)하여 불에 말린 것을 홍삼(紅蔘)이라 부르는데, 백삼은 다시 그 만들어 놓은 모양에 따라서 곡삼(曲蔘: 잔뿌리와 2차 지근까지 말아서 몸체에 붙여 놓은 것), 반곡삼(半曲蔘: 잔뿌리와 지근을 반 정도 말아 놓은 것), 직삼(直蔘: 가는 뿌리만 자르고 곧은 모습대로 말린 것), 피부백삼(皮膚白蔘: 수삼을 껍질을 벗기지 않고 말려 색상이 담황색이나 담황색을 띤 갈색인 것), 수삼(水蔘: 채취 후 가공하지 않은 것. 생삼이라고도 함) 등으로 분류한다.

채취시기와 방법 재배삼의 경우 보통 가을에 지상부 줄기와 잎이 다 시든 뒤에 채취한다. 산삼의 경우에는 여름에서 가을 사이에 잎, 줄기, 열매가 잘 보여서 채취하기가 쉬운 때이다.

성분 뿌리에는 배당체, 정유, 기름, 아미노산, 알카로이드(alkaloid), 탄수화물, 수지, 미량원소 등이 함유되어 있다. 파나쿠일론, 파낙신, 파낙솔, 긴세닌 등의 배당체 성분들이 혼합물 형태로 들어 있다. 그 밖에도 사포닌 배당체인 진세노사이드(ginsenoside)를 비롯하여 수많은 성분들이 끊임없이 발표되고 있다.

성미 성질이 따뜻하고 약간 차고, 맛은 달다.

귀경 심(心), 비(脾), 폐(肺), 신(腎) 경락에 작용한다.

효능과 치료 몸을 크게 보하고 원기를 더해주는 대보원기(大補元氣), 심장의 기능을 강하게 하는 강심(强心), 정신을 안정시키는 안신(安神), 비위를 튼튼하게 하는 건비위(健脾胃), 진액을 생성하는 생진(生津) 등의 효능이 있어서 몸의 정기가 손상된 모든 증상과 일체의 기혈(氣血)과 진액(津液)이 부족하여 오는 증상, 심혈관 기능의 부전(不全), 양(陽)의 기운이 허하여 가만히 있어도 이유 없이 땀이 나는 자한(自汗), 양도가 위축되는 양위(陽萎), 잘 놀라는 증세인 경계(驚悸), 무엇을 잘 잊어버리는 건망(健忘), 어지럼증인 현훈(眩暈), 당뇨병 증상인 소갈(消渴), 소화불량, 신경쇠약, 대변이 묽은 증상, 붕루(崩漏: 월경기간이 아닌데 둑이 무너진 것처럼 하혈이 일어나는 증상), 반위(反胃: 먹은 음식을 내리지 못하고 위로 토하는 증상으로 위암 같은 질병이 있을 때 나타남)를 개선하는 데 효과적이다. 특히 자양강장, 스트레스에 의한 위장허약, 식욕부진, 병후 회복 등에 좋다.

약용법과 용량 백삼 혹은 홍삼의 형태로 6~12g을 물 1L에 붓고 끓기 시작하면 뭉근한 불로 줄여서 2시간 이상 달여서 하루 2~3회로 나눠 마신다. 한 번에 우러나지 않는 경우가 많으므로 재탕하여 마시며 술을 담가서 마시기도 한다.

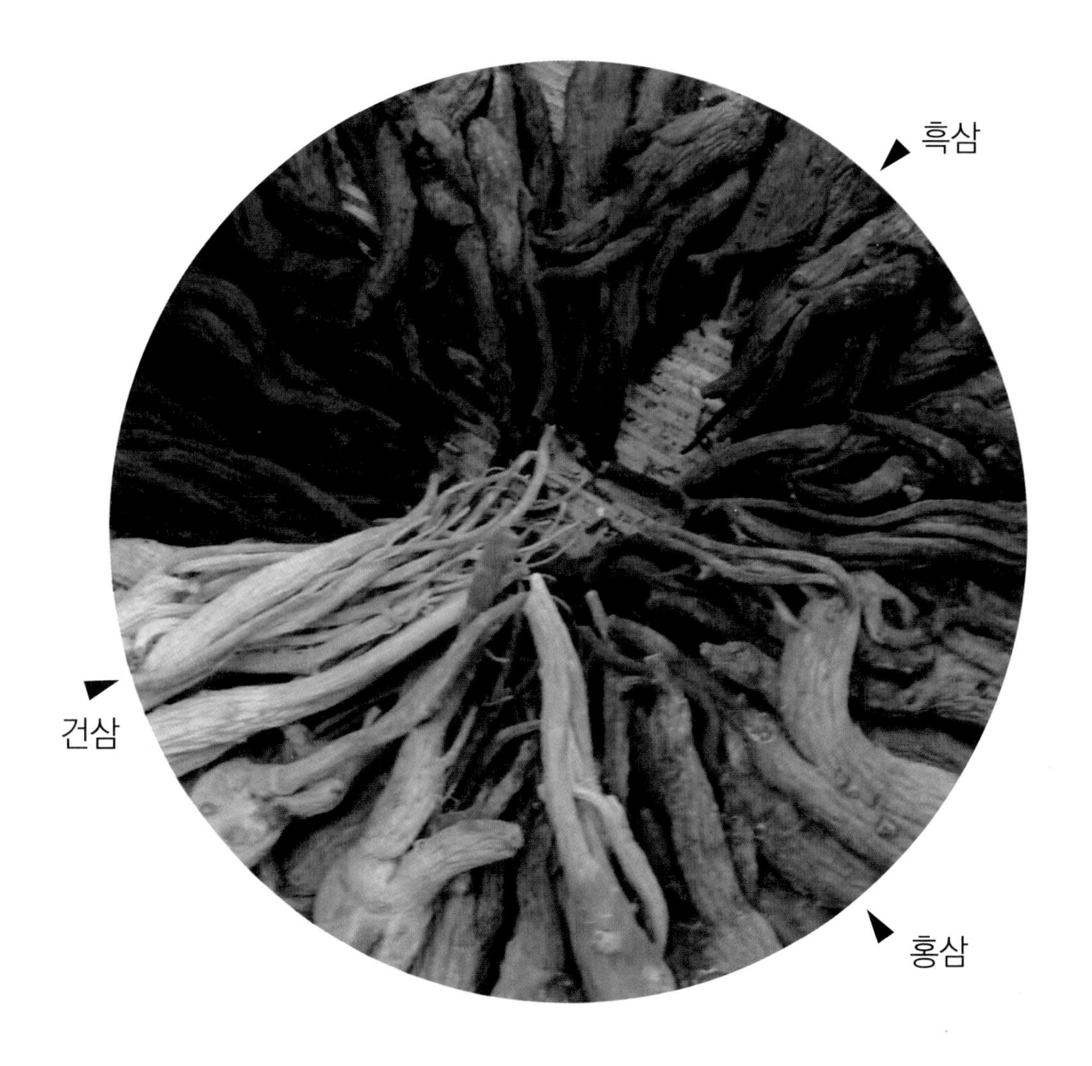

기능성물질 특허자료

▶ 인삼이 포함된 니코틴 제거 효과가 있는 금연재 약학 조성물

흡연자의 체내에 축적되어 있던 니코틴을 빠르게 배출시켜주고 니코틴 부족으로 인한 불안 등의 스트레스를 최소화할 수 있으며 금연을 쉽게 유도할 수 있는 인삼이 포함된 니코틴 제거 효과가 있는 금연재 약학 조성물에 관한 것이다.

– 등록번호 : 10-1117669, 출원인 : (주)노스모

심신불안, 건망, 불면증

자귀나무

Albizzia julibrissin Durazz.

한약의 기원 : 이 약은 자귀나무의 줄기껍질이다.

사용부위 : 나무껍질, 꽃봉오리, 꽃

이 명 : 합혼피(合昏皮), 합환목, 애정목, 합환수, 합환화(合歡花)

생약명 : 합환피(合歡皮)

과 명 : 콩과(Leguminosae)

개화기 : 6~7월

꽃 채취품

약재

생태적특성 자귀나무는 전국에서 분포하는 낙엽활엽소교목으로, 키는 3~5m이며 관목상으로 작은 가지는 털이 없고 능선이 있다. 잎은 2회 새 날개깃 모양의 겹잎이고 서로 어긋나며 잔잎은 낫처럼 생기고 원줄기를 향해 굽어 좌우가 같지 않은 타원형에 양면으로 털이 없거나 뒷면 맥 위에 털이 나 있으며 밤에는 잎이 접힌다. 꽃은 담홍색이며 6~7월에 두상꽃차례로 가지 끝에서 핀다. 열매는 콩과로 편평한데 9~10월에 꼬투리 안에서 5~6개의 타원형의 종자가 갈색으로 익는다.

각 부위별 생김새

잎

꽃

열매

채취시기와 방법 나무껍질은 여름 · 가을, 꽃, 꽃봉오리는 6~7월에 채취한다.

성분 나무껍질에는 사포닌, 타닌(tannin)이 함유되어 있으며, 처음 새로 핀 신선한 잎에는 비타민 C가 많이 함유되어 있다.

성미 성질이 평범하고, 맛은 달다.

귀경 간(肝), 심(心), 폐(肺) 경락에 작용한다.

효능과 치료 나무껍질은 생약명을 합환피(合歡皮)라고 하며 약성은 평범하고 맛이 달아 심신불안을 안정화하고 근심, 걱정을 덜어주며 마음을 편안하게 하며 우울불면, 근골절상, 옹종종독, 소종, 신경과민, 히스테리 등을 치료한다. 꽃봉오리는 합환미(合歡米)라고 하여 불안, 초조, 불면, 건망, 옹종, 타박상, 동통 등을 치료한다. 꽃은 합환화(合歡花)라고 한다. 자귀나무 추출물은 항암작용이 있다.

약용법과 용량 말린 나무껍질 15~30g을 물 900mL에 넣어 반이 될 때까지 달여하루에 2~3회 나눠 마신다. 외용할 경우에는 가루로 만들어 기름에 개어 환부에 붙인다. 말린 꽃봉오리와 꽃 10~20g을 물 900mL에 넣어 반이 될 때까지 달여 하루에 2~3회 나눠 마신다. 외용할 경우에는 가루로 만들어 기름에 개어 환부에 붙인다.

혼동하기 쉬운 약초 비교

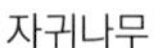
자귀나무

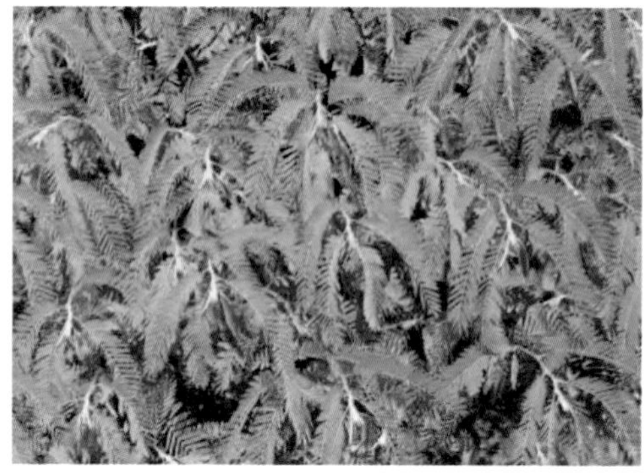

자귀 풀

기능성물질 특허자료

▶ 자귀나무 추출물을 포함하는 항암 또는 항암 보조용 조성물

본 발명은 자귀나무 껍질 추출물을 포함하는 항암 또는 항암 보조용 조성물에 관한 것이다. 본 발명에 따른 자귀나무 껍질 추출물은 천연식물로부터 유래하여 소비자에게도 안전하며, 기존의 항암제와의 병용 투여 시 기존 항암제를 적은 용량으로 투여하는 경우에도 약물의 상승효과가 나타나 항암 활성이 극대화되므로 적은 투여용량의 기존 항암제를 사용함으로써 항암제 투여에 따른 독성 및 부작용은 줄일 수 있는 항암 또는 항암 보조용 조성물에 관한 것이다.

– 공개번호 : 10-2012-0090118, 출원인 : 학교법인 동의학원

항암, 항산, 면역력 강화, 당뇨, 심혈관 질환

자작나무시루 뻔버섯(차가버섯)

Inonotus obliquus (Ach. ex Pers.) Pilát

분 포 : 한국, 시베리아, 북아메리카, 북유럽 등 자작나무가 자생할 수 있는 지역

사용부위 : 자실체

이 명 : 차가버섯

생약명 : 차가(чага)(러시아어를 우리말로 발음한 것)

과 명 : 소나무비늘버섯과(Hymenochaetaceae)

개화기 : 여름~가을

자실체

생태적특성 자작나무시루뻔버섯은 자작나무 등 활엽수의 생목이나 고사목에 발생하며, 목재를 백색으로 썩히는 부생생활을 한다. 일반적으로 관찰되는 덩어리 부분은 불완전세대로 불규칙한 균핵형이다. 크기는 9~25cm이고, 표면은 암갈색 또는 검은색으로 거북등과 같이 갈라져 있으며, 조직은 쉽게 부서지고, 자르면 검은색으로 변색된다. 자실층은 배착형이며, 표면은 관공형이고, 종종 수피 아랫부분에 군데군데 발생되며, 크기는 1~10cm 정도의 불규칙한 조각형태이고, 두께는 0.5~1cm이다. 자실층의 색은 어릴 때는 백색을 띠나 갈색으로 변하며, 오래되면 암갈색을 띤다. 관공구는 각진형이거나 타원형이고, 길이는 약 1cm이며, 관공수는 0.1cm 당 3~5개이다. 자실층 형성 균사층은 드물게 발달되기도 한다. 조직은 싱싱할 때 부드럽거나 코르크질이고, 건조하면 딱딱해지고, 쉽게 부서진다. 포자는 2가지 형태이다. 후막포자는 난형이며, 올리브갈색을 띠며, 담자포자는 광학현미경 하에서 무색이며, 타원형이다.

각 부위별 생김새

자실체

자실체

성분 다당류(식이섬유)의 하나인 베타-글루칸(β-glukan)이 다량 함유되어 있어 면역기능 강화 및 항종양 효과가 있다고 보고되었다.

성미 성질은 따뜻하고 맛은 달고 쓰다.

귀경 간(肝), 심(心), 비(脾) 경락에 작용한다.

효능과 치료 차가버섯은 러시아에서 공식적인 암 치료제로 인정할 만큼 항암 효과가 뛰어나다. 또한 강력한 항산화 효과가 있으며 베타글루칸이 풍부하게 들어 있어 면역력을 강화해준다. 뿐만 아니라 혈중콜레스테롤을 내리고 심혈관질환 예방, 혈당저하 등의 효능도 있다.

약용법과 용량 주로 분말로 만들어 차로 음용한다.

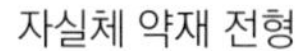
자실체 약재 전형

약재

복통, 위통, 두통 등

작약

Paeonia lactiflora Pall.

한약의 기원 : 이 약은 작약, 기타 동속 근연식물의 뿌리이다.

사용부위 : 뿌리

이　명 : 집함박꽃, 적작약(赤芍藥), 백작약(白芍藥), 관방(冠芳), 금작약(金芍藥)

생약명 : 작약(芍藥)

과　명 : 작약과(Paeoniaceae)

개화기 : 5~6월

뿌리 채취품

약재

생태적특성 작약은 작약과에 속하는 여러해살이풀로, 중국, 일본, 한국 등 각지에 재배되고 있으나 우리나라에서는 꽃이 아름답기 때문에 약용 재배뿐만 아니라 관상용으로 화분 재배도 많이 하고 있다. 작약은 생약명(生藥名)으로 작약(芍藥)이라고 하며 꽃의 색깔에 따라서 흰색 꽃이 피는 것을 백작약(白芍藥), 홍색 꽃이 피는 것을 적작약(赤芍藥)이라 하고 있으나 이는 정확하지 않다(백작약 기원의 꽃이 적색인 것도 있음). 현재 한국, 중국, 일본 등 주요 작약 재배국들의 농가에서는 모두 적작약 기원의 *Paeonia albiflora Pall.*을 재배하고 있으며, *Paeonia japonica Miyabe et Takeda*를 비롯하여 백작약 기원의 작약은 그 수량성이 너무 낮아서 농가에서 재배를 하지 않고 있는 실정이다. 여러해살이풀이기 때문에 집 안 베란다에서 키우면 매년 신경을 쓰지 않아도 해마다 봄이 되면 풍성한 꽃을 볼 수 있어서 좋다. 특히 치통이나 복통 등의 환자가 생기면 바로 채취하여 약용으로 사용할 수가 있어 널리 이용되고 있다. 뿌리는 길고 곧고 두꺼우며 모양은 방추형이 많고 절단면은 적색을 띠는데 이 뿌리를 약용으로 쓴다. 줄기는 곧게 서고 60cm 안팎으로 자란다. 잎은 서로 어긋나고 두 번에 걸쳐 3배의 잎 조각이 한 자리에 합쳐 나거나 한 번 합치기도 한다. 꽃의 생김새가 모란과 비슷하나 꽃잎이 10~13장으로 더 많고 꽃이 피는 시기도 모란보다 조금 늦어 모란과 쉽게 구별할 수 있다. 꽃은 가지 끝에 각각 한 송이씩 정생(頂生)하며 대형이고 홍색 또는 흰색으로 5~6월에 핀다.

각 부위별 생김새

어린잎

꽃

열매

채취시기와 방법 뿌리를 가을에 채취해 외피를 제거한 후 음건하거나 햇볕에 말려 사용한다.

성분 뿌리에는 파에오니플로린(paeoniflorin), 파에오놀(paeonol), 파에오닌(paeonin), 안식향산, 아스파라긴, 지방유, 타닌(tannin), 베타-시토스테롤(β-sitosterol) 등이 함유되어 있다.

성미 성질이 약간 차고, 맛은 쓰고 시다.

귀경 간(肝), 비(脾) 경락에 작용한다.

효능과 치료 진통, 해열, 진경, 이뇨, 조혈, 지한 등의 효능을 지니고 있어 특히 복통, 위통, 두통 등의 치료에 좋으며 설사복통, 월경불순, 월경이 멈추지 않는 증세, 대하증, 식은땀 흘리는 증세, 신체허약, 치통 등의 치료에 사용한다.

약용법과 용량 말린 작약 뿌리를 감초와 함께 1회 2~5g씩, 300mL의 물에 넣어 약한 불에서 물의 양이 반이 되도록 달인다. 아침저녁으로 식후에 약 2주일 정도 마시거나 가루로 만들어 복용하면 위경련, 신경통 치료에도 좋고 당귀와 함께 달여도 효과가 좋다. 현기증, 월경불순 등 부인병에 쓰는 사물탕(四物湯)에 작약은 천궁, 당귀, 지황과 함께 기본 처방으로 들어간다. 작약은 봄에 어린잎을 나물로 만들어 먹기도 하는데 쓰고 신맛이 있으므로 데쳐서 우려내야만 먹을 수 있다. 드물게 나는 풀이므로 나물을 만들어 먹기 어려워 다른 식물과 함께 섞어서 먹는다

풍을 제거하고, 심장병, 고지혈증,
당뇨, 고혈압

잔나비버섯

Fomitopsis pinicola (Sw.) P. Karst.

분 포 : 한국, 일본, 중국 등 북반구 온대 이북
사용부위 : 자실체
이 명 : 소나무잔나비버섯
생약명 : 송생의층공균(松生擬層孔菌: 중국)
과 명 : 잔나비버섯과(Fomitopsidaceae)
개화기 : 연중

자실체

생태적특성 잔나비버섯은 주로 침엽수의 고목 또는 살아 있는 나무 위에 발생하는 다년생 버섯이다. 갓의 지름이 5~50cm 정도의 대형 버섯으로 두께 3~30cm 정도까지 자란다. 처음에는 반구형이나 성장하면서 편평한 말굽형이 되고, 표면에 각피가 있다. 갓의 색깔은 백색이나 점차 적갈색 또는 회갈색이 되고, 생장 과정을 나타내는 환문이 있다. 조직은 백색이고 목질이다. 자실층은 황백색이고, 관공은 여러 개의 층으로 형성되며, 관공구는 원형이다. 포자문은 백색이며, 포자 모양은 타원형이다.

각 부위별 생김새

자실체

자실체

성분 지방산 9종을 함유하며, 미량금속 원소 11종 및 게르마늄, 에르고스테롤(ergosterol), 만니톨(mannitol), 트리할로오즈(trehalose), 알파-글루칸(α-glucan), 베타-디-글루칸(β-D-glucan), 헤테로갈락탄(heterogalactan), 에부리코익산(eburiccoic acid), 팔미틱산(palmitic acid), 올레익산(oleic acid), 카복시프로테아제(carboxyprotease), 펙티나제(pectinase) 등을 함유한다.

성미 성질은 차고 맛은 약간 맵다.

귀경 간(肝), 심(心), 폐(肺) 경락에 작용한다.

효능과 치료 풍사를 몰아내고 습사를 제거하는 거풍제습(祛風除濕), 항종양, 항산화, 항염증, 혈당강하, 지방감소 등의 효능이 있다.

약용법과 용량 심장병, 고지혈증, 발열 등에 이용한다.

잣나비버섯

강장, 진해, 옹종,
출산 후 회복기의 산모

잔대

Adenophora triphylla var. japonica (Regel) H. Hara

한약의 기원 : 이 약은 잔대, 사삼의 뿌리이다.

사용부위 : 뿌리

이　명 : 갯딱주, 남사삼(南沙參), 지모(知母), 사엽사삼(四葉沙參)

생약명 : 사삼(沙蔘)

과　명 : 초롱꽃과(Campanulaceae)

개화기 : 7~9월

뿌리 채취품

생태적특성 잔대는 여러해살이풀로, 전국 산과 들에서 자생하며, 키는 40~120cm로 자란다. 뿌리는 도라지처럼 엷은 황백색을 띠며 굵은데 이를 '사삼(沙蔘)'이라 부르며 약으로 사용한다. 뿌리의 질은 가볍고 절단하기 쉬우며, 절단면은 유백색을 띠고 빈틈이 많다. 줄기는 곧추서고 잔털이 많이 나 있다. 뿌리에서 나온 잎은 원심형으로 길지만 꽃이 필 때쯤 사라지고, 줄기잎은 마주나기 또는 돌려나기, 어긋나며 타원형 또는 바소꼴, 넓은 선형 등 다양하다. 줄기잎은 양 끝이 좁고 톱니가 있다. 꽃은 보라색이나 분홍색으로 7~9월에 원뿔꽃차례로 원줄기 끝에서 피며 종 모양이고 길이는 1.5~2cm이다. 열매는 10월경에 달리며 갈색으로 된 씨방에는 먼지와 같은 작은 종자들이 많이 들어 있다.

각 부위별 생김새

잎

꽃

열매

채취시기와 방법 가을에 뿌리를 채취하여 이물질을 제거하고 씻은 후 두껍게 절편하여 말려서 사용한다.

성분 뿌리에는 사세노사이드(shashenoside) Ⅰ~Ⅲ, 시린지노사이드(siringinoside), 베타-시토스테롤글루코사이드(β-sitosterolglucoside), 리놀레익산(linoleic acid), 메티스테아레이트(methystearate), 6-하이드록시유게놀(6-hydroxyeugenol), 사포닌(saponin),

이눌린(inulin) 등이 함유되어 있다.

성미 성질이 약간 차고, 맛은 달며, 독성은 없다.

귀경 간(肝), 비(脾), 폐(肺) 경락에 작용한다.

효능과 치료 강장, 청폐(淸肺), 진해, 거담, 소종하는 효능이 있어서 폐결핵성 해수나 해수, 옹종 등의 치료에 유용하다. 특히 잔대는 각종 독성을 해독하는 효능이 뛰어나고 자궁 수축 기능이 있기 때문에 출산 후 회복기의 산모에게 매우 유용하게 사용될 수 있다.

약용법과 용량 말린 뿌리 10~20g을 물 700mL에 넣어 끓기 시작하면 약하게 줄여 200~300mL가 될 때까지 달여 하루에 2회 나눠 마신다. 환이나 가루로 만들어 복용하기도 한다. 민간에서는 주로 독성을 제거하는 데 유용하게 사용해왔고 아울러 산후조리를 위하여 다음의 방법으로 약재로 사용해왔다. 먼저 말린 잔대 100~150g과 대추 100g을 함께 넣고 푹 달인 다음 삼베에 거른다. 여기에 잘 익은 늙은 호박 하나를 골라 속을 긁어내고 작게 토막 내어 넣고 푹 삶은 다음, 호박을 으깨어 삼베에 거른다. 여기에 막걸리 1병을 넣어 다시 끓인 다음, 하루 2~3차례 한 대접씩 먹는데, 맛도 좋고 산후의 부기를 빼주며 자궁 수축 효과가 있어 산모의 산후 회복에 도움을 준다. 산후에 2번 정도 만들어 먹으면 산모의 회복에 매우 좋다.

기능성물질 특허자료

▶ 잔대로부터 추출된 콜레스테롤 생성 저해 조성물

본 발명은 잔대의 에탄올 추출물을 유효성분을 포함하는 콜레스테롤 생성 저해기능을 갖는 조성물 및 그 제조방법에 관한 것으로, 잔대의 유효성분이 콜레스테롤 생합성 과정 중 후반부 경로에 관여하는 효소를 특이적으로 저해하는 것을 특징으로 한다. 이러한 본 발명은 현재 가장 많이 복용되는 스타틴(statin)계 약물이 콜레스테롤 생합성 전반부에 작용하면서 부작용을 동반하고 있는 것과는 달리 콜레스테롤 생합성 후반부에 작용함으로써 부작용이 적은 치료제나 건강식품의 성분으로써 유용하게 사용될 수 있다.

– 공개번호 : 10-2003-0013482, 출원인 : (주)한국야쿠르트

신경쇠약, 뇌졸중, 폐결핵, 심장병, 식도암, 위암

잔나비불로초

Ganoderma applanatum (Pers.) Pat.

분　포 : 한국, 전 세계

사용부위 : 자실체

이　명 : 상황(桑黃), 상신(桑臣), 호손안(猢猻眼), 매기생(梅寄生), 상황고(桑黃菇)

생약명 : 수설(樹舌), 호손안(胡孫眼)

과　명 : 불로초과(Ganodermataceae)

개화기 : 봄~가을

자실체

생태적특성 잔나비불로초는 봄부터 가을 사이에 활엽수의 고사목이나 썩어가는 부위에 발생하며, 다년생으로 1년 내내 목재를 썩히며 성장한다. 갓은 지름이 5~50cm 정도이고, 두께가 2~5cm로 매년 성장하여 60cm가 넘는 것도 있으며, 편평한 반원형 또는 말굽형이다. 갓 표면은 울퉁불퉁한 각피로 덮여 있고 동심원상 줄무늬가 있으며, 색깔은 황갈색 또는 회갈색을 띤다. 종종 적갈색의 포자가 덮여 있다. 갓 하면인 자실층은 성장 초기에는 백색이나 성숙하면서 회갈색으로 변하나, 만지거나 문지르면 갈색으로 변한다. 조직은 단단한 목질이며, 관공구는 원형으로 여러 층에 있으며, 지름이 1cm 정도이다. 대는 없고, 기주 옆에 붙어 생활한다. 포자문은 갈색이고, 포자 모양은 난형이다.

각 부위별 생김새

자실체

자실체

성분 지방산 10종 외에 아라비톨(arabitol), 만니톨(mannitol), 글리세롤(glycerol), 프럭토스(fructose), 글루코스(glucose), 트리할로스(trehalose), 알파-글루칸(α-glucan), 헤테로갈락탄(heterogalactan), 헤테로만난(heteromannan), 만노갈락탄(mannogalactan), 코엔자임(coenzyme) Q9 등이 함유되어 있다.

성미 성질은 평하고 맛은 약간 쓰다.

귀경 간(肝), 심(心), 폐(肺), 위(胃), 신(腎) 경락에 작용한다.

효능과 치료 항종양작용과 항진균작용 등이 있으며. 거담, 진통, 해열, 적취해소 등의 효능이 있는 것으로 알려져 있다. 그 외에도 암에 걸린 동물의 생명을 연장하고, 지혈, 건위(健胃) 등의 효능이 있어 신경쇠약, 폐결핵, 심장병, 신장병, 중풍, 뇌졸중, B형 간염 등의 치료에 응용한다. 민간에서는 식도암, 위암 치료에 이용된다.

약용법과 용량 하루에 말린 잔나비불로초 5~10g을 물 1L에 넣어 달여 약차로 마신다.

기능성물질 특허자료

▶ 당뇨질환의 예방 또는 치료용 잔나비불로초버섯 추출물

본 발명은 당뇨질환의 예방 또는 치료용 잔나비불로초버섯(*Ganoderma applanatum*) 추출물에 관한 것으로서, 잔나비불로초버섯을 저급 알콜, 물, 아세톤 중 어느 하나의 유기용매로 추출하여 얻어지는 본 발명의 잔나비불로초버섯 추출물은 당뇨질환에 유용한 물질로서 당뇨와 관련된 질환의 예방제, 치료제 및 치료보조제로서 뛰어난 효과가 있다.

– 공개번호 : 10-2002-0083246, 출원인 : 한국생명공학연구원

월경불순, 유즙불통, 유방의 종양

장구채

Silene firma Siebold & Zucc.

한약의 기원 : 이 약은 열매가 익었을 때의 장구채 지상부이다.

사용부위 : 전초

이 명 : 여루채(女婁菜), 불류행(不留行), 금궁화(禁宮花), 맥람자(麥藍子)

생약명 : 왕불류행(王不留行)

과 명 : 석죽과(Caryophyllaceae)

개화기 : 7~8월

전초 약재 전형

열매 약재

생태적특성 장구채는 두해살이풀로, 유사종인 애기장구채는 전체에 가는 털이 나 있으며 잎은 배 모양의 바소꼴이다. 장구채의 한자명은 여루채(女婁菜)이고, 왕불류행(王不留行)이라는 생약명으로 많이 불린다. 전국 각지에서 야생하며, 키는 30~80cm로 자란다. 줄기는 곧추서고 분지하지 않으며 털이 없고 녹색 또는 자색을 띠는 녹색으로 마디 부분은 흑자색이다. 잎은 마주나는데 바소꼴 또는 타원형으로 잎자루가 없다. 꽃은 흰색으로 7~8월에 작은 꽃이 취산꽃차례로 핀다.

각 부위별 생김새

어린잎

꽃

열매

채취시기와 방법 여름부터 가을 사이에 전초를 채취한 후 이물질을 제거하고 햇볕에 말려서 사용한다.

성분 종자에는 많은 종류의 사포닌(saponin)과 바카로시어드(vaccaroside), 이소사포나린(isosaponarin)이 함유되어 있다.

성미 성질이 평범하고, 맛은 쓰고 달며, 독성은 없다.

귀경 간(肝), 심(心), 방광(膀胱) 경락에 작용한다.

효능과 치료 말린 전초는 혈을 잘 돌게 하고 경락을 잘 통하게 하는 활혈통경(活血通經), 젖이 잘 나게 하고 종기를 다스리는 하유소종(下乳消腫), 부녀자들의 월경이 멈춘 부녀경폐(婦女經閉), 월경불순, 유즙불통, 유방의 멍울이나 종기종양 등으로 인한 유옹종통(乳癰腫痛) 등을 치료하는 데 사용한다.

약용법과 용량 말린 전초 10g을 물 700mL에 넣어 끓기 시작하면 약하게 줄여 200~300mL가 될 때까지 달여 하루에 2회 나눠 마시거나 가루로 만들어 복용하기도 한다. 경폐(經閉: 생리가 끊긴 증상)를 다스리고자 할 때에는 이 약재에 당귀, 향부자, 천궁(川芎), 도인(桃仁), 홍화 등의 약물을 배합하여 사용하고, 젖이 잘 나오지 않을 때에는 이 약재에 천산갑(穿山甲), 맥문동(麥門冬), 구맥(瞿麥), 용골(龍骨) 등의 약물을 배합하여 사용한다.

갯 장구채

기능성물질 특허자료

▶ 장구채 뿌리 추출물을 포함하는 항암제 조성물

본 발명은 장구채 식물 추출물을 유효성분으로 함유하는 항암제 조성물 및 이를 포함하는 건강기능성 식품 조성물에 관한 것이다.

– 공개번호 : 10-2012-0000246, 출원인 : 한림대학교 산학협력단

해열, 이뇨, 갈증, 종양

저령

Polyporus umbellatus (Pers.) Fr.

분　포 : 한국, 일본, 중국, 유럽, 북아메리카
사용부위 : 균핵
이　명 : 수령(茱苓)
생약명 : 저령(猪苓)
과　명 : 구멍장이버섯과(Polyporaceae)
개화기 : 가을

자실체

생태적특성 가을에 활엽수 특히 오리나무, 참나무, 단풍나무, 너도밤나무과의 뿌리에서 기생하는 담자균의 균핵이다. 주로 중국에서 생산되는데 우리나라에서는 울릉도에서 분포한다고 기록되어 있으나 주로 수입에 의존한다. 균핵은 불규칙한 덩이 모양으로 생강과 비슷한 모양이 많고, 표면에는 요철이 있고 겉껍질은 흑갈색이고 단면은 흰색이 도는 담갈색이다.

각 부위별 생김새

자실체

자실체

성분 에르고스테롤(ergosterol), 스테롤(sterol), 알파-글루칸(α-glucan), 베타-d-글루칸(β-d-glucan) 등이 함유되어 있다.

성미 성질이 평범하고, 맛은 달고 담담하다.

귀경 비(脾), 신(腎), 방광(膀胱) 경락에 작용한다.

효능과 치료 열내림, 이뇨, 갈증멎이, 종양삭임 등의 효능이 있으며 각종 신장질환, 부종, 신염, 소변불리, 각기(脚氣), 백색대하, 빈뇨, 간경화, 급성요도염, 설사, 입안이 마르는 증상 등을 다스린다.

약용법과 용량 말린 저령 10~15g을 물 1L에 넣어 반이 될 때까지 달여 하루에 2~3회 나눠 마신다. 환이나 가루로 만들어 복용하기도 한다.

저령 자실체

기능성물질 특허자료

▶ 저령버섯으로부터 약리학적 활성다당체(베타-글루칸)분획 추출

본 발명은 저령버섯(*Polyporus umbellatus*) 자실체로부터 약리학적 활성 다당체(β-glucan 포함)분획을 추출하여 분자량 범위를 설정하였다.

– 공개번호 : 특2001-0108709, 출원인 : 이용규

종기, 부스럼, 독사교상,
눈의 충혈, 종통

제비꽃

Viola mandshurica W. Becker

한약의 기원 : 이 약은 제비꽃, 호제비꽃의 전초이다.

사용부위 : 전초

이 명 : 가락지꽃, 오랑캐꽃, 장수꽃, 씨름꽃, 병아리꽃, 옥녀제비꽃, 지정(地丁), 지정초(地丁草)

생약명 : 자화지정(紫花地丁)

과 명 : 제비꽃과(Violaceae)

개화기 : 4~5월

전초

생태적특성 제비꽃은 여러해살이풀로, 전국 각지의 산과 들에서 자생하며, 키는 10~15cm로 자란다. 원줄기는 없고, 뿌리는 쭈그러졌으며, 원뿌리는 긴 원기둥 모양으로 지름은 0.1~0.3cm이고 담황갈색이며 가는 세로 주름이 있다. 뿌리에서 긴 잎자루가 있는 잎이 모여나고 잎몸은 바늘 모양 또는 달걀 모양 바소꼴로 길이 3~8cm, 너비 1~2cm이고, 잎 끝부분은 둔하고 밑부분은 절형(截形) 또는 약간 심장 모양이며 가장자리는 둔한 톱니가 있고 양면에는 털이 나 있다. 꽃은 보라색 또는 자색으로 4~5월에 잎 사이에서 5~20cm의 가늘고 긴 꽃자루 끝에 1송이가 한쪽 방향으로 핀다. 꽃잎은 5장이며 입술 모양 꽃부리는 구두주걱 모양으로 자색의 줄이 있다. 열매는 튀는열매로 타원형인데 3갈래로 갈라지고 안에는 담갈색의 종자가 많이 들어 있다.

각 부위별 생김새

잎

꽃

열매

채취시기와 방법 이른 봄에는 꽃을 채취하고, 5~8월 열매가 익으면 뿌리째 뽑아서 이물질을 제거하고 말려서 가늘게 썰어서 사용한다.

성분 뿌리에는 사포닌 성분이 함유되어 있다. 전초에는 세로틱산(cerotic acid), 플라본(flavone) 등이 함유되어 있고, 꽃잎에는 비타민 C가 오렌지의 4배 정도 더 많이 함유되어 있다.

성미 성질이 차고, 맛은 쓰고 맵고, 독성은 없다.

귀경 간(肝), 심(心) 경락에 작용한다.

효능과 치료 열을 식히고 독을 푸는 청열해독, 혈열을 시원하게 하며 종양을 제거하는 양혈소종 등의 효능이 있어서 종기와 부스럼, 종독을 치료하고, 단독이나 독사 물린 데 사용하고, 눈이 붉게 충혈되고 종기가 나서 아픈 목적종통(目赤腫痛)을 치료하는 데 사용한다.

약용법과 용량 말린 약재 15~40g을 사용하며, 민간에서는 화농(짓무름)과 타박상 치료에 많이 사용했었다. 화농에는 제비꽃을 채취하여 깨끗이 씻은 뒤 약절구에 곱게 찧어 화농 부위에 붙여두면 증상이 호전된다. 명주 천에 짓찧은 약재를 싸서 환부에 감싸두어도 된다. 또 타박상 치료에는 제비꽃을 통째로 소금에 버무려 환부에 붙여두거나, 말린 제비꽃에 적당량의 물을 붓고 반으로 달여 그 물에 적신 헝겊을 환부에 덮어 습포를 한다. 견비통이나 요통, 관절염에도 효과가 있는데 약절구에 곱게 찧은 약재를 통증 부위에 붙이고 그 위에 얇은 거즈를 덮고 뜨거운 물에 적신 수건을 덮어 찜질을 하면 효과가 좋다.

기능성물질 특허자료

▶ 제비꽃 잎 추출물을 유효성분으로 함유하는 당뇨병 예방 및 치료용 조성물

본 발명은 현저한 혈당강하 효과를 갖는 제비꽃 잎 추출물을 유효성분으로 함유하는 조성물에 관한 것으로, 보다 상세하게는 본 발명의 제비꽃 잎 추출물은 우수한 알파-글루코시다제 저해 활성을 나타낼 뿐만 아니라 식후 혈당 농도의 급격한 상승을 억제하는 탁월한 혈당강하 효과를 나타냄으로써 당뇨병 예방 및 치료를 위한 약학조성물 및 건강기능식품으로 유용하게 이용될 수 있다.

– 공개번호 : 10-2010-0090371, 출원인 : 인제대학교 산학협력단

열병, 구건, 소아경풍, 정신불안, 해역

조릿대

Sasa borealis (Hack.) Makino & Shibata

한약의 기원 : 이 약은 조릿대의 잎이다

사용부위 : 잎

이 명 : 기주조릿대, 산대, 산죽, 신우대, 조리대

생약명 : 죽엽(竹葉)

과 명 : 벼과(Gramineae)

개화기 : 5~7월

잎약재

생태적특성 조릿대는 제주도와 울릉도를 제외한 한반도 전역에서 자생하는 상록 활엽관목으로, 대나무 종류 중에서도 줄기가 매우 가늘고 키가 작으며 잎집이 그대로 붙어 있다는 특징이 있다. 높이는 1~2m로 자라며, 지름 0.3~0.6cm인 가느다란 녹색 줄기에는 털이 없으며 공 모양의 마디는 도드라지고 그 주위가 옅은 자주색을 띤다. 잎은 타원형 바소꼴로 가지 끝에서 2~3장씩 나고 길이는 10~25cm이며 잎 가장자리에 가시 같은 잔 톱니가 있다. 꽃차례는 털과 흰 가루로 덮여 있으며 아랫부분이 검은빛을 띤 자주색 포로 싸여 있고 어긋나게 갈라지며 원뿔형의 꽃대가 나와 그 끝마다 10송이 정도의 이삭 같은 꽃이 달린다. 꽃이 핀 해의 5~6월에 작고 타원형의 열매가 회갈색으로 달린다.

각 부위별 생김새

잎

꽃

열매

채취시기와 방법 연중 어느 때나 채취가 가능하나 여름에 아주 작은 잎을 채취하여 햇볕이나 그늘에 말려서 사용한다. 죽엽은 성장 후 1년이 된 것으로 어리고 탄력이 있으며 신선한 잎이 좋다.

성분 조릿대는 항암 활성물질이 있는 것으로 알려져 있다. 잘게 썬 마른 잎 1kg을 물로 씻고 생석회 포화용액 18L에 염화칼슘 1.5g을 넣고 2시간 정도 끓인 다음 걸러낸 액에 탄산가스를 통과시켜 탄산칼슘의 앙금이 완전히 생기도록 하룻밤 두었다가 거른다. 거른 액을 1/20로 졸이고 앙금이 생기면 다시 거른다. 거른 액을 졸여서 말리면 8~11%의 노란빛의 밤색 물질을 얻을 수 있는데 이것이 강한 항암 활성물질이다. 이 물질은 총당 43%, 질소 1% 정도이다.

성미 성질이 차고, 맛은 달고 담담하고, 독성은 없다.

귀경 심(心), 폐(肺), 담(膽) 경락에 작용한다.

효능과 치료 열을 식히고 번조를 제거하는 청열제번, 소변을 잘 보게 하는 이뇨, 갈증을 멈추게 하는 지갈, 진액을 생성시켜주는 생진(生津) 등의 효능이 있어서 열병과 번갈을 치료하며, 소아경풍(小兒驚風), 정신불안, 소변불리, 구건(口乾: 입안이 마르는 증상), 해역(咳逆: 기침을 하며 기가 위로 거스르는 증상) 등의 치료에 사용한다.

약용법과 용량 민간요법에서는 조릿대를 만성 간염, 땀띠, 여드름, 습진 치료 등에 사용한다고 한다. 만성 간염에는 말린 잎과 줄기 10~20g을 잘게 썰어 물 700mL에 넣어 끓기 시작하면 약하게 줄여 200~300mL가 될 때까지 달여 하루에 3회씩 식전에 마시면 입맛이 없고 몸이 노곤하며 소화가 잘 안 되고 헛배가 부르며 머리가 아프고 간 부위가 붓고 아픈 증상을 치료한다. 말린 잎 100g을 물 5~6L에 넣어 2~3시간 약한 불로 끓여 그 물을 욕조에 붓고 건더기는 베주머니에 넣어 욕조 속에 넣은 다음 그 물로 목욕하면 땀띠, 여드름, 습진을 치료하는 데 효과적이다. 또한 민간에서는 봄철에 채취한 조릿대 잎을 잘게 썰어 그늘에서 말려 5년쯤 묵혀두었다가 오랫동안 달여 농축액을 만들어놓고 약용하는데 이렇게 하면 조릿대의 찬성질이 없어지며 조금씩 먹으면 면역기능을 강화하는 좋은 약이 된다고 한다.

혼동하기 쉬운 약초 비교

조릿대 제주 조릿대

기능성물질 특허자료

▶ 제주조릿대 잎 추출물 또는 그로부터 분리된 파라-쿠마르산을 이용한 비만 및 지방간 개선제 조성물

본 발명은 제주조릿대 추출물을 이용한 비만 및 지방간 개선제 조성물을 개시한다. 상기 제주조릿대 추출물은 동물 실험에서 체중 증가 및 지방 축적을 억제하고, 아디포넥틴의 발현량을 증가시키며 AMPK(AMP-activated protein kinase)를 활성화시키는 활성을 나타낸다. 또한 상기 제주조릿대 추출물은 간 손상의 지표 효소인 글루타민산피루브산트랜스아미나아제(이하 "GPT"), 글루타민산옥살로아세트산트랜스아미나아제(이하 "GOT") 및 락테이트디하이드로게나제(이하 "LDH")의 함량을 낮추는 활성 등을 나타낸다.

- 공개번호 : 10-2013-0026976, 출원인 : 제주대학교 산학협력단

풍한사로 인한 감기, 코 막힘,
가래와 천식

족도리풀

Asarum sieboldii Miq.

한약의 기원 : 이 약은 민족도리풀, 서울족도리풀의 뿌리를 포함한 전초이다.

사용부위 : 전초

이　명 : 족두리풀, 세삼, 소신(小辛, 少辛), 세초(細草)

생약명 : 세신(細辛)

과　명 : 쥐방울덩굴과(Aristolochiaceae)

개화기 : 4~6월

전초 약재 전형

뿌리 약재 전형

생태적특성 족도리풀은 전국 각처의 산지에서 자라는 여러해살이풀로, 반그늘 또는 양지의 토양이 비옥한 곳에서 잘 자란다. 키는 15~20cm이며, 뿌리줄기는 마디가 많고 옆으로 비스듬히 기며 마디에서 뿌리가 내린다. 줄기는 자줏빛을 띠고, 잎은 줄기 끝에서 2장이 나오는데 너비는 5~10cm이고 하트 모양이다. 잎의 표면은 녹색이고 뒷면에는 잔털이 많이 나 있다. 꽃은 검은 홍자색으로 4~6월에 피며 항아리 모양이고 끝이 3갈래로 갈라진다. 꽃은 잎 사이에서 올라오기 때문에 잎 주위의 쌓여 있는 낙엽들을 살짝 걷어내면 그 속에 수줍은 듯 숨어 있다. 열매는 8~9월경에 두툼하고 둥글게 달린다.

각 부위별 생김새

꽃봉우리

꽃

채취시기와 방법 5~7월에 전초를 뿌리째 채취한 후 이물질을 제거하고 부스러지지 않도록 습기를 줘 부드럽게 만든 뒤 절단해 햇볕에 말려 사용한다. 봄 · 가을에 뿌리만을 채취하여 같은 방법으로 약재로 가공하기도 한다.

성분 뿌리에는 메틸류게놀(methylleugenol), 아사릴케톤(asarylketone), 사프롤(safrol), 1,8-시네올(1,8-cineol), 유카본(eucarvone), 아사리닌(asarinin), 히게나민(higenamine) 등이 함유되어 있다.

성미 성질이 따뜻하고, 맛은 맵고, 독성은 없다.

귀경 심(心), 폐(肺), 신(腎) 경락에 작용한다.

효능과 치료 풍사를 제거하고 한사를 흩어지게 하는 거풍산한(祛風散寒), 구규(九竅: 몸의 9개의 구멍으로 눈, 코, 귀, 입, 요도, 항문 등을 가리키며 오장육부의 상태나 병증을 나타내는 창문의 역할)를 통하게 하고 통증을 멈추게 하는 통규지통(通竅止痛), 폐기를 따뜻하게 하고 음식을 잘 소화시키는 온폐화음(溫肺化飮) 등의 효능이 있어서 풍사와 한사로 인한 감기를 치료하고, 두통, 치통, 코 막힘을 치료하며, 풍습비통(風濕痺痛)과 담음천해(痰飮喘咳: 가래와 천식, 기침)를 다스린다.

약용법과 용량 말린 전초 1.5~4g을 물에 넣어 끓여 탕전하거나 환이나 가루로만들어 복용하는데 가루를 코 안에 뿌리기도 한다. 매운맛이 강하여 차나 음료로 마시기에는 부적당하며 약재로 사용한다. 추위나 바람에 노출되어 얻은 감기로 인하여 오는 오한발열, 두통, 비색(鼻塞: 코 막힘) 등의 병증을 다스리는데 특히 두통이 심한 감기증상 치료에 적합하다.

혼동하기 쉬운 약초 비교

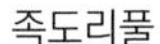
족도리풀

깽깽이풀

강장, 지혈, 신체허약

쥐똥나무

Ligustrum obtusifolium Siebold & Zucc.

한약의 기원 : 이 약은 쥐똥나무의 열매이다.

사용부위 : 열매

이 명 : 개쥐똥나무, 남정실, 검정알나무, 귀똥나무, 수랍수(水蠟樹), 여정(女貞), 착엽여정(窄葉女貞), 싸리버들

생약명 : 수랍과(水蠟果)

과 명 : 물푸레나무과(Oleaceae)

개화기 : 5~6월

열매 약재

생태적특성 쥐똥나무는 전국에서 분포하는 낙엽활엽관목으로, 높이는 2m 전후로 자라고, 가지는 가늘고 잔털이 나 있으나 2년째 가지에서는 없어진다. 잎은 타원형에 서로 어긋나 붙어 있고 양 끝이 뭉뚝하며 가장자리에는 톱니가 없고 뒷면에는 털이 나 있다. 꽃은 흰색으로 5~6월에 가지 끝에서 총상 또는 겹총상꽃차례로 많은 꽃이 핀다. 열매는 달걀 모양 원형으로 10~11월에 검은색으로 익는다.

각 부위별 생김새

잎

꽃

열매

채취시기와 방법 10~11월에 열매를 채취한다.

성분 열매에는 베타-시토스테롤(β-sitosterol), 세로틴산(cerotic acid), 팔미틴산(palmitic acid)이 함유되어 있다.

성미 성질이 평범하고, 맛은 달고, 독성은 없다.

귀경 심(心), 비(脾), 신(腎) 경락에 작용한다.

효능과 치료 잘 익은 열매는 생약명을 수랍과(水蠟果)라고 하며 말려서 약용하고 약성은 평범하며 맛이 달고 독성은 없어 강장, 자한, 지혈, 신체허약, 신허(腎虛), 유정, 토혈, 혈변 등을 치료한다.

약용법과 용량 말린 열매 30~50g을 물 900mL에 넣어 반이 될 때까지 달여 하루에 2~3회 나눠 마신다.

혼동하기 쉬운 약초 비교

쥐똥나무 광나무

기능성물질 특허자료

▶ 쥐똥나무속 식물 열매와 홍삼 함유 청국장 분말로 이루어진 항당뇨 활성 조성물

본 발명은 쥐똥나무속(Ligustrum) 식물 열매 분말 또는 추출물과 홍삼 함유 청국장 분말이 0.5 내지 1 : 1로 이루어진 항당뇨 활성 조성물 및 이를 유효성분으로 함유하는 당뇨병 예방 또는 치료용 약학 조성물 및 기능성 식품 조성물에 관한 것으로, 본 발명에 따른 조성물은 당뇨 유발 동물에서 혈당을 유의적으로 강하시킬 수 있어 당뇨병의 예방 및 치료에 매우 우수한 효과가 있다.

– 공개번호 : 10-2010-0081116, 출원인 : 김순동

간염, 황달, 변비, 동상, 화상, 습진

지치

Lithospermum erythrorhizon Siebold & Zucc.

한약의 기원 : 이 약은 지치, 신강자초(新疆紫草), 내몽자초(內蒙紫草)의 뿌리이다.

사용부위 : 뿌리

이 명 : 지초, 지추, 자초(紫草), 자초근(紫草根), 자단(紫丹), 자초용(紫草茸)

생약명 : 자근(紫根)

과 명 : 지치과(Boraginaceae)

개화기 : 5~6월

뿌리 채취품

약재

생태적특성 지치는 각지에서 분포하며 재배도 하는 여러해살이풀로, 키는 30~70cm이다. 자근(紫根)이라 부르며 약용하는 뿌리는 곧게 뻗어나가는 편이며 원기둥 모양으로 비틀려 구부러졌고, 가지가 갈라지며 길이 7~14cm, 지름 1~2cm이다. 약재 표면은 자홍색 또는 자흑색으로 거칠고 주름이 있으며 껍질부는 얇아 쉽게 탈락한다. 질은 단단하면서도 부스러지기 쉽고 단면은 고르지 않으며 목질부는 비교적 작고 황백색 또는 황색이다. 줄기는 곧게 자라고 전체에 털이 나 있고, 잎은 바소꼴로 잎자루가 없는 채로 어긋나며 질은 두터운 편이다. 꽃은 흰색으로 5~6월에 줄기와 가지 끝에서 총상꽃차례로 피며 잎 모양의 포가 있다.

각 부위별 생김새

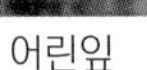

어린잎

꽃

열매

채취시기와 방법 가을부터 이듬해 봄 사이에 뿌리를 채취한 후 이물질을 제거하고 말린 뒤 절단해 사용한다.

성분 뿌리에는 쉬코닌(shikonin), 아세틸쉬코닌(acetylshikonin), 알카닌(alkanin), 이소바이틸쉬코닌(isobytylshikonin), 베타,베타-디메틸아크릴-쉬코닌(β,β-dimethylacryl-shikonin), 베타-하이드록시이소발러릴쉬코닌(β-hydroxyisovalerylshikonin), 테트라크릴쉬코닌(tetracrylshikonin) 등이 함유되어 있으며, 주성분인 쉬코닌, 아세틸쉬코닌은 항염증, 창상 치유, 항종양작용 등이 있어 고약으로 만들어 화상, 피부염증, 항균작용 등에 사용한다.

성미 성질이 차고, 맛은 달며, 독성은 없다.

귀경 간(肝), 심(心) 경락에 작용한다.

효능과 치료 열을 풀어주는 해열, 혈액순환을 잘 되게 하는 활혈, 심기능을 강화하는 강심, 독을 풀어주는 해독, 종기를 제거하는 소종 등의 효능이 있어서 간염, 습열황달(濕熱黃疸), 열결변비(熱結便秘), 토혈, 코피, 요혈, 자반병, 단독, 동상, 화상, 습진 등을 치료하는 데 사용한다.

약용법과 용량 말린 뿌리 4~12g을 물 1L에 넣어 1/3이 될 때까지 달여 마시거나, 가루로 만들어 복용한다. 민간에서는 말린 뿌리 10g을 물 700mL에 넣어 끓기 시작하면 약하게 줄여 200~300mL가 될 때까지 달여 하루에 2회 나눠 마셨다. 외용할 경우에는 고약으로 만들어 환부에 붙인다. 민간에서는 황백(황벽나무 껍질)과 지치를 3:1로 섞어 가루로 만들어 참기름에 개어 연고처럼 만들어 주부습진 치료에 사용하는데 저녁에 잠자리에 들기 전 손을 깨끗이 씻고 참기름에 개어둔 연고를 바르고 자면 효과가 매우 좋다고 한다. 그 밖에도 증류주를 내릴 때 소줏고리를 통과한 술을 지치를 통과하게 하여 붉은 색소와 약효를 동시에 얻는 전통 민속주로 활용하기도 하고(진도 홍주), 공업적으로는 자줏빛 염료로 활용하기도 하는데 그 빛깔이 고와 예로부터 민간에서 애용되어왔다.

청열, 자양, 강장, 양혈,
강심, 진액 생성

지황

Rehmannia glutinosa (Gaertn.) Libosch. ex Steud.

한약의 기원 : 이 약은 지황의 신선한 뿌리, 뿌리를 포제 가공한 것이다.

사용부위 : 덩이뿌리

이 명 : 지수(地髓), 숙지(熟地)

생약명 : 생지황(生地黃), 지황(地黃), 숙지황(熟地黃)

과 명 : 현삼과(Scrophulariaceae)

개화기 : 6~7월

생지황 건지황 숙지황

생태적특성 지황은 여러해살이풀로, 전국 각지에서 재배도 많이 하며 특히 전북 정읍 옹동면은 전통적으로 지황의 주산지이고 최근 충남 서천과 서산 지방에서도 많이 재배하고 있다. 키는 20~30cm로 자라고, 줄기는 곧추서며 전체에 짧은 털이 나 있다. 뿌리는 감색으로 굵고 옆으로 뻗으며, 생뿌리는 생지황(生地黃), 말린 뿌리는 건지황(乾地黃), 생지황을 아홉 번 찌고 아홉 번 말려서 만든 뿌리는 숙지황(熟地黃)이라고 한다. 뿌리에서 나온 잎은 뭉쳐나고 타원형이다. 잎끝은 둔하고 밑부분이 뾰족하며 가장자리에 물결 모양의 톱니가 있다. 잎 표면에는 주름이 있으며 뒷면에는 맥이 튀어나와 그물 모양이 된다. 줄기에 달린 잎은 타원형으로 어긋난다. 꽃은 홍자색으로 6~7월에 총상꽃차례로 15~18cm의 꽃대 위에서 핀다. 열매는 튀는열매로 타원형이다.

각 부위별 생김새

잎

꽃

채취시기와 방법 숙지황 제조하는 방법[가을에 지상부가 고사하면 덩이뿌리를 채취하는데 겨울에 동해(凍害)가 없는 곳에서는 이듬해 이른 봄에 채취하기도 함]은 다음과 같다.

- 지황즙(地黃汁)으로 제조하는 방법 : 먼저 깨끗이 씻은 지황을 물에 담가 가라앉은 지황을 숙지황 원재료로 준비하고, 물의 중간부에 뜨는 지황[인황(人黃)]과 수

면 위에 전부 뜨는 지황[천황(天黃)]을 건져내어 함께 짓찧어 즙액을 만든다. 먼저 건져둔 지황에 짓찧어 준비한 천황과 인황을 버무린 다음 찜통에 넣고 충분히 찐 후 꺼내 햇볕에 말리고 다시 지황즙 속에 하룻밤 담갔다가 찐 후 햇볕에 말린다. 이렇게 찌고 말리는 과정을 9번 반복하여 제조한다.

- 술, 사인(砂仁), 진피(陳皮) 등을 보료로 하여 제조하는 방법 : 술(주로 막걸리를 빚어서 사용)에 지황을 버무려 찌고 말리는 과정을 반복하는데 겉과 속이 검은색이며 질이 유윤하면 햇볕에 말려서 제조한다.

성분 뿌리에는 카탈폴(catalpol), 아쿠빈(aucubin), 레오누리드(leonuride), 멜리토사이드(melitoside), 세레브로사이드(cerebroside), 렘니오사이드(rhemnnioside) A~C, 모노멜리토사이드(monomelitoside) 등이 함유되어 있다.

성미 생지황은 성질이 차고, 맛은 달고 쓰며, 독성은 없다. 숙지황은 성질이 따뜻하고, 맛은 달고, 독성은 없다.

귀경 생지황은 심(心), 간(肝), 신(腎) 경락에 작용한다. 숙지황은 간(肝), 비(脾), 신(腎) 경락에 작용한다.

효능과 치료

- 생지황은 열을 내리게 하는 청열, 혈분의 나쁜 사기를 제거하는 양혈, 양기를 길러주는 자양, 진액을 생성하는 생진(生津), 심장 기능을 강화하는 강심 등의 효능이 있어 월경불순, 혈붕, 토혈, 육혈(衄血), 소갈, 당뇨병, 관절동통(關節疼痛), 습진 등을 치료한다.
- 숙지황은 혈을 보하는 보혈, 몸을 튼튼하게 하는 강장, 태아를 안정되게 하는 안태 등의 효능이 있어 빈혈, 신체허약, 양위(陽萎), 유정, 골증(骨蒸: 골증조열의 준말), 태동불안(胎動不安), 월경불순, 소갈증, 이농(耳膿) 등을 치료하는 데 유용하다.

약용법과 용량 숙지황 4~20g을 각종 배합에 넣어 물을 붓고 끓여 마신다[사물탕

(四物湯), 팔물탕(八物湯), 십전대보탕(十全大補湯) 등]. 또는 환으로 만들어 복용하기도 한다[육미지황환(六味地黃丸)]. 숙지황을 삶아서 추출한 물을 팥 앙금에 소량 첨가하여 반죽하면 팥 앙금이 쉽게 상하는 것을 방지할 수 있다.

꽃 지황(원예종)

기능성물질 특허자료

▶ 항산화 활성을 갖는 지황 추출물을 유효성분으로 함유하는 조성물

본 발명은 항산화 활성을 갖는 지황 추출물을 유효성분으로 함유하는 조성물에 관한 것으로, 본 발명의 지황 추출물은 활성산소종(ROS) 제거 효과, UV에 의한 세포보호 효과, 세포사멸 저해 효과, 티로시나아제 활성 저효과를 나타냄을 확인함으로써 피부 노화 방지, 미백 또는 각질 제거용 피부외용 약학 조성물 및 화장료 조성물로 이용될 수 있다.

– 공개번호 : 10-2009-0072850, 출원인 : 대구한의대학교 산학협력단

어혈, 장풍하혈, 타박상

진달래

Rhododendron mucronulatum Turcz.

한약의 기원 : 이 약은 진달래의 뿌리, 줄기와 잎, 꽃이다.
사용부위 : 뿌리, 줄기, 잎, 꽃
이 명 : 진달내, 왕진달래, 진달래나무, 참꽃나무, 만산홍(滿山紅), 영산홍(映山紅), 참꽃나무, 두견화(杜鵑花), 백화두견(白花杜鵑)
생약명 : 백화영산홍(白花映山紅)
과 명 : 진달래과(Ericaceae)
개화기 : 4~5월

줄기 약재

꽃 약재

생태적특성 진달래는 전국 양지바른 산지에서 자생하는 낙엽활엽관목으로, 높이는 2~3m이고, 어린 가지에는 회색의 굵은 털이 나 있다. 잎은 거의 돌려나고 가장자리에는 톱니가 없이 밋밋하다. 꽃은 4~5월에 홍색으로 잎보다 먼저 피고, 열매는 원통 모양이고 9~10월에 결실한다.

각 부위별 생김새

흰꽃

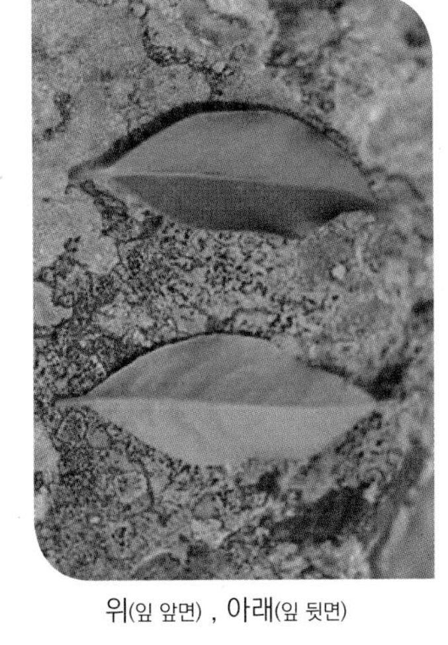

위(잎 앞면), 아래(잎 뒷면)

열매

채취시기와 방법 꽃은 4~5월, 줄기는 봄부터 가을, 뿌리는 9~10월, 잎은 여름에 채취한다.

성분 줄기, 뿌리 속에는 o-프로카테쿠익산(o-procatechuic acid)이 조금 함유되어 있다. 잎에는 플라보노이드(flavonoid), 퀴세틴(quercetin), 고씨페틴(gossypetin), 캠페롤(kaempferol), 미리세틴(myricetin), 아자레아틴(azaleatin), 디하이드로퀴세틴

진달래와 철쭉

진달래와 철쭉은 매우 비슷하게 생겼다. 꽃 피는 시기도 비슷해 구분하지 못하는 사람들이 많은데 진달래는 먹을 수 있지만, 철쭉은 독이 있어 먹을 수가 없다. 철쭉과 진달래는 잎으로 구분할 수 있는데 진달래는 잎보다 꽃이 먼저 피지만 철쭉은 잎이 연녹색으로 나온 뒤 꽃이 핀다.

(dehydroquercetin), 로도덴드롤(rhododendrol), p-하이드록시벤조산(p-hydroxybenzoic acid), 프로토카테쿠익산(protocatechuic acid), 바닐릭산(vanillicacid), 시린직산(syringic acid)이 함유되어 있다. 꽃에는 아자레인(azalein) 및 아자레아틴이 함유되어 있다.

성미 성질이 따뜻하고, 맛은 달고 맵고, 독성은 없다.

귀경 심(心), 폐(肺), 대장(大腸) 경락에 작용한다.

효능과 치료 줄기와 잎 또는 꽃이나 뿌리는 생약명을 백화영산홍(白花映山紅)이라고 하며 타박상으로 멍든 어혈을 풀어주고 피를 맑게 하며 토혈, 장풍하혈(腸風下血), 이질, 혈붕을 치료한다.

약용법과 용량 말린 줄기와 잎 또는 꽃이나 뿌리 50~100g을 물 900mL에 넣어 반이 될 때까지 달여 하루에 2~3회 나눠 마신다. 외용할 경우에는 줄기와 잎 또는 꽃이나 뿌리 달인 액으로 환부를 씻어준다.

기능성물질 특허자료

▶ **진달래 발효 추출물을 포함하는 천연 방부제 조성물 및 그 제조방법**

본 발명은 항산화 기능과 항노화 활성을 가지면서 항균력이 우수한 천연 방부제에 관한 것으로서, 보다 구체적으로 본 발명은 진달래 발효 추출물을 포함하는 천연 방부제 조성물 및 그 제조 방법 그리고 이를 포함하는 화장료 조성물에 관한 것이다.

– 공개번호 : 10-2013-0133560, 출원인 : 인타글리오(주)

▶ **진달래 뿌리 추출물로부터 분리한 탁시폴린 3-O-β-D-글루코피라노시드를 유효성분으로 포함하는 아토피성 피부염 치료용 조성물**

본 발명은 진달래 뿌리 추출물로부터 분리한 탁시폴린 3-O-β-D-글루코피라노시드를 유효성분으로 포함하는 아토피성 피부염 치료용 조성물에 관한 것이다. 본 발명의 조성물의 유효성분인 탁시폴린 3-O-β-D-글루코피라노시드(Taxifolin 3-O-β-D-glucopyranoside)는 호산성백혈구(eosinophile)의 수를 현저히 감소시키고, L-4, 5, 13의 수준을 감소시키는 반면, IL-10의 수준을 증가시키며, MBD-1, 2, 3의 발현을 촉진하고, COX-2 및 iNOS의 발현은 강하게 억제하는 효능을 가져, 아토피성 피부염의 면역조절 치료제로 개발될 수 있다. 또한 본 발명의 화합물은 진달래 뿌리 추출물로부터 분리 정제된 천연화합물로서 인체에 매우 안전하다.

– 공개번호 : 10-2010-0024090, 출원인 : (주)뉴트라알앤비티 · 중앙대학교 산학협력단 · 고려대학교 산학협력단

허리와 무릎의 통증, 반신불수,
관절염

진득찰

Sigesbeckia glabrescens (Makino) Makino

한약의 기원 : 이 약은 진득찰, 털진득찰의 지상부이다.

사용부위 : 전초

이　명 : 민진득찰, 진둥찰, 찐득찰, 화렴, 호렴, 점호채, 풍습초, 희첨(豨簽)

생약명 : 희렴(豨薟)

과　명 : 국화과(Compositae)

개화기 : 8~9월

꽃 약재

씨앗 약재

생태적특성 진득찰은 한해살이풀로, 전국 각처에서 분포하며 들이나 밭둑 근처에서 자란다. 키는 40~100cm로 자라며, 원줄기 전체에 부드러운 털이 나 있다. 원줄기는 둥근기둥 모양이고 자갈색 가지는 마주난다. 달걀 모양의 삼각형 잎은 마주나며 끝이 뾰족하고 톱니가 있다. 꽃은 노란색으로 8~9월경에 가지 끝과 원줄기 끝에서 핀다. 여윈열매[수과(瘦果): 익어도 열매껍질이 작고 말라서 단단하여 터지지 않고, 가죽질이나 나무질로 되어 있음]로 결실하는 열매는 10월경에 열린다.

각 부위별 생김새

잎

꽃

열매

채취시기와 방법 꽃이 피기 시작하는 6~8월경 무렵에 전초를 채취하여 그늘에서 말린다. 돼지 분변 냄새가 나기 때문에 술을 뿌려서 시루에 찌고 말리는 과정을 반복하여 냄새를 제거하고 사용한다.

성분 다루틴-비테르(darutin-bitter), 알칼로이드(alkaloid), 키레놀(kirenol), 17-디하이드록시-16알파-(-)카우란-19-oic산[17-hydroxy-16α-(-)kauran-19-oic acid], 각종 에스테르(ester)도 함유되어 있다.

성미 성질이 차고, 맛은 쓰다.

귀경 간(肝), 심(心), 신(腎) 경락에 작용한다.

효능과 치료 풍사와 습사를 제거하는 거풍습(去風濕), 통증을 가라앉히는 진통, 혈압을 내리고, 소종하는 등의 효능이 있어서 풍습진통(風濕鎭痛), 사지마비, 허리와 무릎의 냉통, 허리와 무릎의 무력증, 류머티즘성 관절염, 고혈압, 간염, 황달, 창종, 반신불수 등의 치료에 사용하는데 일반적으로 습열에 의해서 발생하는 병증치료에는 생용(生用)하고, 사지마비, 반신불수 등의 치료에는 술로 포제하는 주제(酒製)하여 사용한다.

약용법과 용량 진득찰은 약효가 좋으므로 단독으로 사용하기도 하지만 다른 처방에 배합하여 사용하기도 한다. 주증하여 말린 전초 20g을 물 700mL에 넣어 끓기 시작하면 약하게 줄여 200~300mL가 될 때까지 달여 하루에 2회 나눠 마신다. 보통 술을 뿌려서 시루에 찌고 햇볕에 말리는 작업을 9번 반복한 진득찰 가루를 꿀로 버무려 환으로 만들어 복용[희첨환]하면 중풍의 구안와사, 언어건삽(言語蹇澁: 혀가 잘 돌아가지 않거나 의식이 흐려 말을 잘하지 못하는 증상), 반신불수 등을 치료한다. 그러나 풍습이 아닌 경우에는 신중하게 사용해야 하며 음혈(陰血: 진액)이 부족한 경우에는 사용을 피한다.

기능성물질 특허자료

▶ 진득찰 등의 천연 식물 추출물을 포함하는 항균 조성물

본 발명은 음나무나 진득찰 또는 두 종의 식물의 추출물을 포함하는 항균 조성물에 관한 것이다. 본 발명의 항균 조성물은 광범위한 항균 스펙트럼을 나타낼 뿐만 아니라 항산화능을 지니며 인체에 독성을 나타내지 않으므로, 의약품을 포함하여 항균 활성이 필요한 다양한 분야에 적용하여 우수한 항균 효과를 얻을 수 있다.

– 등록번호 : 10-0855314-0000, 출원인 : 스킨큐어(주)

이뇨, 거담, 해열작용, 간의 독

질경이

Plantago asiatica L.

한약의 기원 : 이 약은 질경이, 털질경이의 전초, 잘 익은 종자이다.

사용부위 : 전초, 종자

이 명 : 길장구, 빼뿌쟁이, 길짱귀, 차전초(車前草)

생약명 : 차전자(車前子), 차전초(車前草)

과 명 : 질경이과(Plantaginaceae)

개화기 : 6~8월

전초 약재전형

씨앗 약재

생태적특성 질경이는 각지의 들이나 길가에서 흔하게 분포하는 여러해살이풀로, 마차가 지나간 바퀴자국 옆에서 잘 자란다고 하여 차전초(車前草) 혹은 차과로초(車過路草)라는 이름으로 불렸으며, 키는 10~50cm로 자란다. 수염뿌리가 있으며 원줄기는 없고 많은 잎이 뿌리에서 뭉쳐 올라와 비스듬히 퍼진다. 잎은 달걀 모양 또는 타원형에 잎 끝은 날카롭거나 뭉툭하며 잎맥이 5~7개 정도가 나타난다. 잎의 길이는 4~15cm, 너비는 3~8cm이다. 꽃은 흰색으로 6~8월에 핀다. 열매가 튀는 열매[삭과(蒴果): 열매 속이 여러 칸으로 나뉘어졌고, 각 칸 속에 많은 종자가 들어 있음]로 결실하면 옆으로 갈라지면서 6~8개의 흑갈색 종자가 나온다.

각 부위별 생김새

꽃

열매

씨앗

채취시기와 방법 전초는 여름에 잎이 무성할 때 채취하여 물에 씻고 햇볕에 말려 그대로 썰어서 사용한다. 종자는 가을에 종자가 익었을 때 채취하여 말린 다음 이물질을 제거하고 살짝 볶아서 사용하거나 소금물에 침지한 후 볶아서 사용한다.

성분 전초에는 헨트리아콘탄(hentriacontane), 플란타기닌(plantaginin), 우르솔산(ursolic acid), 아우큐빈(aucubin), 베타-시토스테롤(β-sitosterol)이 함유되어 있다. 종자에는 숙신산(succinic acid), 콜린(choline), 팔미트산(palmitic acid), 올레산(oleic acid)

등이 함유되어 있다.

성미 전초는 차전초(車前草), 종자는 차전자(車前子)라 하며 약용한다.
- 차전초 : 성질이 차고, 맛은 달며, 독성은 없다.
- 차전자 : 성질이 차고, 맛은 달며, 독성은 없다.

귀경 전초는 간(肝), 비(脾), 폐(肺), 신(腎) 경락에 작용한다. 종자는 간(肝), 신(腎), 폐(肺), 방광(膀胱) 경락에 작용한다.

효능과 치료
- 차전초 : 소변을 잘 보게 하는 이뇨, 간의 독을 풀어주는 청간, 열을 내리게 하는 해열, 담을 제거하는 거담의 효능이 있어 소변불리, 수종, 혈뇨, 백탁, 간염, 황달, 감기, 후두염, 기관지염, 해수, 대하, 이질 등의 치료에 사용한다.
- 차전자 : 소변을 잘 보게 하는 이뇨, 간의 기운을 더하는 익간(益肝), 기침을 멈추게 하는 진해, 담을 제거하는 거담 효능이 있어 소변불리, 복수(腹水), 임탁(淋濁), 방광염, 요도염, 해수, 간염, 설사, 고혈압, 변비 등의 치료에 사용할 수 있다.

약용법과 용량 말린 약재 12~20g을 사용하며, 민간요법에서는 다이어트를 위해 약한 불에 볶은 차전자와 율무를 1:3으로 섞어 하루 2~3회 한 숟가락씩 따뜻한 물과 함께 복용하기도 했다. 또한 현재 제약업계에서는 변비치료제로 개발하여 주목받고 있다.

기능성물질 특허자료

▶ 항암 기능을 가진 질경이 추출물

본 발명은 질경이가 가지는 탁월한 암세포 억제 성분(항암성분)을 인체에 적절하게 적용할 수 있도록 하여 각종 암 예방은 물론 그 치료까지도 기대할 수 있는 항암 효능을 가진 질경이 추출물에 관한 것이다.

– 공개번호 : 10-2002-0036807, 출원인 : 학교법인 계명대학교

각종 출혈, 붕루, 위궤양,
학질, 장염

짚신나물

Agrimonia pilosa Ledeb.

한약의 기원 : 이 약은 짚신나물, 기타 동속식물의 전초이다.

사용부위 : 전초

이　명 : 선학초(仙鶴草), 등골짚신나물, 산짚신나물, 선주용아초(施州龍牙草), 황룡미(黃龍尾)

생약명 : 용아초(龍芽草)

과　명 : 장미과(Rosaceae)

개화기 : 6~8월

전초 약재전형

생태적특성 짚신나물은 여러해살이풀로, 각지의 산과 들에서 흔하게 자생한다. 키는 30~100cm로, 전체에 부드러운 흰 털이 덮여 있다. 줄기의 하부는 둥근기둥 모양으로 지름이 0.4~0.6cm이고 홍갈색이며, 상부는 각진 기둥 모양으로 4면이 약간 움푹하며 녹갈색으로 세로 골과 능선이 있고 마디가 있다. 몸체는 가볍고 질은 단단하나 절단하기 쉽고 단면은 가운데가 비어 있다. 잎은 홀수깃꼴겹잎으로 어긋나고 어두운 녹색이며 쭈그러져 말려 있고 질은 부서지기 쉽다. 잎몸은 크고 작은 2종이 있는데 잎줄기 위에 나며 꼭대기의 잔잎은 비교적 크고 완전한 잔잎을 펴보면 달걀 모양 또는 타원형으로 선단은 뾰족하고 잎 가장자리에는 톱니가 있다. 꽃은 노란색으로 6~8월경에 수상꽃차례로 피며 꽃잎은 5장이다. 열매는 여윈열매로 8~9월경에 익고 가시 모양의 털이 많이 나 있어 옷이나 짐승의 몸에 잘 달라붙는다. 짚신나물의 열매에 난 털 때문에 옛날에는 짚신이나 버선에 잘 달라붙었다 하여 짚신나물이라는 이름이 붙었다는 이야기도 전한다.

각 부위별 생김새

어린잎

꽃

열매

채취시기와 방법 여름철 줄기와 잎이 무성하고 개화 직전에 전초를 채취하여 이물질을 제거하고 물을 뿌려 촉촉하게 만든 뒤 절단하여 사용한다.

성분 전초에 함유된 성분은 대부분 정유이며 아그리모닌(agrimonin), 아그리모놀라이드(agrimonolide), 루테올린-7-글루코사이드(luteolin-7-glucoside), 아피게닌-7-글루코사이드(apigenin-7-glucoside), 타닌(tannin), 탁시폴린(taxifolin), 바닐릭산(vanillic acid), 아그리모놀(agrimonol), 사포닌 등이 함유되어 있다.

성미 성질이 평범하고, 맛은 쓰며, 독성은 없다.

귀경 간(肝), 비(脾), 폐(肺) 경락에 작용한다.

효능과 치료 기혈이 밖으로 흘러나가는 것을 막고 안으로 거두어들이는 수렴지혈(收斂止血), 설사를 멈추게 하는 지리(止痢), 독을 풀어주는 해독 등의 효능이 있어서 각종 출혈과 외상출혈, 붕루, 대하, 위궤양, 심장쇠약, 장염, 적백리(赤白痢), 토혈, 학질, 혈리(血痢) 등을 치료한다.

약용법과 용량 말린 전초 10g을 물 700mL에 넣어 끓기 시작하면 약하게 줄여 200~300mL가 될 때까지 달여 하루에 2회 나눠 마시거나, 가루 또는 생즙을 내어 복용한다. 외용할 경우에는 짓찧어 환부에 붙인다. 민간에서는 전초를 항암제로 사용해왔다고 하는데 특히 항균 및 소염작용이 뛰어나서 예로부터 민간에서 많이 사용해왔는데 말린 약재를 달여서 마시거나 생초를 짓찧어서 환부에 붙이는 방법을 사용했다.

기능성물질 특허자료

▶ **선학초(짚신나물) 추출물을 유효성분으로 함유하는 장출혈성 대장균 감염증의 예방 또는 치료용 약학 조성물**

본 발명은 선학초(짚신나물) 추출물을 유효성분으로 함유하는 장출혈성 대장균 감염증의 예방 또는 치료용 약학 조성물에 관한 것이다. 본 발명에 따른 선학초 추출물은 장출혈성 대장균 O157:H7에 대한 항균활성을 우수하게 나타냄으로써, 장출혈성 대장균 감염증의 예방 또는 치료에 유용하게 사용될 수 있다.

– 공개번호 : 10-2013-0096093, 출원인 : 경희대학교 산학협력단

지혈, 해독, 신장염

찔레꽃

Rosa multiflora Thunb.

한약의 기원 : 이 약은 찔레꽃의 열매이다.
사용부위 : 뿌리, 꽃, 열매
이 명 : 찔레나무, 설널네나무, 새버나무, 질꾸나무, 들장미, 가시나무, 질누나무, 자매화(刺梅花), 자매장미화(刺梅薔薇花), 장미화(薔薇花), 장미근(薔薇根)
생약명 : 영실(營實)
과 명 : 장미과(Rosaceae)
개화기 : 5~6월

줄기 약재

열매 약재

생태적특성 찔레꽃은 전국에서 분포하는 낙엽활엽관목으로, 높이는 2m 정도로 자란다. 줄기와 가지에는 억센 가시가 많이 나 있고, 가지는 덩굴처럼 밑으로 늘어져 서로 엉킨다. 잎은 기수 깃꼴 겹잎이 서로 어긋나 붙어 있고 잔잎은 보통 9장이며 타원형 또는 넓은 달걀 모양에 잎끝은 둥글거나 날카롭고 가장자리에는 톱니가 있다. 꽃은 흰색으로 5~6월에 원뿔꽃차례로 한데 모여서 피고 방향성의 향이 난다. 열매는 둥글며 10~11월에 적색으로 익는다.

각 부위별 생김새

꽃

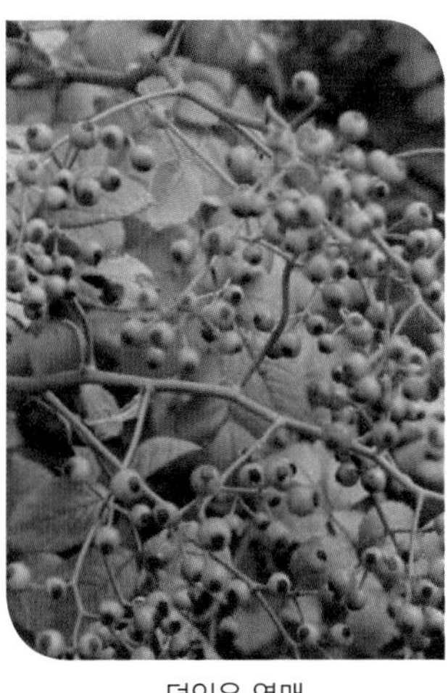
덜익은 열매

익은 열매

채취시기와 방법 꽃은 5~6월, 뿌리는 연중 수시, 열매는 익기 전인 9~10월에 채취한다.

성분 뿌리에는 톨멘틱산(tormentic acid), 뿌리껍질에는 타닌(tannin), 생잎에는 비타민 C, 꽃에는 아스트라갈린(astragalin), 정유, 열매에는 멀티플로린(multflorin), 루틴(rutin), 지방유가 함유되어 있으며 지방유에는 팔미틴산(palmitic acid), 리놀산(linolic acid), 리노렌(linolen)산, 스테아린(stearin)산 등이 들어 있다. 열매껍질에는 리코펜(licopene), 알파-카로틴(α-carotene)이 함유되어 있다.

성미 뿌리는 성질이 시원하고, 맛은 쓰고 떫다. 꽃은 성질이 시원하고, 맛은 달고, 독성은 없다. 열매는 성질이 시원하고, 맛은 시다.

귀경 심(心), 신(腎) 경락에 작용한다.

효능과 치료 뿌리는 장미근(薔薇根)이라고 하여 청열, 거풍, 활혈의 효능이 있고 신염, 부종, 각기, 창개옹종(滄疥癰腫), 월경복통을 치료한다. 꽃은 장미화(薔薇花)라고 하며 각종 출혈에 지혈 효과가 있으며 여름철 더위를 타서 지쳤을 때나 당뇨로 입안이 마를 때, 위가 불편할 때 치료 효과가 있다. 열매는 생약명을 영실(營實)이라고 하며 이뇨, 해독, 설사, 해열, 활혈, 부종, 소변불리, 각기, 창개옹종, 월경복통, 신장염 등을 치료한다. 찔레나무 추출물은 항산화작용이 있어 노화방지, 성인병의 일부 치료 효과가 있다.

약용법과 용량 말린 뿌리 30~50g을 물 900mL에 넣어 반이 될 때까지 달여 하루에 나눠 마신다. 외용할 경우에는 짓찧어서 환부에 붙인다. 말린 꽃 10~20g을 물 900mL에 넣어 반이 될 때까지 달여 하루에 2~3회 나눠 마신다. 외용할 경우에는 가루로 만들어 환부에 뿌린다. 말린 열매 20~30g을 물 900mL에 넣어 반이 될 때까지 달여 하루에 2~3회 나눠 마신다. 외용할 경우에는 짓찧어서 환부에 붙이거나, 달인 액으로 환부를 씻는다.

기능성물질 특허자료

▶ 항산화 활성을 가지는 찔레꽃 추출물을 포함하는 식품 조성물

본 발명은 항산화 활성을 가지는 찔레꽃 추출물을 포함하는 식품 조성물에 관한 것이다. 구체적으로 본 발명은 프로시아니딘 B3(pro시아니딘(cyanidin) B3)를 함유하며 항산화 활성을 가지는 찔레꽃 추출물을 포함하는 식품 조성물에 관한 것이다. 본 발명에 따른 찔레꽃 추출물 및 이를 포함하는 조성물은 활성산소에 의해 유발되는 질병의 치료 또는 예방, 식품의 품질 유지 및 피부의 산화에 의한 손상을 방지하는 데 매우 유용하게 사용될 수 있다.

– 공개번호 : 10-2005-0040123, 특허권자 : (주)이롬

신체허약, 정신불안,
폐나 기관지 관련 질환

참나리

Lilium lancifolium Thunb.

한약의 기원 : 이 약은 참나리, 백합(百合), 큰솔나리의 비늘줄기이다.

사용부위 : 비늘줄기의 인편

이 명 : 백백합(白百合), 산뇌과(蒜腦誇)

생약명 : 백합(百合)

과 명 : 백합과(Liliaceae)

개화기 : 7~8월

알뿌리 채취품

생태적특성 참나리는 숙근성 여러해살이풀로, 전국 각지에서 분포한다. 키는 1~2m이며, 줄기는 흑자색이 감돌고 곧게 자라는데 어릴 때는 흰 털이 나 있다. 둥근 알뿌리 모양의 비늘줄기가 원줄기 아래에 달리며 그 밑에서 뿌리가 난다. 잎은 어긋나고 바소꼴이며 잎겨드랑이에는 자갈색의 주아(珠芽: 자라서 줄기가 되어 꽃을 피우거나 열매를 맺는 싹)가 달린다. 7~8월경에 황적색 바탕에 흑자색 점이 퍼진 꽃이 아래를 향해 피고 가지 끝과 원줄기 끝에서 4~20송이가 달린다. 번식할 때에는 검은색 주아를 심거나 알뿌리 비늘조각을 심으며 종자번식에 시간이 많이 걸린다.

각 부위별 생김새

어린잎

꽃대

열매(주아)

채취시기와 방법 가을에 비늘줄기를 채취하여 끓는 물에 살짝 삶아 햇볕에 말린다.

성분 전분, 당류, 카로티노이드(carotenoid), 콜히친(colchicine) 등이 함유되어 있다.

성미 성질이 평범하고, 맛은 달고 약간 쓰며, 독성은 없다.

귀경 심(心), 비(脾), 폐(肺) 경락에 작용한다.

효능과 치료 폐의 기운을 윤활하고 촉촉하게 하는 윤폐(潤肺), 기침을 멈추게 하는 지해(止咳), 심열을 내리는 청심, 정신을 안정시키는 안신(安神), 몸을 튼튼하게 하는 강장 등의 효능이 있어서 폐결핵, 해수, 정신불안, 신체허약 등에 사용하며, 폐나 기관지 관련 질환 치료에 널리 응용할 수 있다

약용법과 용량 말린 인편 20~30g을 물 1L에 넣어 끓기 시작하면 약하게 줄여 200~300mL가 될 때까지 달여 하루에 2회 나눠 마시며, 죽을 쑤어 먹기도 한다. 양심안신(養心安神: 심의 허한 기운을 길러주면서 정신을 안정시키는 기능)작용이 있는 산조인(酸棗仁: 묏대추 종자), 원지(遠志) 등을 배합하여 신경쇠약이나 불면증 등을 치료하기도 한다.

- 생용(生用) : 심열을 내리고 정신을 안정시키는 청심안신(淸心安神) 효능이 있어서 열병 후에 남은 열이 완전히 제거되지 않아 정신이 황홀하고 심번(心煩: 가슴이 답답한 증상)한 등의 증상에 적용할 때에는 그대로 사용한다.
- 밀자(蜜炙) : 폐를 윤활하게 하여 기침을 멈추게 하는 윤폐지해(潤肺止咳)의 효능이 증강되므로 음기가 허해서 오는 마른기침, 즉 음허조해(陰虛燥咳)의 증상을 치료하는 데는 말린 약재에 꿀물을 흡수시켜 낮은 온도에서 볶아서 사용한다. 이때 꿀의 양은 일반적으로 약재 무게의 20% 정도를 사용하며 밀폐용기에 약재를 넣고 꿀에 물을 섞어서 부은 뒤 충분히 흔들어 약재 속에 꿀물이 충분히 스며들게 하고 약한 불로 예열된 프라이팬에 넣고 손에 찐득찐득한 꿀의 기운이 묻어나지 않을 정도까지 볶아낸다.

기능성물질 특허자료

▶ 참나리 추출물을 함유하는 염증성 질환 및 천식의 예방 및 치료용 약학적 조성물

본 발명은 참나리 인경 추출물을 유효성분으로 함유하는 염증 질환 또는 천식의 예방 또는 치료용 조성물에 관한 것이다. 본 발명의 조성물은 in vivo 및 in vitro에서 우수한 염증 억제 및 천식 억제 효과를 나타내며 세포 독성은 없으므로, 염증 또는 천식 질환의 예방 또는 치료에 유용하게 이용될 수 있다.

– 공개번호 : 10-2010-0137223, 출원인 : 한국생명공학연구원

항암, 항노화, 항산화작용,
월경부조

참당귀

Angelica gigas Nakai

한약의 기원 : 이 약은 참당귀의 뿌리이다.

사용부위 : 뿌리

이　명 : 조선당귀, 건귀(乾歸), 문귀(文歸), 대부(大斧), 상마(象馬), 토당귀(土當歸)

생약명 : 당귀(當歸)

과　명 : 산형과(Umbelliferae)

개화기 : 8~9월

뿌리 채취품　　약재

생태적특성 참당귀는 숙근성 여러해살이풀로, 전국의 산 계곡, 습기가 있는 토양에서 잘 자라고 농가에서 약용식물로도 재배하고 있다. 뿌리는 굵은 편이고 강한 향이 나고 원뿌리의 길이는 3~7cm, 지름은 2~5cm이고 가지뿌리의 길이는 15~20cm이다. 뿌리의 표면은 엷은 황갈색 또는 흑갈색으로 절단면은 평탄하고 형성층에 의해 목질부와 식물의 껍질의 구별이 뚜렷하고, 목질부와 형성층 부근의 식물의 껍질은 어두운 황색이지만 나머지 부분은 유백색이다. 줄기의 키는 1~2m로 곧게 자란다. 잎은 1~3회 깃꼴겹잎이며 잔잎은 3장으로 갈라지고 다시 2~3장으로 갈라진다. 꽃은 짙은 보라색으로 8~9월 겹산형꽃차례로 20~40송이가 핀다. 열매는 9~10월에 달린다.

각 부위별 생김새

꽃 봉우리

꽃

열매

채취시기와 방법 가을부터 봄 사이에 뿌리를 채취하여 토사를 제거하고 1차 말린 후 절단하여 2차로 말리고 저장한다. 사용 목적에 따라서 가공방법을 달리하는데 보혈, 조경(調經), 윤장통변(潤腸通便)을 목적으로 할 때에는 당귀를 살짝 볶아서 사용한다. 주자(酒炙: 술을 흡수시켜 프라이팬에 약한 불로 볶음)하여 사용하면 혈액순환을 돕고 어혈을 제거하는 활혈산어(活血散瘀)의 효능이 증강되어 혈어경폐(血瘀經閉: 어혈로 인한 월경의 막힘)와 월경이 잘 나오게 하는 통경(通經), 출산 후의 어혈이 막힌 증상인 산후어체(産後瘀滯), 복통, 타박상 및 풍사와 습사로 인하여 결리고 아픈 풍습비통(風濕痺痛)을 치료한다. 토초(土炒: 약재를 황토물에 적셔서 불에 볶는 일)하여 사용하면 혈허로 인한 변당(便糖: 대변이 진흙처럼 무른 증상)을 치료하고, 초탄(炒炭: 프라이팬에 넣고 가열하여 불이 붙으면 산소를 차단해서 검은 숯을 만드는 포제 방법)하면 지혈작용이 더 좋아진다. 꽃이 피면 뿌리가 목질화되어 약재로 사용할 수 없으므로 꽃대가 올라오지 않도록 재배하는 것이 중요하다.

성분 뿌리에는 데쿠르신(decursin), 종자에는 데쿠르시놀(decursinol), 이소-임페라틴(iso-imperatin), 데쿠르시딘(decursidin) 등이 함유되어 있다.

성미 성질이 따뜻하고, 맛은 달고 맵고, 독성은 없다.

귀경 간(肝), 심(心), 비(脾) 경락에 작용한다.

효능과 치료 혈을 보충하고 조화롭게 하는 보혈화혈(補血和血), 어혈을 풀어주는 구어혈(驅瘀血), 월경을 조화롭게 하며 통증을 멈추는 조경지통(調經止痛), 진정(鎭靜), 장의 건조를 막고 윤활하게 하는 윤조활장(潤燥滑腸) 등의 효능이 있어서 월경이 조화롭지 못한 월경부조(月經不調) 증상을 다스리고, 폐경 및 복통(經閉腹痛)을 다스린다. 붕루(崩漏), 혈이 허해서 오는 두통인 혈허두통(血虛頭痛), 어지럼증, 장이 건조하여 오는 변비, 타박상 등의 치료에도 사용한다. 특히 참당귀에는 왜당귀나 당당귀에 들어 있지 않은 데커신(decursin)이라는 물질이 다량 함유되어 있어서 항노화, 항산화 및 항암작용에 관여하며, 뇌신경세포의 손상을 줄여 치매예방에 효과가 있는 것으로 알려져 최근 한국산 참당귀가 각광을 받고 있다. 반면에 왜당귀나 당당귀에는 조혈작용에 관여하는 비타민 B_{12}가 다량으로 함유되어 있는 것으로 보고되었다. 민간요법에서는 습관성 변비, 특히 노인, 소아, 해산 후 및 허약한 사람의 변비 치료에 많이 사용된다.

약용법과 용량 말린 뿌리 5~15g을 물 700mL에 넣어 끓기 시작하면 약하게 줄여

200~300mL가 될 때까지 달여 하루에 2회 나눠 마신다. 외용할 경우에는 뿌리 달인 물로 환부를 씻는다. 어린순은 나물로 식용한다.

혼동하기 쉬운 약초 비교

참당귀 당귀

기능성물질 특허자료

▶ 당귀 추출물을 포함하는 골수 유래 줄기세포 증식 촉진용 조성물

본 발명은 당귀 추출물을 이용하여 골수 유래 줄기세포의 증식을 촉진시키는 조성물에 관한 것으로, 본 발명의 조성물은 줄기세포의 증식 및 분화를 위해 G-CSF만을 단독 투여했던 방법에 의해 야기되었던 비장종대와 같은 부작용을 해결하여, 당귀 추출물의 병용 투여로 현저히 완화시켰으며, 줄기세포의 증식 및 분화를 보다 촉진시키는 효과가 있다.

– 공개번호 : 10-1373100-0000, 출원인 : 재단법인 통합의료진흥원

월경부조, 복통, 흉협자통, 풍습비통, 두통

천궁

Cnidium officinale Makino

한약의 기원 : 이 약은 천궁, 중국천궁(中國川芎)의 뿌리줄기로, 그대로 또는 끓는 물에 데친 것이다.

사용부위 : 뿌리줄기

이 명 : 궁궁이, 천궁(川藭), 향과(香果), 호궁(湖芎), 경궁(京芎)

생약명 : 천궁(川芎)

과 명 : 산형과(Umbelliferae)

개화기 : 8~9월

뿌리 채취품

약재

생태적특성 중국이 원산지인 천궁은 울릉도를 비롯 전국 각지에서 재배하고 있는 여러해살이풀이다. 줄기의 키는 30~60cm로 곧게 자라며, 땅속 뿌리줄기는 부정형의 덩어리 모양으로 비대하다. 뿌리의 표면은 황갈색으로 거친 주름이 평행으로 돌기되어 있다. 잎은 어긋나는 2회 깃꼴겹잎으로 잔잎은 달걀 모양 또는 바소꼴이며 가장자리에는 톱니가 있다. 꽃은 흰색으로 8~9월에 줄기 끝이나 가지 끝에서 겹산형꽃차례로 올라와 그 끝에 핀다. 꽃잎 5개가 안으로 굽고 수술은 5개, 암술은 1개이다. 꽃차례의 줄기는 10개이며 작은꽃차례의 줄기는 15개이다. 열매는 달걀 모양이며 익지 않는다.

각 부위별 생김새

잎

꽃

뿌리 단면

천궁의 재배 역사는 400년 이상으로 생각되며 본래 이름은 '궁궁(芎藭)이'였는데, 궁궁이 중에서 특히 중국의 사천(四川) 지방의 궁궁이가 품질이 우수하여 그것을 다른 궁궁이와 구분하기 위해 '천궁(川芎)'이라고 부르던 것이 고유명사화된 것으로 보인다. 우리나라에는 고려시대부터 발견된 기록이 나타나는데 조선시대의 『향약채취월령』에 '사피초(蛇避草)'로 기록되었고 『동의보감』에는 '궁궁이'라고 기록하고 있으며 『탕액본초』에는 처음으로 '천궁'이라고 하였다. 중국에서 천궁이 도입되기 전부터 우리나라에 자생하던 궁궁이는 *Angelica polymorpha* Maxim.이며 키가 60cm 이상으로 농가에서 재배하는 천궁보다 크게 자란다. 물론 토천궁에 대한 기원에 관해서는 몇 가지의 이론(異論)이 있다. 실제 상당수 농가에서 '토천궁'이라고 재배하고 있는 천궁은 '*Ligusticum chuanxiong* Hort.'이며, 대부분의 농가에서는 '*Cnidium officinale* Makino.'를 '천궁'으로 재배하고 있다. 또한 중국에서는 중국천궁(*Ligusticum chuanxiong* Hort.)을 기원식물로 하고 있다.

채취시기와 방법 9~10월에 뿌리줄기를 채취하여 잎과 줄기를 제거하고 햇볕에 말린다. 중국 천궁의 경우 평원에서 재배한 것은 소만(小滿) 이후 4~5일이 지난 다음 채취하는 것이 좋고, 산지에서 재배한 것은 8~9월에 채취하여 잎과 줄기와 수염뿌리를 제거하고 씻은 뒤 햇볕에 말리거나 건조기에 말린다. 일반적으로 이물질을 제거하고 씻은 다음 물을 뿌려 윤투(潤透)되면 얇게 썰어 햇볕 또는 건조기에 말린다. 절편(切片)한 천궁을 황주와 고루 섞어서 약한 불로 황갈색이 되도록 볶아서 햇볕에 말려 사용한다(천궁 100g에 황주 25g). 토천궁의 경우에는 그냥 사용하면 두통이 생길 수 있으므로 두통의 원인물질인 휘발성 정유 성분을 제거하기 위해 흐르는 물에 하룻밤 정도 담가두었다가 건져서 말려 사용한다.

성분 뿌리에는 크니딜라이드(cnidilide), 리구스틸라이드(ligustilide), 네오크니딜라이드(neocnidilide), 부틸프탈라이드(butylphthalide), 세다노익산(sedanoic acid) 등이 함유되어 있다.

성미 성질이 따뜻하고, 맛은 맵고, 독성은 없다.

귀경 간(肝), 담(膽), 심포(心包) 경락에 작용한다.

효능과 치료 혈액순환을 활성화시키는 활혈, 기의 순환을 돕는 행기, 풍사를 제거하는 거풍, 경련을 가라앉히는 진경, 통증을 멈추게 하는 지통 등의 효능이 있어서 월경부조, 경폐통경(經閉通經), 복통, 흉협자통(胸脇刺痛: 가슴이나 옆구리가 찌르는 듯 아픈 증상), 두통, 풍습비통(風濕痺痛: 풍사나 습사로 인하여 결리고 아픈 증상) 등을 치료하는 데 사용한다.

약용법과 용량 말린 뿌리줄기 4~12g을 물을 넣어 끓이는 탕전(湯煎)하여 마시거나, 가루 또는 환으로 만들어 복용한다. 일반적으로 다른 생약재들과 배합하여 차 또는 탕제의 형태로 복용하는 경우가 많고 약선의 재료로 활용하기도 한다. 약선재료로 사용할 경우에는 향이 강한 약재이므로 음식 주재료의 향이나 맛에 영향을 미치지 않도록 최소량(보통 기준 용량의 10~20% 정도)으로 사용하도록 주의한다. 민간에서는 두통 치료를 위해 쌀뜨물에 담가두었다가 말린 천궁을 부드럽게 가루로 만들어 4 : 6의 비율로 꿀에 재운 다음(천궁 가루는 꿀 무게의 40%) 한 번에 3~4g씩 하루 3회, 식사 전에 복용한다.

천궁 잎

기능성물질 특허자료

▶ 천궁 추출물을 함유하는 신경변성 질환 예방 또는 치료용 약학조성물

본 발명은 신경교세포에 의해 야기되는 신경염증에 있어서 천궁 추출물이 활성화된 신경소교세포의 전염증 매개인자를 억제함으로써 신경염증 억제에 효능을 가질 수 있도록 하는 신경변성 질환 예방 또는 치료용 약학조성물 및 건강기능식품과 그러한 천궁 추출물을 추출하는 추출 방법에 관한 것이다.

– 공개번호 : 10-2014-0148168, 출원인 : 건국대학교 산학협력단

구안와사, 반신불수,
간질, 파상풍

천남성

Arisaema amurense f. *serratum* (Nakai) Kitag.

한약의 기원 : 이 약은 천남성(天南星), 둥근잎천남성, 두루미천 남성의 덩이뿌리로, 주피를 완전히 제거한 것이다.
사용부위 : 덩이줄기
이 명 : 가새천남성, 남성, 치엽동북천남성, 천남생이, 청사두초, 남생이, 남셍이
생약명 : 천남성(天南星)
과 명 : 천남성과(Araceae)
개화기 : 5~7월

뿌리 채취품

약재

생태적특성 천남성은 여러해살이풀로, 전국의 산지에서 볼 수 있는데 높은 지대에서도 분포하며 습하고 그늘진 곳을 좋아한다. 키는 15~30cm로 자라며, 땅속의 덩이줄기는 약용식물로 사용되지만 유독성 식물이므로 주의를 요한다. 덩이줄기는 한쪽으로 눌린 공 모양이며 표면은 유백색 또는 담갈색이다. 질은 단단하고 잘 파쇄되지 않으며 단면은 평탄하지 않고 흰색이며 분성(粉性)이다. 줄기는 곧추서고 겉은 녹색이나 속은 때론 자색 반점이 있기도 하다. 잎은 달걀 모양 바소꼴 또는 타원형이고, 잔잎은 양 끝이 뾰족하고 톱니가 있다. 꽃은 녹색 바탕에 흰 선이 있으며 5~7월에 피고 깔때기 모양을 한 불염포[佛焰苞: 육수(肉穗) 꽃차례의 꽃을 싸는 포가 변형된 것]는 판통의 길이가 8cm 정도로 윗부분이 모자처럼 앞으로 꼬부라지고 끝이 뾰족하다. 열매는 물렁열매로 옥수수 알처럼 달리고 10~11월에 붉은색으로 익는다.

각 부위별 생김새

줄기

꽃

열매

채취시기와 방법 가을과 겨울에 덩이줄기를 채취하여 잔가지와 수염뿌리 및 겉껍질을 제거하고 햇볕 또는 건조기에 말린다.

- 생천남성(生天南星) : 이물질을 제거하고 물로 씻은 다음 말린다.
- 제천남성(製天南星) : 정선한 천남성을 냉수에 담가 매일 2~3회씩 물을 갈아주어

흰 거품이 나오면 백반수[천남성(天南星) 100kg에 백반(白礬) 2kg]에 하루 정도 담갔다가 다시 물을 갈아준다. 이와 같이 한 다음 쪼개어 혀끝으로 맛을 보아 아린 맛이 없으면 꺼내어 생강편과 백반을 용기에 넣고 적당량의 물로 끓인 후 여기에 천남성을 넣고 내부에 백심(白心)이 없어질 때까지 끓인 다음 꺼내어 생강편을 제거하고 어느 정도 말린 다음 얇게 썰어 다시 말린다.

성분 덩이줄기에는 안식향산(benzoic acid), 녹말, 아미노산, 트리테르페노이드(triterpenoid), 사포닌 등이 함유되어 있다.

성미 성질이 따뜻하고, 맛은 쓰고 맵고, 독성이 있다.

귀경 간(肝), 비(脾), 폐(肺) 경락에 작용한다.

효능과 치료 습사를 말리고 담을 삭히는 조습화담(燥濕化痰), 풍사를 제거하고 경련을 멈추게 하는 거풍지경(祛風止痙), 뭉친 것을 흩어지게 하고 종기를 없애는 산결소종(散結消腫) 등의 효능이 있어서 담을 무르게 하고 해수를 치료하며, 풍담현훈(風痰眩暈: 풍담과 어지럼증), 중풍담옹(中風痰壅), 입과 눈이 돌아가는 구안와사, 반신불수, 전간(癲癎), 경풍(驚風), 파상풍, 뱀이나 벌레 물린 상처인 사충교상의 치료에 사용한다.

약용법과 용량 말린 덩이줄기 4~12g을 물 1L에 넣어 1/3이 될 때까지 달여 마시거나, 가루 또는 환으로 만들어 복용한다. 독성이 강하기 때문에 가공에 주의해야 한다.

기능성물질 특허자료

▶ 천남성 추출물을 함유하는 탈모 방지 및 발모 촉진용 조성물

본 발명은 천남성 추출물을 함유하는 탈모 방지 및 발모 촉진용 조성물에 관한 것으로서, 본 발명에 따른 천남성 추출물 및 분획물은 모낭을 성장기 중기 또는 후기로 분화시키며, TGF-β 및 프로락틴을 억제하고, IGF 및 태반성 락토겐을 증가시키며, VEGF, c-kit, PKC-α 및 FGF의 발현을 증가시켜서 탈모를 방지하고 발모를 촉진시키는 효과가 있다.

– 공개번호 : 10-2010-0009725, 출원인 : 우석대학교 산학협력단

두통, 어지럼증, 수족마비, 간질, 파상풍

천마

Gastrodia elata Blume

한약의 기원 : 이 약은 천마의 지상부, 덩이줄기이다.

사용부위 : 덩이줄기

이　명 : 수자해좃, 적마, 신초, 귀독우(鬼督郵), 명천마(明天麻)

생약명 : 천마(天麻)

과　명 : 난초과(Orchidaceae)

개화기 : 6~7월

뿌리 채취품　약재 전형　약재

생태적특성 천마는 여러해살이풀로, 중부 지방 이북에서 분포하며 남부 지방에서는 고지대에서 재배하고 있다. 키는 60~100cm로 자라며, 타원형의 땅속 덩이줄기는 비대하며 가로로 뻗고 길이가 10~18cm, 지름은 3.5cm 정도이고 뚜렷하지는 않으나 테가 있다. 표면은 황백색 또는 담황갈색이며 정단(頂端)에는 홍갈색 또는 심갈색의 앵무새 부리 모양으로 된 잔기가 남아 있다. 질은 단단하여 절단하기 어렵고 단면은 비교적 평탄하며 황백색 또는 담갈색의 각질(角質) 모양이다. 덩이줄기는 더벅머리 총각의 성기를 닮았다고 하여 수자해좆이라는 이명으로도 불린다. 줄기는 황갈색으로 곧게 서고 줄기에서 잎이 듬성듬성 나지만 퇴화되어 없어지고 잎의 밑부분은 줄기로 싸여 있다. 꽃은 황갈색으로 6~7월에 곧게 선 이삭 모양의 총상꽃차례로 줄기 끝에서 피고 꽃차례는 줄기에 붙어 층층이 많은 꽃들이 달리며 길이는 10~30cm이다. 열매는 9~10월경에 튀는열매로 달리며 달걀을 거꾸로 세운 모양이다.

각 부위별 생김새

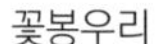
꽃봉우리

꽃

열매

채취시기와 방법 가을부터 이듬해 봄 사이에 덩이줄기를 채취하여 햇볕에 말린다.

성분 덩이줄기의 주성분은 가스트로딘(gastrodin)으로 그 외에 바닐린(vanillin), 바닐릴알콜(vanillyl alcohol), 4-에토이메틸페놀(4-ethoymethyl phenol), p-하이드록시벤질알콜(p-hydroxy benzyl alcohol), 3,4-디하이드록시벤즈알에하이드(3,4-dihydroxybenzaldehyde) 등이 함유되어 있다.

성미 성질이 평범하고, 맛은 달며, 독성은 없다.

귀경 간(肝) 경락에 작용한다.

효능과 치료 간기를 다스리고 풍사를 가라앉히는 평간식풍(平肝息風), 경기를 멈추게 하는 정경지경(定驚止痙)의 효능이 있어서 두통과 어지럼증을 치료하며, 팔다리가 마비되는 증상, 어린이들의 경풍, 간질, 파상풍 등의 치료에 사용한다.

약용법과 용량 천마는 그냥 복용하면 고유의 소변 지린내가 많이 나서 복용에 어려움이 있다. 이때에는 이물질을 제거하고 윤투(潤透)시킨 다음 가늘게 썰어서 밀기울과 함께 볶아서 가공하면 천마 고유의 지린 냄새를 제거할 수 있다. 말린 덩이줄기 4~12g을 물 1L에 넣어 1/3이 될 때까지 달여 마시거나, 환이나 가루로 만들어 복용하기도 하며, 소주를 부어 침출주로 마시기도 한다. 밀기울로 잘 포제하여 말린 천마 50~100g과 소주(30%) 3.6L를 용기에 넣고 밀봉하여 1달 이상 두었다가 식후에 소주잔으로 1잔씩 마시면 편두통 치료에 매우 좋은 효과가 있다. 민간요법에서는 편두통 치료를 위해 마른 천마를 가루로 만들어 식후 5~10g씩 1일 2~3회 나눠 복용한다. 또한 소화불량에는 말린 천마 1,200g과 산약(山藥: 마) 600g을 섞어 가루로 만들어 복용했다. 현기증과 두통, 감기의 열을 치료하는 방법으로는 하루에 천마 3~5g에 말린 천궁을 첨가하여 복용하면 강장에 매우 효과가 좋다고 한다.

천마 종류 꽃

기능성물질 특허자료

▶ 천마 추출물을 함유하는 위염 또는 위궤양의 예방 또는 치료용 조성물

본 발명에 따른 천마 추출물은 침수성 스트레스 유발로 인한 위 점막 세포의 손상을 보호하고, 염증 유발 인자인 산화질소의 합성을 억제하여 위염 또는 위궤양 억제 효과를 나타내므로 위염 또는 위궤양의 예방 또는 치료에 유용하다.

– 공개번호 : 10–2009–0046425, 출원인 : 경북대학교 산학협력단

▶ 신경보호 활성을 가지는 천마 추출물 및 이를 포함하는 치매 예방 및 치료용 조성물

본 발명은 신경보호 활성을 가지는 천마 추출물 및 이를 포함하는 치매 예방 및 치료용 조성물에 관한 것으로, 천마 추출물은 신경보호작용을 하여 아밀로이드 β–펩타이드에 의해서 유도되는 신경 세포사를 억제하는 효과가 있으므로 알츠하이머 질병, 치매 등을 예방 및 치료할 수 있는 뛰어난 효과가 있다.

– 공개번호 : 10–2003–0071035, 출원인 : C.F.(주)

▶ 천마 추출물을 유효성분으로 포함하는 골다공증 예방 및 치료용 조성물

본 발명은 천마 추출물 및 이를 유효성분으로 포함하는 골다공증 예방 및 치료용 조성물에 관한 것이다. 특히 본 발명에 따른 골다공증의 예방 및 치료용 조성물은 부작용이 없을 뿐 아니라 조골세포의 증식을 촉진하고 파골세포의 형성을 억제하여 골화 작용을 촉진함으로써 골다공증 치료에 유용하게 사용될 수 있다.

– 공개번호 : 10–2007–0115242, 출원인 : 박재영

음허화왕, 해수토혈, 폐옹, 소갈, 변비

천문동

Asparagus cochinchinensis (Lour.) Merr.

한약의 기원 : 이 약은 천문동의 덩이뿌리로, 뜨거운 물로 삶거나 찐 뒤에 겉껍질을 제거하고 말린 것이다.

사용부위 : 덩이뿌리

이　명 : 천동(天冬), 천문동(天文冬)

생약명 : 천문동(天門冬)

과　명 : 백합과(Liliaceae)

개화기 : 5~6월

뿌리 채취품　　약재 전형　　약재

생태적특성 천문동은 덩굴성 여러해살이풀로, 중부 지방 이남의 서해안 바닷가에서 주로 자생한다. 덩이뿌리는 양끝이 뾰족한 긴 원기둥꼴로 조금 구부러져 있고 사방으로 퍼지고 길이는 5~15cm, 지름은 0.5~2cm이다. 덩이뿌리의 표면은 황백색 또는 엷은 황갈색으로 반투명하고 넓으며 고르지 않은 가로 주름이 있고 더러는 회갈색의 외피가 남아 있는 것도 있다. 질은 단단하고 또는 유윤(柔潤)하기도 하며 점성이 있다. 단면은 각질 모양으로 중심주는 황백색이다. 원줄기는 1~2m까지 자라고, 잎처럼 생긴 가지는 선 모양으로 1개 또는 3개씩 모여나면서 활처럼 약간 굽는다. 꽃은 담황색으로 5~6월에 잎겨드랑이에서 1~3송이씩 핀다.

각 부위별 생김새

어린잎

열매

채취시기와 방법 가을과 겨울에 덩이뿌리를 채취하여 끓는 물에 데쳐서 껍질을 벗기고 햇볕에 말린다. 이물질을 제거하고 깨끗이 씻어 속심을 제거하고 절단하여 말리는데 때로는 거심하지 않고 그대로 절단하여 사용하기도 한다.

성분 뿌리줄기에는 아스파라긴(asparagine) Ⅳ, Ⅴ, Ⅵ, Ⅶ, 5-메톡시메틸푸프랄(5-methoxymethylfurfural), 베타-시토스테롤(β-sitosterol) 등이 함유되어 있다.

성미 성질이 차고, 맛은 달고 쓰며, 독성은 없다.

귀경 폐(肺), 신(腎) 경락에 작용한다.

효능과 치료 몸안의 음액을 기르는 자음(滋陰), 건조함을 윤활하게 하는 윤조(潤燥), 폐의 기운을 깨끗하게 하는 청폐, 위로 치솟는 화를 가라앉히는 강화(降火) 등의 효능이 있어서 음허발열(陰虛發熱: 음기가 허하여 열이 발생하는 증상, 음허화왕과 같다), 해수토혈(咳嗽吐血: 기침을 하면서 피를 토하는 증상)을 치료하고, 그 밖에도 폐위(肺痿), 폐옹(肺癰), 인후종통(咽喉腫痛), 소갈, 변비 등을 치료하는 데 유용하다. 비짜루(백합과의 여러해살이풀)의 덩이뿌리도 함께 약재로 쓴다.

약용법과 용량 말린 덩이뿌리 5~15g을 사용하며, 흔히 민간요법에서는 당뇨병 치료를 위하여 물에 달여서 장기간 마시면 허로증(虛勞症)을 다스리는 데 좋고, 술에 담가서 공복에 1잔씩 마시면 좋다고 한다. 또한 해수와 각혈을 치료하고 폐의 양기를 도우므로 달여서 마시거나 가루 또는 술에 담가서 먹는다. 특히 마른 기침을 하면서 가래가 없거나 적은 양의 끈끈한 가래가 나오고 심하면 피가 섞이는 증상 치료에는 뽕잎(상엽), 사삼, 행인 등과 같이 사용하면 좋다.

기능성물질 특허자료

▶ 천문동 추출물을 유효성분으로 포함하는 발암 예방 및 치료용 항암 조성물

본 발명은 천문동 추출물을 유효성분으로 포함하는 발암 예방 및 치료용 항암 조성물에 관한 것으로, 구체적으로 물, 알코올 또는 이들의 혼합물로 추출된 천문동 추출물을 추가로 n-헥산, 메틸렌클로라이드, 에틸아세테이트, n-부탄올 및 물의 순으로 계통 분획하여 에틸아세테이트 또는 n-부탄올로 분획되는 에틸아세테이트 또는 n-부탄올 분획물을 유효성분으로 포함하고, 세포 괴사에 의해 암세포에 대해 세포 독성을 나타내는 예방 또는 치료용 약학적 조성물에 관한 것이다.

– 공개번호 : 10-2011-0057972, 출원인 : 한국한의학연구원

▶ 천문동 추출물 또는 이의 분획물을 유효성분으로 포함하는 간기능 보호제

본 발명은 천문동 껍질 추출물 또는 이의 분획물을 유효성분으로 포함하는 간기능 보호제에 관한 것으로, 구체적으로 사염화탄소에 의한 간손상 모델에서 지질과산화 생성 억제, SOD 활성 보호 효과, 혈청 AST 및 ALT 억제 효과를 나타내는 천문동 껍질 추출물 또는 이의 분획물을 유효성분으로 포함하는 간기능 보호제에 관한 것이다.

– 공개번호 : 10-2009-0126044, 출원인 : 한국한의학연구원

관절통, 해독, 이뇨, 혈관강화

청미래덩굴

Smilax china L. = [*Coprosmanthus japonicus* Kunth.]

한약의 기원 : 이 약은 청미래덩굴, 광엽발계(光葉菝葜)의 뿌리줄기이다.
사용부위 : 뿌리줄기, 잎
이 명 : 망개나무, 명감나무, 매발톱가시, 종가시나무, 청열매덤불, 팔청미래, 발계(菝葜), 발계엽(菝葜葉)
생약명 : 토복령(土茯苓)
과 명 : 백합과(Liliaceae)
개화기 : 5월

뿌리 약재 전형

약재

생태적특성 청미래덩굴은 일본, 중국, 필리핀, 인도차이나 등지와 우리나라 황해도 이남의 해발 1600m 이하의 양지바른 산기슭이나 숲 가장자리에서 자생하는 덩굴성 낙엽활엽목본이다. 줄기는 마디에서 굽어 자라고, 덩굴 길이는 3m에 이르며 갈고리 같은 덩굴과 가시가 있어 다른 나무를 기어올라 덤불을 이룬다. 잎은 두꺼우며 광택이 나고 넓은 타원형이다. 꽃은 암수딴그루인데 5월에 산형꽃차례로 잎겨드랑이에서 황록색으로 핀다. 열매는 9~10월에 둥글고 붉은색으로 한곳에서 5~10개씩 익는데, 종자는 황갈색이다.

각 부위별 생김새

잎

꽃

열매

채취시기와 방법 뿌리줄기는 2, 8월, 잎은 봄 · 여름에 채취한다.

성분 뿌리줄기에는 사포닌, 알칼로이드(alkaloid), 페놀류, 아미노산, 디오스게닌(diosgenin), 유기산, 당류가 함유되어 있다. 잎에는 루틴(rutin)이 함유되어 있다.

성미 뿌리줄기는 성질이 따뜻하고, 맛은 달다. 잎은 성질이 따뜻하고, 맛은 달고, 독성은 없다.

귀경 간(肝), 방광(膀胱), 대장(大腸) 경락에 작용한다.

효능과 치료 뿌리줄기는 생약명을 토복령(土茯苓)이라고 하며 이뇨, 해독, 부종, 수종, 풍습, 소변불리, 종독, 관절통, 근육마비, 설사, 이질, 치질 등을 치료한다. 특히 수은이나 납 등 중금속 물질의 해독에 효과적이다. 민간에서는 뿌리줄기를 발계(菝葜), 잎을 발계엽(菝葜葉)이라고 하며 종독, 풍독(風毒), 화상 등을 치료한다. 청미래덩굴 추출물은 혈관질환을 예방 및 치료하는 데 효과적이다.

약용법과 용량 말린 뿌리줄기 30~50g을 물 900mL에 넣어 반이 될 때까지 달여 하루에 2~3회 나눠 마시거나, 술에 담가 우려 마신다. 환이나 가루로 만들어 복용해도 된다. 말린 잎 40~60g을 물 900mL에 넣어 반이 될 때까지 달여 하루에 2~3회 나눠 마신다. 외용할 경우에는 짓찧어서 환부에 붙이거나 가루로 만들어 뿌린다.

혼동하기 쉬운 약초 비교

청미래덩굴

청가시덩굴

기능성물질 특허자료

▶ 청미래덩굴 잎 추출물을 함유하는 당뇨 예방 및 치료용 조성물

본 발명은 항당뇨 조성물에 관한 것으로, 더욱 상세하게는 인체에 독성은 없으며, 체중증가나 감소와 같은 부작용도 나타내지 않고, 매우 우수한 α-글루코시다제 활성저해능을 나타내는 청미래덩굴 잎 추출물을 함유하는 항당뇨 조성물에 관한 것이다.

– 공개번호 : 10-2014-0102864, 출원인 : 강원대학교 산학협력단

폐의 피로에 의한 기침,
병후 신체허약

층층둥굴레

Polygonatum stenophyllum Maxim.

한약의 기원 : 이 약은 층층갈고리둥굴레, 진황정, 전황정(滇黃精), 다화황정(多花黃精)의 뿌리줄기를 찐 것이다.

사용부위 : 뿌리줄기

이 명 : 수레둥굴레, 옥죽황정(玉竹黃精), 녹죽(鹿竹), 야생강(野生薑), 산생강(山生薑)

생약명 : 황정(黃精)

과 명 : 백합과(Liliaceae)

개화기 : 6월

뿌리 채취품

약재

생태적특성 층층둥굴레는 여러해살이풀로, 중국에서는 흑룡강, 길림, 요녕, 하북, 산동, 강소, 산서, 내몽고 등지에서 분포하고 우리나라에서는 중부 지방에서 아주 좁은 면적에 자생하고, 대부분 층층갈고리둥굴레를 농가에서 재배한다. 키는 30~90cm이며, 뿌리는 구부러진 둥근기둥 모양 또는 덩어리 모양으로 길이는 6~20cm, 너비는 1~3cm이다. 표면은 황백색 또는 황갈색으로 가로로 마디가 있고 반투명하다. 한쪽에는 줄기가 붙었던 자국이 둥글며 오목하게 패여 있고 뿌리가 붙었던 자국은 돌출되어 있다. 재배산 둥굴레인 옥죽[玉竹=위유(萎蕤)]은 아무리 굵어도 이 자국이 없기 때문에 쉽게 구분이 가능하다. 그 밖에도 옥죽(둥굴레) 뿌리는 지름이 1cm 내외로 가늘고 길어 황정과 쉽게 구분된다. 잎은 좁은 바소꼴 또는 선 모양으로 3~5장이 돌려난다. 꽃은 연한 황색으로 6월경에 잎겨드랑이에서 밑을 향해 핀다. 열매는 물렁열매이며 둥글고 검은색으로 익는다.

층층둥굴레와 층층갈고리둥굴레(*Polygonatum sibiricum* F. Delaroche), 진황정(*Polygonatum falcatum* A. Gray), 전황정(*P. kingianum* Coll. et Hemsley), 다화황정(*P. cyrtonema*)의 뿌리는 모두 황정(黃精)이라는 동일한 생약명으로 부르며 약으로 사용한다.

각 부위별 생김새

줄기

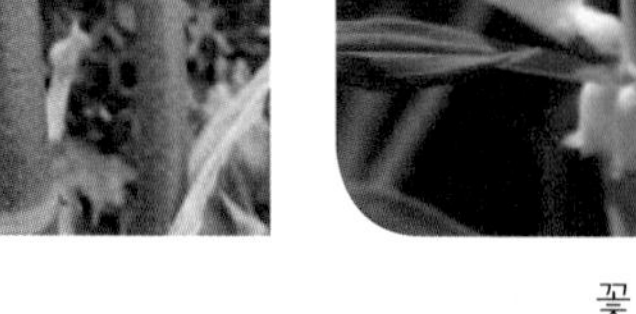

꽃

열매

채취시기와 방법 가을에 뿌리줄기를 채취해서 이물질을 제거하고 씻은 후 시루에 쪄서 햇볕에 말린다. 주증(酒蒸: 술을 섞어서 증숙함)하여 사용한다.

성분 뿌리줄기에는 점액질 성분이 있으며 콘발라린(convallarin), 콘발라마린(convallamarin), 스테로이달사포닌(steroidal saponin) POD－Ⅱ, 베타－시토스테롤(β－sitosterol) 등이 함유되어 있다.

성미 성질이 평범하고, 맛은 달고, 독성은 없다.

귀경 비(脾), 폐(肺), 신(腎) 경락에 작용한다.

효능과 치료 보기(補氣) 약재로서 중초를 보하고 기를 더하는 보중익기(補中益氣), 심폐를 윤활하게 하는 윤심폐(潤心肺), 근골을 강하게 하는 강근골(强筋骨) 등의 효능이 있어서 한사와 열사에 의하여 기가 손상된 증상을 치료하며 폐의 피로에 의한 기침, 병후 몸이 허한 증상, 근골의 연약증상 등을 다스린다.

약용법과 용량 말린 뿌리줄기 10g을 물 700mL에 넣어 끓기 시작하면 약하게 줄여 200～300mL가 될 때까지 달여 하루에 2회 나눠 마신다. 현재 민간에서는 이 약재를 사용할 때 모양이 비슷하고 자음윤폐(滋陰潤肺)하는 효능이 같아서 황정과 옥죽(둥굴레=위유)을 혼용하는 경향이 있는데 황정은 보비익기(補脾益氣)의 작용이 강한 보기(補氣) 약재이고, 옥죽(둥굴레=위유)은 생진양위(生津養胃)의 작용이 강한 자음(滋陰) 약재이므로 구분하여 사용하는 것이 그 효능을 극대화시킬 수 있을 것이다.

기능성물질 특허자료

▶ **층층갈고리둥굴레 추출물을 유효 성분으로 포함하는 비만 또는 대사 증후군 예방 및 치료용 조성물**

본 발명은 층층갈고리둥굴레 또는 대잎둥굴레 추출물을 유효 성분으로 함유하는 비만 또는 대사증후군 예방 및 치료용 조성물에 관한 것으로서 더욱 상세하게는 세포 내 SIRT1 단백질을 높은 수준으로 유지시켜 체중, 복부 지방 및 당 내성도를 감소시키는 비만, 비만 합병증 또는 대사증후군 예방 및 치료용 약학적 조성물 및 식품 조성물에 관한 것이다.

－ 등록번호 : 10－1018531－0000, 출원인 : 일동제약주식회사

해열, 지갈, 해독, 항균, 진정

칡

Pueraria lobata (Willd.) Ohwi
= [*Pueraria thunbergiana* (Sieb. et Zucc.) Benth.]

한약의 기원 : 이 약은 칡의 뿌리로, 그대로 또는 주피를 제거한 것, 꽃봉오리, 막 피기 시작한 꽃이다.
사용부위 : 뿌리, 꽃
이 명 : 칙, 칙덤불, 칡덩굴, 칡넝굴, 갈등(葛藤), 갈마(葛痲), 갈자(葛子), 갈화(葛花)
생약명 : 갈근(葛根), 갈화(葛花)
과 명 : 콩과(Leguminosae)
개화기 : 8~9월

어린 줄기 약재 전형 | 꽃봉우리 약재 | 약재

생태적특성 칡은 전국의 산과 들, 계곡, 초원의 음습지 등에서 자생하는 덩굴성 낙엽활엽목본으로, 다른 물체를 감아 올라가며 덩굴의 길이는 10m 전후로 뻗어 나간다. 잎자루는 길고 서로 어긋나며 잔잎은 능상 원형이고 잎 가장자리는 밋밋하거나 얕게 3개로 갈라진다. 꽃은 홍자색 혹은 홍색으로 8~9월에 총상꽃차례로 잎겨드랑이에서 핀다. 열매의 꼬투리는 넓은 선 모양이며 편평하고 황갈색으로 길며 딱딱한 털이 빽빽하게 나 있는데 9~10월에 익는다.

각 부위별 생김새

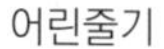
어린줄기

꽃

열매

채취시기와 방법 뿌리는 봄 · 가을, 꽃은 8월 상순경 꽃이 피기 전에 채취한다.

성분 뿌리에는 식물성 에스트로겐(estrogen), 이소플라본(isoflavone) 성분의 푸에라린(puerarin), 푸에라린자일로시드(puerarin xyloside), 다이드제인(daidzein), 베타-시토스테롤(β-sitosterol), 아락킨산(arackin acid), 전분 등이 함유되어 있다. 잎에는 로비닌(robinin)이 함유되어 있다.

성미 뿌리는 성질이 평범하고, 맛은 달고 맵다. 꽃은 성질이 시원하고, 맛은 달다.

귀경 뿌리는 비(脾), 위(胃) 경락에 작용한다. 꽃은 위(胃) 경락에 작용한다.

효능과 치료 뿌리는 생약명을 갈근(葛根)이라고 하며 해열, 두통, 발한, 감기, 진경, 지갈, 지사, 이질, 고혈압, 협심증, 해독, 난청 등을 치료하며 진정, 항암, 항균, 항산화, 골다공증, 당뇨 등의 치료에 효능이 있다. 특히 에스트로겐(estrogen)과 다이드제인(daidzein) 등의 성분이 여성 호르몬 효과를 주어 여성의 갱년기장애와 칼슘 흡수 촉진 등 골다공증 예방 치료에도 도움을 주고, 남성의 전립선암과 전립선 비대 예방과 치료에도 도움을 준다. 꽃은 생약명을 갈화(葛花)라고 하며 주독을 풀어주고 속쓰림과 오심, 구토, 식욕부진 등을 치료하며 치질의 내치 및 장풍하혈, 토혈 등의 치료에 효과적이다. 칡 추출물은 암 예방 및 치료와 여성폐경기 질환의 예방 및 치료, 골다공증의 예방 및 치료에 사용할 수 있다.

약용법과 용량 말린 뿌리 20~30g을 물 900mL에 넣어 반이 될 때까지 달여 하루에 2~3회 나눠 마시거나, 짓찧어 즙을 내어 마셔도 된다. 외용할 경우에는 짓찧어서 환부에 붙인다. 말린 꽃 20~30g을 물 900mL에 넣어 반이 될 때까지 달여 하루에 2~3회 나눠 마신다.

칡꽃(갈화)

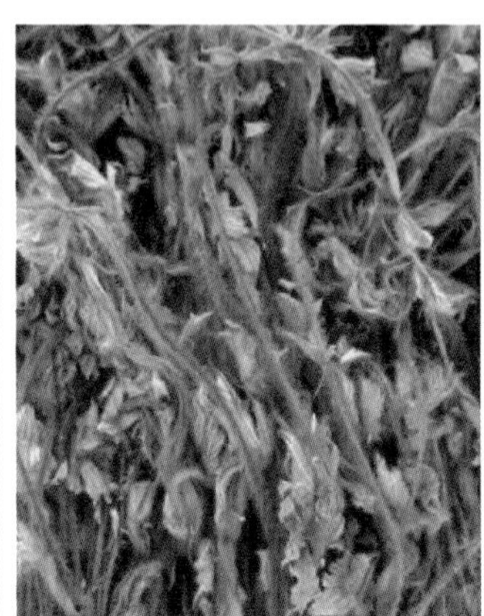

칡 어린순(갈용)

칡뿌리(갈근)

간과 신을 보하고, 근육과 뼈를 튼튼히 하며, 소화

큰조롱

Cynanchum wilfordii (Maxim.) Hemsl.

한약의 기원 : 이 약은 은조롱의 덩이뿌리이다.

사용부위 : 덩이뿌리

이 명 : 은조롱, 격산소(隔山消), 태산하수오(泰山何首烏)

생약명 : 백수오(白首烏)

과 명 : 박주가리과(Asclepiadaceae)

개화기 : 7~8월

뿌리 채취품

약재 전형

약재

생태적특성 큰조롱은 덩굴성 여러해살이풀로, 각지의 산과 들의 양지바른 곳에서 분포하며 농가에서도 재배한다. 육질의 덩이뿌리는 타원형으로 줄기가 붙는 머리부분은 가늘지만 아래로 내려갈수록 두꺼워지다가 다시 가늘어진다. 덩굴은 1~3m까지 뻗는데, 원줄기는 둥근기둥 모양으로 가늘고 왼쪽으로 감아 오르고 상처에서 흰 유액이 흐른다. 꽃은 연한 황록색으로 7~8월에 잎겨드랑이에서 산형꽃 차례로 핀다. 열매는 골돌과로 익는데 길이가 약 8cm, 지름이 1cm 정도이다.
한방에서는 큰조롱의 덩이뿌리를 백수오(白首烏)라고 부르며 약재로 사용한다. 그런데 일반인들 사이에서 큰조롱은 흔히 은조롱, 하수오라는 이명으로 부르면서, 마디풀과의 약용식물인 하수오(*Fallopia multiflora*)와 혼동하는 경우를 자주 볼 수 있다. 이처럼 혼동하게 된 이유는 붉은빛이 도는 하수오의 덩이뿌리를 적하수오라고 하면서 백수오라는 생약명이 있는 큰조롱의 덩이뿌리를 백하수오라고 잘못 부른 데서 비롯되었다. 두 식물 모두 덩이뿌리를 약용하긴 하지만 동일한 약재는 아니므로 구분해서 사용해야 한다. 생약 정보에는 식물명을 '은조롱'이라고 하였으나 국생종의 분류 기준을 따랐다.

각 부위별 생김새

잎

꽃

열매

채취시기와 방법 가을에 잎이 마른 다음이나 이른 봄에 싹이 나오기 전에 덩이뿌리를 채취하여 수염뿌리와 겉껍질, 이물질을 제거하고 절편하여 햇볕에 말린다. 하수오처럼 검정콩 삶은 물을(약재 무게의 10~15%의 검정콩을 물에 충분히 삶아서 우려낸 물을 모아 사용) 흡수시켜 시루에 찌고 말리는 과정을 반복하면 더욱 좋으나 하수오에 비해 독성은 없으므로 반드시 포제를 해야 하는 것은 아니다.

성분 시난콜(cynanchol), 크리소파놀(chrysophanol), 에모딘(emodin), 레인(rhein) 등이 함유되어 있다.

성미 성질이 약간 따뜻하고, 맛은 달고 약간 쓰며 떫고, 독성은 없다.

귀경 간(肝), 비(脾), 신(腎) 경락에 작용한다.

효능과 치료 간과 신을 보하는 보간신(補肝腎), 근육과 뼈를 튼튼하게 하는 강근골(强筋骨), 소화기능을 튼튼하게 하는 건비보위(健脾補胃), 독을 풀어주는 해독 등의 효능이 있어서 간과 신이 모두 허한 증상, 머리가 어지럽고 눈앞이 어지러운 증상, 잠을 못 이루는 불면증이나 건망증, 머리카락이 빨리 희어지는 증상, 유정, 허리와 무릎이 시리고 아픈 증상, 비의 기능이 허하여 기를 온몸에 돌려주는 기능이 저하된 증상, 위가 더부룩하고 헛배 부른 증상, 식욕부진, 설사, 출산 후 젖이 잘 나오지 않는 증상 등의 치료에 사용할 수 있다.

약용법과 용량 말린 덩이뿌리 15g을 물 700mL에 넣어 끓기 시작하면 약하게 줄여 200~300mL가 될 때까지 달여 하루에 2회 나눠 마신다. 가루 또는 환으로 만들어 복용하기도 하고, 술에 담가서 마시기도 한다.

신장염, 부종, 유정, 시력 저하

택사(질경이택사)

Alisma canaliculatum A. Braun & C. D. Bouché

한약의 기원 : 이 약은 질경이택사의 덩이줄기로, 잔뿌리, 주피를 제거한 것이다.

사용부위 : 덩이줄기

이　명 : 수사(水瀉), 택지(澤芝), 급사(及瀉), 천독(天禿)

생약명 : 택사(澤瀉)

과　명 : 택사과(Alismataceae)

개화기 : 7~8월

뿌리 채취품　　약재 전형　　약재

생태적특성 질경이택사는 여러해살이풀로, 경남 지방 이북에서 자생한다. 꽃대의 키는 60~90cm로 자란다. 덩이줄기는 짧고 공 모양이며 겉껍질은 갈색이고 수염뿌리가 많다. 뿌리 밑부분에는 혹 모양의 눈 흔적인 아흔(芽痕)이 있다. 질은 견실하고 단면은 황백색의 분성(粉性)이며 작은 구멍이 많다. 잎은 뿌리에서 나오며 긴 달걀 모양의 타원형으로 끝은 뾰족하고 밑부분은 둥글며 가장자리는 밋밋하다. 꽃은 흰색으로 7~8월에 피고, 열매는 여윈열매로 뒷면에 2개의 홈이 있고 9~10월에 열린다.

택사(*Alisma canaliculatum* A. Br. & Bouche)라는 식물의 뿌리 또한 택사(澤瀉)라는 생약명으로 불리며 동일한 약재로 사용하는데 뿌리잎은 넓은 바소꼴로 밑은 좁아져서 잎자루로 흐르며 여윈열매 뒷면에는 1개의 홈이 있다. 택사는 남부 지방의 소택지(沼澤地)와 중부 지방에서 자생하며 전남 여천 지역에서 소규모 농가에서 재배하고 있다.

각 부위별 생김새

잎

꽃

열매

채취시기와 방법 겨울에 잎이 마른 다음 덩이줄기를 채취한 후 수염뿌리와 겉껍질인 조피(粗皮), 이물질을 제거하고 절편하여 볶아주거나 소금물에 담갔다가 볶아 주는 염수초(鹽水炒: 약재 무게의 2~3% 정도의 소금을 물에 풀어 약재에 흡수시킨 다음 약한 불에서 프라이팬에 볶아냄)하여 사용한다.

성분 덩이줄기에는 알리솔(alisol) A와 B, 폴리사카라이드(polysaccharide), 알리솔(alisol) 모노아세테이트(monoacetate), 세스퀴테르펜스(sesquiterpenes), 트리테르펜스(triterpenes), 글루칸(glucan), 에피알리솔A(epialisol A=essential oil) 등이 함유되어 있다.

성미 성질이 차고, 맛은 달며, 독성은 없다.

귀경 신(腎), 방광(膀胱) 경락에 작용한다.

효능과 치료 수도를 이롭게 하여 소변을 잘 보게 하며, 습사를 조절하는 이수삼습(利水滲濕), 열을 내리게 하는 설열 등의 효능이 있으며, 소변을 잘 보지 못하는 증상을 치료하고, 몸안에 습사가 머물러 온몸이 붓고 배가 몹시 불러오면서 그득한 느낌을 주는 수종창만(水腫脹滿), 설사와 소변량이 줄어드는 설사요소(泄瀉尿少), 담음현훈(痰飮眩暈: 담음은 여러 가지 원인으로 몸안의 진액이 순환하지 못하고 일정 부위에 머물러 생기는 증상), 열림삽통(熱淋澁痛: 습열사가 하초에 몰려 소변을 조금씩 자주 보면서 잘 나오지 않고 요도에 작열감이 있는 증상), 고지혈증 등을 치료한다.

약용법과 용량 민간에서는 부종 치료를 하거나 급성 신장염, 이뇨작용과 어지럼증, 유정, 시력저하 등의 치료에 사용한다. 말린 택사와 백출 각각 12g을 물 1.2L에 넣어 끓기 시작하면 약하게 줄여 200~300mL가 될 때까지 달여 하루에 3회 나눠 마시면 부종 치료에 효과적이다.

혼동하기 쉬운 약초 비교

택사

질경이 택사

고혈압, 각종 부인병,
류머티스성 질환

털목이

Auricularia nigricans (Sw.) Birkebak, Looney & Sánchez-García

분 포 : 한국, 전 세계
사용부위 : 자실체
이 명 : 모목이(毛木耳: 중국)
생약명 : 목이(木耳)
과 명 : 목이과(Auriculariaceae)
개화기 : 봄~가을

자실체

생태적특성 털목이는 봄부터 가을 사이에 활엽수의 고목, 그루터기, 죽은 가지에 무리지어 발생한다. 크기는 2~8cm 정도이고, 주발 모양 또는 귀모양 등 다양하며, 젤라틴질이다. 갓윗면(비자실층)은 가운데 또는 일부가 기주에 부착되어 있고, 약간 주름져 있거나 파상형이다. 표면은 회갈색의 거친 털로 덮여 있으며, 갈색 또는 회갈색을 띠며, 노후되면 거의 흑색으로 된다. 아랫면(자실층)은 매끄럽거나 불규칙한 간맥이 있고, 갈색 또는 흑갈색을 띤다. 조직은 습할 때 젤라틴질이며 유연하고 탄력성이 있으나, 건조하면 수축하여 굳어지며 각질화된다. 건조된 상태로 물속에 담그면 원상태로 되살아난다. 포자문은 백색이고, 포자 모양은 콩팥형이다.

각 부위별 생김새

자실체

자실체

성분 유리아미노산 13종과 지방산 8종을 함유하며, 글루코오스(glucose), 글리세롤(glycerol), 프럭토스(fructose), 만니톨(mannitol), 아라비톨(arabitol), 키틴(chitin), 폴리사카라이드(polysacchharide: 면역세포의 강화에 작용), 아우라톡신(auratoxin: 독성분), 비타민 D, 렉틴(lectin: 당단백, 혈구 응집 성분) 등을 함유한다.

성미 성질은 평하고 맛은 달다.

귀경 간(肝), 심(心), 폐(肺), 비(脾), 위(胃) 경락에 작용한다.

효능과 치료 기를 보하고 폐를 윤활하게 하는 보기윤폐(補氣潤肺), 출혈을 멎게 하고 혈압을 내리는 지혈강압(止血降壓) 등의 효능이 있다.

약용법과 용량 고혈압, 자궁출혈, 류머티스성 동통, 수족마비, 산후 허약, 치질출혈, 백대하, 반위(反胃) 구토, 위염, 외상동통, 변혈(便血), 혈맥(血脈) 불통(不通), 독버섯 중독 등에 이용할 수 있다.

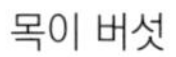

목이 버섯

혓바늘 목이버섯

진통, 혈액순환을 돕는 활혈,
거풍, 소종

톱풀

Achillea alpina L.

한약의 기원 : 이 약은 톱풀의 전초이다.

사용부위 : 전초

이 명 : 가새풀, 배암채, 거초(鋸草), 영초(靈草), 오공초(蜈蚣草)

생약명 : 시초(蓍草), 일지호(一枝蒿)

과 명 : 국화과(Compositae)

개화기 : 7～10월

전초 채취품

생태적특성 톱풀은 여러해살이풀로, 전국의 산과 들에서 자라며, 키는 50~110cm로 곧게 자라며 한곳에서, 여러 대가 자란다. 줄기 밑부분에는 털이 없고 윗부분에는 털이 많이 나 있고 뿌리줄기는 옆으로 뻗는다. 잎은 어긋나고 잎자루는 없으며 끝이 둔하다. 빗살처럼 생긴 잎 모양은 좁고 타원형의 바소꼴로 톱니가 있다. 꽃은 흰색으로 7~10월에 피고, 열매는 9~10월에 맺는다.
유사종인 큰톱풀[*Achillea ptarmica* var. *acuminata* (Ledeb.) Heim.] 등의 전초도 약재로 함께 쓰인다.

각 부위별 생김새

꽃

열매

채취시기와 방법 여름부터 가을 사이에 전초를 채취하여 햇볕에 말린다.

성분 지상부에는 알칼로이드(alkaloid), 플라보노이드(flavonoid), 정유(essential oils), 아킬린(achillin), 베토니신(betonicine), d-캄퍼(d-camphor), 옥살산(oxalic acids), 하이드로시안산(hydrocyanic acids), 안토시아니딘(anthocyanidines), 안트라퀴논(anthraquinones), 파이토스테린(phytosterines), 카로틴(carotene), 쿠마린(coumarins), 모노테르펜(monoterpene), 세스퀴테르펜글루코사이드(sesquiterpene glucosides) 등이 함유되어 있다.

성미 성질이 약간 따뜻하고, 맛은 맵고 쓰다.

귀경 간(肝), 심(心), 폐(肺) 경락에 작용한다.

효능과 치료 통증을 멈추게 하는 진통, 혈액순환을 좋게 하는 활혈, 풍사를 제거하는 거풍, 종기를 없애주는 소종의 효능이 있으며 타박상, 동통, 풍습비통(風濕痺痛), 관절염, 종독 등을 치유하는 데 유용하다.

약용법과 용량 말린 전초 5g을 물 3컵에 넣어 끓기 시작하면 약하게 줄여 200~300mL가 될 때까지 달여 하루에 2회 나눠 마신다. 외용할 경우에는 신선한 잎과 줄기를 짓찧어 환부에 붙이고 싸맨다. 어린순은 나물로 먹는다.

톱풀잎

기능성물질 특허자료

▶ 톱풀의 유효성분을 함유하는 B형 간염 예방 및 치료용 약학적 조성물

본 발명은 톱풀의 유효성분을 함유하는 B형 간염 예방 및 치료용 약학적 조성물에 관한 것으로서, 아칠리아속 식물의 추출물, 이의 불용성 침전물 및 이의 활성분획은 B형 간염 바이러스 복제를 저해하며, 세포 독성은 없는 안정한 물질이므로 B형 간염 예방 및 치료용 약학적 조성물로 유용하게 이용될 수 있다.

– 공개번호 : 10-2008-0073473, 출원인 : 한국생명공학연구원

식욕부진, 소화력 감퇴, 고혈압, 중풍, 간경화, 각종 암

표고

Lentinula edodes (Berk.) Pegler

분 포 : 한국, 일본, 중국, 동남아시아, 뉴질랜드
사용부위 : 자실체
이 명 : 표고버섯
생약명 : 향심(香蕈)
과 명 : 화경버섯과(Omphalotaceae)
개화기 : 봄~가을

자실체

생태적특성 표고는 숙주 나무에 붙는 상태로 한쪽으로 기울어 자라는데, 버섯 중 으뜸으로 여겨 식용 및 약용한다. 갓의 지름은 4~10cm, 대는 3~6cm이다. 갓은 처음에는 반구형이나 점차 편평해진다. 표면은 다갈색이며 흑갈색의 비늘조각으로 덮여 있고 더러 속이 터지기도 한다. 갓의 가장자리는 처음에는 안쪽으로 감기지만 후에 가장자리와 버섯대에 떨어져 붙는다. 대에는 흰색의 주름살이 촘촘히 난다.

각 부위별 생김새

자실체

자실체

성분 신선한 표고에는 85~90%의 수분 외에 고형물 중 조단백질, 조지방, 가용성 무질소물질, 조섬유, 회분 등이 함유되어 있다. 단백질에는 알부민(albumin), 글루텔린(glutelin), 프롤라민(prolamin) 등 3종류가 함유되어 있고, 마른 향심의 물 추출물에는 히스틴산, 글루탐산(glutamic acid), 알라닌(alanine), 로이신(reusin), 페닐알라닌(phenyilalanine), 발린(valine), 아스파라긴산(asparaginic acid), 아스파라긴(asparagine), 아세타마이드(acetamide), 콜린(choline), 아데닌(adenine) 및 소량의 트리메틸아민(trimethylamine) 등이 함유되어 있다.

성미 성질이 평범하고, 맛은 달다.

귀경 간(肝), 심(心), 위(胃) 경락에 작용한다.

효능과 치료 표고는 장과 위의 기능을 강화하는 효능이 있어 식욕을 돋우고 설사와 구토를 멎게 한다. 따라서 소화력이 약하고 소화불량과 설사가 있을 때 사용하면 좋다. 또한 가래를 삭이는 효능이 있고, 유즙 분비를 촉진하며, 모세혈관이 약해 쉽게 터지는 증상을 치료한다. 최근에는 항암 물질이 있다고 밝혀져 각광받고 있으며, 혈압과 콜레스테롤 수치를 낮추는 효능이 입증된 바 있다.

약용법과 용량 1회 복용량은 말린 표고 8~12g이다. 소화불량과 설사 치료에는 표고 30~40g을 물에 달여 하루에 3번 나눠 마시는데 1주일 정도 마시면 좋다.

혼동하기 쉬운 약초 비교

표고 자실체

백화고 자실체

기능성물질 특허자료

▶ **표고버섯 열수 추출물을 이용한 골길이 성장에 도움을 주는 조성물**

본 발명은 IGF-1 및 성장 호르몬의 발현을 촉진하는 표고버섯 열수 추출물을 유효성분으로 함유하는 골길이 성장 도움 및 성장 장애 예방용 조성물, 발효유, 음료 및 건강기능식품에 관한 것으로, 본 발명의 표고버섯 열수 추출물 및 이를 함유하는 제제는 골길이 성장을 촉진하는 작용이 탁월하여 골길이 성장 장애의 치료 및 예방을 목적으로 사용될 경우에 매우 효과적이다.

– 공개번호 : 10-2008-0110212, 출원인 : (주)한국야쿠르트

▶ **표고버섯 균사체 추출물을 포함하는 γδT 세포 면역활성 증강제**

본 발명은 표고버섯 균사체 추출물이 γδT 세포의 활성을 현저하게 증강하는 작용을 갖는 것을 이용하여 종양의 치료 또는 세균 감염증 또는 바이러스 감염증의 치료 및 예방에 사용하기 위한, 표고버섯 균사체 추출물을 포함하는 γδT 세포 활성 증강제, 나아가서는 면역 활성제를 개발 · 제공한다.

– 공개번호 : 10-2001-0089497, 출원인 : 고바야시 세이야쿠 가부시키가이샤 · 나가오카

열병으로 입이 마르는 증상,
소갈, 옹종

하늘타리

Trichosanthes kirilowii Maxim.

한약의 기원 : 이 약은 하늘타리, 쌍변괄루의 껍질을 제거한 덩이뿌리, 잘 익은 종자이다.

사용부위 : 덩이뿌리, 열매, 잘 익은 종자

이 명 : 쥐참외, 하눌타리, 하늘수박, 천선지루, 괄루, 천화분(天花粉)

생약명 : 괄루근(栝蔞根), 괄루인(栝蔞仁)

과 명 : 박과(Cucurbitaceae)

개화기 : 7~8월

뿌리 채취품 씨앗 약재 약재

생태적특성 하늘타리는 덩굴성 여러해살이풀로, 중부 이남의 산과 들에 분포한다. 덩이뿌리는 불규칙한 둥근기둥 모양, 양끝이 뾰족한 원기둥꼴 또는 편괴상으로 길이 8~16cm, 지름 1.5~5.5cm이다. 표면은 황백색 또는 엷은 갈황색으로 세로 주름과 가는 뿌리의 흔적 및 약간 움푹하게 들어간 가로로 긴 피공(皮孔)이 있고 황갈색의 겉껍질이 잔류되어 있다. 질은 견실하고, 단면은 흰색 또는 담황색으로 분성(粉性)이 풍부하며, 곁뿌리의 절단면에는 황색의 도관공(導管孔)이 약간 바큇살 모양으로 배열되어 있다. 잎은 어긋나고 둥글며 손바닥처럼 5~7장으로 갈라지고 거친 톱니가 있다. 밑은 심장 모양으로 양면에 털이 나 있다. 꽃은 암수딴그루이고 7~8월에 흰색으로 핀다. 열매는 물렁열매로 지름은 7cm 정도이며 오렌지색으로 익고 안에는 엷은 회갈색의 종자가 많이 들어 있다.

각 부위별 생김새

잎 뒷면

꽃

열매

채취시기와 방법 열매와 종자는 가을과 겨울에 채취한다. 열매는 겉껍질을 제거하고 쪼개서 말리거나 이물질을 제거하고, 종자는 햇볕에 말려서 사용한다. 뿌리는 가을부터 이른 봄 사이에 채취하여 깨끗이 씻은 후 겉껍질을 벗겨내고 햇볕에 말려서 사용한다.

성분 덩이뿌리에는 1% 정도의 사포닌이 함유되어 있다. 열매에는 트리테르페노이드(triterpenoid) 사포닌, 유기산(organic acid), 리신(resin) 등이 함유되어 있으며, 종자에는 지방이 함유되어 있다. 열매에 함유되어 있는 프로테인과 덩이뿌리에 함유되어 있는 프로테인은 서로 다르다. 덩이뿌리의 유효성분은 트리코사틴(trichosanthin)으로 이것은 여러 종류의 단백질 혼합물이다.

성미

- 덩이뿌리(괄루근) : 성질이 차고, 약간 달며 쓰다.
- 종자(괄루인) : 성질이 차고, 달다.

귀경 덩이뿌리는 폐(肺), 위(胃) 경락에 작용한다. 종자는 폐(肺), 위(胃), 대장(大腸) 경락에 작용한다.

효능과 치료 진액을 생성하고 갈증을 멈추는 생진지갈(生津止渴), 하기를 내리고 조성을 윤택하게 하는 강화윤조(降火潤燥), 농을 배출하고 종양을 삭히는 배농소종(排膿消腫) 등의 효능이 있어서 열병으로 입이 마르는 증상을 치료하고, 소갈, 황달, 폐조해혈(肺燥咳血), 옹종치루 등을 치료한다.

약용법과 용량 말린 약재 15g을 물 700mL에 넣어 200~300mL가 될 때까지 달여 하루에 2~3회 나눠 마시거나, 환이나 가루로 만들어 복용한다. 심한 기침 치료를 위해서도 하늘타리를 이용하는데 잘 익은 하늘타리 열매를 반으로 쪼갠 다음 그 속에 하늘타리 종자 몇 개와, 같은 숫자의 살구씨를 넣고 다시 덮어서 젖은 종이로 싼 뒤 이것을 다시 진흙으로 싸서 잿불에 타지 않을 정도로 굽는다. 이것을 가루로 만들어 같은 양의 패모 가루를 섞고 하룻밤 냉수에 담근 다음 같은 양의 꿀을 섞어서 한 번에 두 숟가락씩 하루에 3회 식후 20~30분 후에 먹기를 며칠 동안 꾸준히 하면 오래된 심한 기침도 잘 낫는다. 민간에서는 신경통 치료를 위하여 열매살 부분을 술에 담가 하루에 2~3회 나눠 복용하기도 한다.

근골산통, 간과 신의 훼손된 음기

하수오

Fallopia multiflora (Thunb.) Haraldson

한약의 기원 : 이 약은 하수오의 덩굴줄기, 덩이뿌리이다.

사용부위 : 덩이뿌리

이 명 : 지정(地精), 진지백(陳知白), 마간석(馬肝石), 수오(首烏)

생약명 : 하수오(何首烏)

과 명 : 마디풀과(Polygonaceae)

개화기 : 8~9월

뿌리 채취품

약재

생태적특성 하수오는 덩굴성 여러해살이풀로, 전국 각지에서 자생하고 중남부 지방에서 재배한다. 줄기 밑동은 목질화되고 뿌리는 가늘고 길며 그 끝에 비대한 덩이뿌리가 달린다. 덩이뿌리의 겉껍질은 적갈색이며 몸통은 무겁고 질은 견실하고 단단하다. 줄기는 가늘고 전체에 털이 나 있으며 길이는 2~3m로 자란다. 잎은 어긋나고 좁은 심장 모양으로 끝이 뾰족하다. 꽃은 흰색으로 8~9월에 작은 꽃이 원뿔꽃차례로 핀다. 꽃잎은 없고 수술은 8개, 자방은 달걀 모양이고 암술대는 3개이다. 열매는 여윈열매로 익는다.

각 부위별 생김새

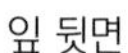
잎 뒷면

꽃

열매

채취시기와 방법 가을과 겨울에 덩이뿌리를 채취하여 이물질을 제거하고 절편하여 사용한다.

성분 덩이뿌리에는 안트라퀴논(anthraquinone)계 성분인 크리소파놀(chrysophanol), 에모딘(emodin), 레인(rhein), 피스치온(physcione) 등이 함유되어 있으며, 줄기에도 유사한 성분들이 함유되어 있다. 덩이뿌리에는 전분과 지방도 함유되어 있다.

성미 성질이 따뜻하고, 맛은 쓰고 달며, 독성은 없다.

귀경 간(肝), 심(心), 신(腎) 경락에 작용한다.

효능과 치료 간을 보하는 보간, 신의 기운을 더하는 익신(益腎), 혈을 기르는 양혈, 풍사를 제거하는 거풍 등의 효능이 있어서 간과 신의 음기가 훼손된 것을 치유하며, 머리카락이 일찍 희어지는 수발조백(鬚髮早白), 혈이 허하여 머리가 어지러운 혈허두훈, 허리와 무릎이 연약해진 요슬연약(腰膝軟弱), 근골이 시리고 아픈 근골산통(筋骨酸痛), 정액이 저절로 흘러나가는 유정, 붕루대하, 오래된 설사[구리(久痢)] 등을 치료하며, 그 밖에도 만성 간염, 옹종, 나력, 치질 등의 치료에 사용한다. 민간요법에서는 간과 신 기능의 허약을 치료하며 해독작용, 변비, 불면증, 거풍(祛風), 피부 가려움증, 백일해 등의 치료에 사용한다.

약용법과 용량 말린 덩이뿌리 15g을 물 700mL에 넣어 끓기 시작하면 약하게 줄여 200~300mL가 될 때까지 달여 하루에 2회 나눠 마신다. 가루 또는 환으로 만들어 복용하기도 하고, 술에 담가서 마시기도 한다.

혼동하기 쉬운 약초 비교

하수오

큰조롱이

기능성물질 특허자료

▶ 하수오 추출물의 제조방법과 그 추출물을 함유한 당뇨병 관련 질환 치료용 의약 조성물

본 발명은 하수오 추출물의 제조방법과 그 추출물을 함유한 당뇨병 관련 질환 치료용 의약 조성물에 관한 것으로, 하수오를 물, 극성 유기용매 또는 이들의 혼합용매로 추출하는 단계, 상기 추출액으로부터 고형분을 제거하는 단계 및 상기 추출액으로부터 추출용매를 제거하여 하수오 추출물을 얻는 단계를 통해 혈당강하 효과가 있는 하수오 추출물을 얻고, 이를 함유시켜 당뇨병 관련 치료용 조성물을 제조함으로써, 우수한 혈당강하 효과를 갖는 하수오 추출물과 그 추출물을 함유한 당뇨병 관련 질환 치료용 의약 조성물에 관한 것이다.

– 공개번호 : 10-2004-0063291, 출원인 : 에스케이케미칼(주)

기관지염, 천식, 각종 종양

한입버섯

Cryptoporus volvatus (Peck) Shear

분　포 : 한국, 일본, 중국, 동남아시아, 유럽, 북아메리카
사용부위 : 자실체
이　명 : *Polyporus volvatus* Peck
생약명 : 은공균(隱孔菌: 중국)
과　명 : 구멍장이버섯과(Polyporaceae)
개화기 : 여름~가을

자실체

생태적특성 한입버섯은 여름부터 가을까지 침엽수의 고목, 소나무의 고목 또는 생목의 껍질에 무리지어 나며, 부생생활로 목재를 썩힌다. 갓의 크기는 2~10cm, 높이는 5~10cm 정도이며, 표면은 황갈색 또는 갈색이며, 광택이 있고, 매끄럽다. 대는 없고 기주에 붙어 생활한다. 갓의 밑부분은 백색 또는 담황색의 피막으로 덮여 관공면이 노출되지 않으나, 나중에 지름 0.5~1cm 정도의 타원형 구멍이 뚫려 외기와 통하게 된다. 포자문은 백색이고, 포자 모양은 원통형이다.

각 부위별 생김새

자실체

자실체

성분 글루칸(glucan: 단백질 복합체), 에르고스테롤(ergosterol) 등을 함유하며, 고미성분으로 크립토포릭산 7종(cryptoporic acid A, B, C, D, E, F, G)을 함유한다.

성미 성질은 따뜻하고 맛은 달고 쓰다.

귀경 간(肝), 심(心), 폐(肺) 경락에 작용한다.

효능과 치료 기를 내리고 천식을 다스리는 강기평천(降氣平喘), 폐기를 따뜻하게 하고 가래를 삭히는 온폐화담(溫肺化痰) 등의 효능이 있다.

약용법과 용량 기관지염, 천식, 각종종양, 등에 이용하며 중국에서는 어린아이가 젖을 뗄 때 젖꼭지에 바른다. 기관지염이나 천식에는 버섯 6~9g을 물에 달여서 복용한다.

한입버섯

해열, 해독, 소염, 살균

할미꽃

Pulsatilla koreana (Yabe ex Nakai) Nakai ex Nakai

한약의 기원 : 이 약은 할미꽃, 백두옹의 뿌리이다.
사용부위 : 뿌리
이 명 : 노고초, 조선백두옹, 할미씨까비, 야장인(野丈人), 백두공(白頭公)
생약명 : 백두옹(白頭翁)
과 명 : 미나리아재비과(Ranunculaceae)
개화기 : 4월

뿌리 약재 전형

약재 전형

생태적특성 할미꽃은 여러해살이풀로, 전국 각지의 산과 들에 분포하며 주로 양지쪽에 자란다. 뿌리는 둥근기둥 모양에 가깝거나 원뿔형으로 약간 비틀려 구부러졌고 길이는 6~20cm, 지름은 0.5~2cm이다. 표면은 황갈색 또는 자갈색으로 불규칙한 세로 주름과 세로 홈이 있으며, 뿌리의 머리 부분은 썩어서 움푹 들어가 있다. 뿌리의 질은 단단하면서도 잘 부스러지고, 단면의 껍질부는 흰색 또는 황갈색이며, 목질부는 담황색이다. 잎은 뿌리에서 모여 나고 깃꼴겹잎이며, 줄기 전체에 긴 털이 빽빽하게 나 있고 흰빛이 돈다. 꽃은 적자색으로 4월에 꽃줄기 끝에서 밑을 향해 1송이가 피는데 꽃대 높이는 30~40cm로 자란다. 열매는 여윈열매로 긴 달걀 모양이고 겉에는 흰색 털이 나 있다.

각 부위별 생김새

잎

꽃

열매

채취시기와 방법 가을부터 이듬해 봄에, 꽃이 피기 전 뿌리를 채취하여 이물질을 제거하고 햇볕에 말린다. 약재로 가공할 때에는 윤투(潤透)시킨 다음 얇게 절편하고 말려 사용한다.

성분 뿌리에는 사포닌 9%가 함유되어 있고, 아네모닌(anemonin), 헤데라게닌(hederagenin), 올레아놀릭산(oleanolic acid), 아세틸올레아놀릭산(acethyloleanolic acid)

등이 함유되어 있다.

성미 성질이 차고, 맛은 쓰며, 독성이 조금 있다.

귀경 폐(肺), 위(胃), 대장(大腸) 경락에 작용한다.

효능과 치료 열을 내리게 하는 해열, 독을 푸는 해독, 염증을 가라앉히는 소염, 유해한 균을 죽이는 살균 등의 효능이 있어 열을 내리고 독을 풀며, 양혈하며 설사를 멈추게 한다. 열독을 치료하고 혈변을 치료하며, 음부의 가려움증과 대하를 치료하고, 그 밖에도 아메바성 이질, 말라리아 등을 치료하는 데 사용한다.

약용법과 용량 말린 전초 15g을 물 700mL에 넣어 끓기 시작하면 약하게 줄여 200~300mL가 될 때까지 달여 하루에 2회 나눠 마시거나, 가루 또는 환으로 만들어 복용한다. 외용할 경우에는 전초를 짓찧어 환부에 바른다. 민간에서는 만성 위염 치료를 위해 잘 말려 가루로 만든 할미꽃 뿌리를 2~3g씩 하루 3회 식후에 복용한다. 15~20일간을 1주기로 하여 효과가 없다면 7일간을 쉬었다가 다시 1주기를 반복해서 복용한다. 그 밖에도 여성의 냉병이나 질염 치료에도 요긴하게 사용하는데 말린 약재 5~10g을 물 700mL에 넣어 끓기 시작하면 약하게 줄여 200~300mL가 될 때까지 달여 하루에 2회 나눠 마시거나, 말린 약재를 변기에 넣고 태워 그 김을 환부에 쏘이기도 한다.

동강 할미꽃

월경불순, 당뇨, 항산화, 항암

해당화

Rosa rugosa Thunb.

한약의 기원 : 이 약은 해당화의 꽃봉오리이다.
사용부위 : 꽃
이　명 : 해당나무, 해당과(海棠果)
생약명 : 매괴화(玫瑰花)
과　명 : 장미과(Rosaceae)
개화기 : 5~6월

꽃봉우리 약재

목질 부위 약재

생태적특성 해당화는 전국의 바닷가 및 산기슭에서 자생하는 낙엽활엽관목으로, 높이가 1.5m 전후로 자란다. 줄기는 굵고 튼튼하며 가시가 있고 가시털과 작고 가는 털이 나 있으며 가시에도 작고 가는 털이 나 있다. 잎은 5~9장의 잔잎이 새 날개깃 모양의 겹잎으로 타원형 또는 긴 거꿀달걀 모양으로 서로 어긋나고 잎끝이 뾰족하거나 둔하며 끝부분은 원형 또는 쐐기 모양에 가장자리에는 가는 톱니가 있다. 꽃은 흰색 또는 홍색으로 5~6월에 새로운 가지 끝에서 원뿔꽃차례로 핀다. 열매는 편평한 공 모양에 등홍색 또는 암적색으로 8~9월에 익는다.

각 부위별 생김새

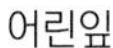

어린잎

꽃

열매

채취시기와 방법 5~6월에 막 피어난 꽃을 채취한다.

성분 신선한 꽃에는 정유가 함유되어 있고 그 주요 성분은 시트로넬롤(citronellol), 게라니올(geraniol), 네롤(nerol), 오이게놀(eugenol), 페닐에칠 알코올(phenylethyl alcohol) 등이며 그 외 퀴세틴(quercetin), 타닌(tannin), 시아닌(cyanin) 고미질, 황색소, 유기산(organic acid), 지방유, 베타-카로틴(β-carotene)이 함유되어 있다.

성미 성질이 따뜻하고, 맛은 달고 약간 쓰고, 독성은 없다.

귀경 간(肝), 비(脾) 경락에 작용한다.

효능과 치료 꽃은 관상용, 공업용, 밀원용으로 기르거나 약용하고 생약명을 매괴화(玫瑰花)라고 하며 기를 다스려 우울한 정신을 맑게 해주고 어혈을 풀어주며 혈액 순환을 좋게 해주는 효능이 있다. 그리고 치통, 진통, 관절염, 토혈, 객혈, 월경불순, 적대하, 백대하, 이질, 종독 등을 치료한다. 잎차는 당뇨 예방과 치료 및 항산화 효과가 있고, 줄기 추출물은 항암효과 특히 호르몬 수용체 매개암, 예를 들어 전립선암의 예방, 개선 또는 치료에 뛰어난 효과가 있다는 연구결과도 나왔다.

약용법과 용량 말린 꽃 20~30g을 물 900mL에 넣어 반 정도가 될 때까지 달여 하루에 2~3회 나눠 마신다.

혼동하기 쉬운 약초 비교

해당화 줄기

인가목 줄기

기능성물질 특허자료

▶ 해당화 줄기 추출물을 포함하는 암 예방 또는 치료용 조성물

본 발명에 따른 해당화 줄기 추출물은 히스톤 아세틸 전이효소의 활성을 억제하는 효과가 우수하여 암, 특히 호르몬 수용체 매개 암, 예를 들어 전립선암의 예방, 개선 또는 치료에 뛰어난 효과가 있다.

– 등록번호 : 10-0927431, 출원인 : 연세대학교 산학협력단

주독, 대소변불리, 소화불량, 간기능 개선

헛개나무

Hovenia dulcis Thunb.

한약의 기원 : 이 약은 헛개나무의 열매자루가 달린 열매, 종자이다.
사용부위 : 뿌리, 나무껍질, 줄기목즙, 열매
이 명 : 호개나무, 호리깨나무, 볼게나무, 고려호리깨나무, 민헛개나무, 지구(枳椇), 범호리깨나무, 호리깨나무, 이조수(李棗樹), 금조이(金釣梨)
생약명 : 지구자(枳椇子), 지구근(枳椇根), 지구목피(枳椇木皮), 지구목즙(枳椇木汁)
과 명 : 갈매나무과(Rhamnaceae)
개화기 : 6~7월

목질 약재

열매 약재

생태적특성 헛개나무는 전국 산 중턱 숲속에서 분포하는 낙엽활엽교목으로, 높이가 10m 전후로 자란다. 작은 가지는 흑갈색에, 잎은 서로 어긋나고 넓은 달걀 모양 또는 타원형이다.

잎 밑부분은 원형 또는 심장 모양으로 가장자리에는 둔한 톱니가 있고 윗면은 털이 없으며 뒷면에는 털이 나 있거나 없는 것도 있다. 꽃은 황록색으로 6~7월에 취산꽃차례로 잎겨드랑이 또는 가지 끝부분에서 핀다. 열매는 원형 혹은 타원형으로 9~10월에 홍갈색으로 익는다.

각 부위별 생김새

잎

꽃

열매

채취시기와 방법 열매는 10월, 뿌리는 9~10월, 나무껍질, 줄기목즙은 연중 수시 채취한다.

성분 뿌리 및 나무껍질에는 펩타이드알칼로이드(peptidealkaloid)인, 프랑굴라닌(frangulanine), 호베닌(hovenine), 호베노시드(hovenoside)가 함유되어 있다. 목즙(木汁)에는 트리테르페노이드(triterpenoid)의 호벤산(hovenic acid)이 함유되어 있다. 열매에는 다량의 포도당, 사과산, 칼슘이 함유되어 있다.

성미 뿌리는 성질이 따뜻하고, 맛은 떫다. 나무껍질은 성질이 따뜻하고, 맛은 달고, 독성은 없다. 줄기목즙은 성질이 평범하고, 맛은 달고, 독성은 없다. 열매는 성질이 평범하고, 맛은 달고 시고, 독성은 없다.

귀경 간(肝), 비(脾), 신(腎) 경락에 작용한다.

효능과 치료 뿌리는 생약명을 지구근(枳椇根)이라고 하여 관절통, 근골통, 타박상을 치료한다. 나무껍질은 생약명을 지구목피(枳椇木皮)라고 하여 오치를 다스리고 오장을 조화시켜준다. 목즙(木汁)은 생약명을 지구목즙(枳椇木汁)이라고 하며 겨드랑이의 액취증을 치료한다.
열매는 생약명을 지구자(枳椇子)라고 하며 주독을 풀어주고 대변과 소변을 잘 보게 하며 번열, 구갈, 구토, 사지마비 등을 치료한다. 헛개나무 열매 추출물은 항염, 간기능 개선의 효능과 헛개나무 추출물은 비만의 예방 및 치료에 효과가 있다.

약용법과 용량 말린 뿌리 100~200g을 물 900mL에 넣어 반 정도가 될 때까지 달여 하루에 2~3회 나눠 마신다. 외용할 경우에는 짓찧어서 환부에 도포한다. 말린 나무껍질 30~50g을 물 900mL에 넣어 반 정도가 될 때까지 달여 하루에 2~3회 나눠 마신다.
외용할 경우에는 열탕으로 달인 액으로 환부를 씻어준다. 목즙은 헛개나무에 구멍을 뚫고 흘러나오는 액즙을 환부에 그대로 발라주거나 액즙을 끓여 뜨거울 때 바르기도 한다. 말린 열매 30~50g을 물 900mL에 넣어 반이 될 때까지 달여 하루에 2~3회 나눠 마신다.

혼동하기 쉬운 약초 비교

헛개나무 잎

피나무 잎

기능성물질 특허자료

▶ 헛개나무 열매 추출물을 함유하는 간 기능 개선용 조성물의 제조 방법

본 발명은 헛개나무 열매에서 씨를 제거하여 얻은 과육을 세절하여 과육의 중량 대비 1~10배의 물을 사입하여 1~2기압, 80~120℃로 1~12시간 동안 열수 추출하고, 상기 열수 추출액을 여과하여 얻은 추출물을 65~75Brix(브릭스)로 농축하고, 상기 농축물을 건조하고 분말화한 고체 분산체를 유효성분으로 함유하는 간 기능 개선용 조성물을 포함한다.

– 공개번호 : 10-2004-0052123, 출원인 : (주)광개토바이오텍

▶ 헛개나무 열매 추출물을 함유하는 항염증제 및 이의 용도

본 발명은 헛개나무 열매 추출물을 유효성분으로 함유하는 항염증제 및 이의 용도에 관한 것이다. 특히 본 발명은 알레르기를 유발하지 않고 세포 독성은 없어 피부에 안전하며, 프로스타글란딘의 생성을 억제하는 우수한 항염증효과를 갖는 헛개나무 열매 추출물을 제공한다.

– 공개번호 : 10-2006-0099225, 출원인 : (주)엘지생활건강

▶ 헛개나무 추출물을 포함하는 비만 예방 및 치료를 위한 조성물

본 발명은 헛개나무 추출물을 유효성분으로 포함하는 비만 예방 및 치료용 조성물에 관한 것이다. 헛개나무 줄기 추출물은 체내의 전체적인 에너지 대사 효율에 영향을 미침으로써 동일한 양을 섭취하더라도 체내에 흡수되는 에너지의 양을 효과적으로 낮추어주어 비만의 예방 및 치료용 조성물로 이용될 수 있다.

– 공개번호 : 10-2005-0079913, 출원인 : (주)엠디케스팅

산후 어혈복통, 월경통,
허리와 무릎의 산통

현호색

Corydalis remota Fisch. ex Maxim.

한약의 기원 : 이 약은 들현호색, 연호색의 덩이줄기이다.
사용부위 : 덩이뿌리
이 명 : 연호색(延胡索), 연호(延胡), 원호색(元胡索)
생약명 : 현호색(玄胡索)
과 명 : 현호색과(Fumariaceae)
개화기 : 4월

뿌리 채취품

뿌리 약재

생태적특성 현호색은 여러해살이풀로, 전국 각처의 산지 특히 산록의 습기가 있는 곳에서 자생한다. 키는 20cm 정도로 자라고, 덩이뿌리는 불규칙한 납작하고 둥근 모양으로 지름은 0.5~1cm이다. 뿌리 표면은 황색 또는 황갈색으로 불규칙한 그물 모양의 주름이 있으며 덩이뿌리 정단에는 약간 들어간 줄기 흔적이 있고 밑부분은 덩어리 모양으로 볼록하다. 질은 단단하며 부스러지기 쉽고, 단면은 황색의 각질 모양이며 광택이 있다. 잎은 어긋나고 표면은 녹색, 뒷면은 회백색이다. 잎자루가 길면서 잎은 3장씩 1~2회 갈라지고 잎 윗부분은 깊게 또는 결각 모양으로 갈라진다. 꽃은 연한 홍자색으로 4월에 5~10송이가 원줄기 끝에서 총상꽃차례로 피며 꽃통은 한쪽에 뿔이 있고 수술은 6개이다.

각 부위별 생김새

잎

꽃

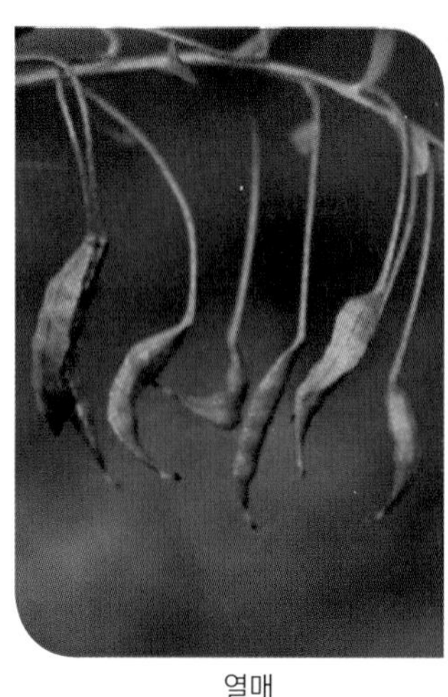
열매

채취시기와 방법 5~6월에 줄기와 잎이 고사한 후 덩이뿌리를 채취해 바깥쪽의 얇은 껍질은 제거하고 씻은 뒤 끓는 물에 넣고 아래 위로 저어가면서 내부의 백심이 없어지고 황색이 될 때까지 삶아 건져내어 햇볕에 말린다. 이물질을 제거하고 수침포(水浸泡)하여 윤투(潤透)하고 절편하여 사용하거나 식초를 약재에 흡수시켜 약한 불로 볶아서 사용한다. 이때 현호색 100g에 식초 20~30g의 비율을 유지한다.

성분 코리달린(corydaline), dl－테트라하이드로팔마틴(dl－tetrahydropalmatine), 코리불민(corybulmine), 콥티신(coptisine), l－코리클라미(l－coryclamine), 코나딘(conadine), 프로토핀(protopine), l－테트라하이드로콥티신(l－tetrahydrocoptisine), dl－테트라하이드로콥티신(dl－tetrahydrocoptisine), l－이소코리팔민(l－isocorypalmine), 디하이드로코리달민(dehydrocorydalmine) 등이 함유되어 있다.

성미 성질이 따뜻하며, 맛은 맵고 쓰고, 독성은 없다.

귀경 간(肝), 심(心), 비(脾), 위(胃) 경락에 작용한다.

효능과 치료 진통, 진정 및 진경(鎭痙), 혈을 활성화시켜 잘 돌게 하는 활혈, 어혈을 제거하는 구어혈(驅瘀血), 자궁수축, 기를 잘 돌게 하는 이기(理氣), 지통 등의 효능이 있어서 흉협완복동통을 치료하고, 폐경이나 월경통, 산후의 어혈복통, 요슬산통, 타박상 등의 치료에 사용된다.

약용법과 용량 말린 덩이뿌리 10g을 물 700mL에 넣어 끓기 시작하면 약하게 줄여 200～300mL가 될 때까지 달여 하루에 2회 나눠 마시며, 가루나 환으로 만들어 복용하기도 한다. 장에 덩어리가 만져지면서 복통이 함께 올 경우에는 금은화, 연교, 목향(木香) 등을 배합하여 응용하고, 월경통에는 당귀, 천궁, 백작약, 향부자 등의 약재를 배합하여 응용한다. 타박상이 있을 경우에는 홍화, 도인, 당귀, 천궁 등의 약재를 배합하여 응용한다.

기능성물질 특허자료

▶ **현호색 등의 혼합 생약 추출물을 함유하는 호흡기 질환의 예방 또는 치료용 조성물**

본 발명은 현호색과 천궁의 혼합 생약 추출물을 유효성분으로 함유하는 호흡기 질환의 예방 또는 치료제 및 이의 제조방법에 관한 것으로 천식, 만성 폐쇄성 폐질환, 급만성 기관지염, 알레르기 비염, 기침, 가래, 급성 하기도 감염증, 인후염, 편도염, 후두염과 같은 급성 상기도감염증 등의 호흡기질환의 예방 또는 치료에 유용한 것으로 확인된다.

– 공개번호 : 10-2012-0094177, 출원인 : 환인제약(주)

항암, 혈당강하, 통경, 자궁출혈, 당뇨

화살나무

Euonymus alatus (Thunb.) Siebold

한약의 기원 : 이 약은 화살나무의 줄기에 생긴 날개 모양의 코르크이다.

사용부위 : 가지의 날개

이 명 : 흔립나무, 홋잎나무, 참빗나무, 참빗살나무, 챔빗나무, 위모(衛矛), 귀전(鬼箭), 4능수(四綾樹), 파능압자(巴綾鴨子)

생약명 : 귀전우(鬼箭羽)

과 명 : 노박덩굴과(Celastraceae)

개화기 : 5~6월

약재 전형

약재

생태적특성 화살나무는 전국의 산과 들에서 분포하는 낙엽활엽관목으로, 높이가 3m 전후로 자란다. 가지는 많이 갈라지고 작은 가지는 보통 네모각에 녹색을 띤다. 굵은 가지는 납작하고 가느다란 코르크질의 날개가 붙어 있으며 길이는 보통 1cm 정도에 다갈색이다. 잎은 홑잎이 비스듬히 나는데 거꿀달걀 모양 혹은 타원형으로 양 끝이 뾰족하고 밑부분에는 작은 톱니가 있으며 윗면은 윤채가 있는 녹색이고 뒷면은 담녹색에 잎자루 길이는 0.2cm 정도이다. 꽃은 담황록색으로 5월에 양성화로 취산꽃차례를 이루며 핀다. 열매는 튀는열매로 타원형이고 9~10월에 익으면 담갈색의 열매껍질이 벌어지고 그 속에서 빨간색 종자가 나온다.

각 부위별 생김새

어린잎

꽃

열매

채취시기와 방법 가지의 날개를 연중 수시 채취한다.

성분 잎에는 플라보노이드(flavonoid)로 류코시아니딘(leucocyanidin), 류코델피니딘(leucodelphinidin), 쿼세틴(quercetin), 캠페롤(kaempferol), 에피후리에데라놀(epifriedelanol), 프리에데린(friedelin), 둘시톨(dulcitol) 등이 함유되어 있다. 열매에는 알칼로이드로 에보닌(evonine), 네오에보닌(neoevonin), 알라타민(alatamine), 윌포르딘(wilfordine), 알라투시닌(alatusinin), 네오아라타민(neoalatamine) 등이 함유되어 있다.

그 외 칼데노라이드(cardenolide)로서 아코베노시게닌(acovenosigenin) A, 에우오니모시드(euonymoside) A, 에우오니무소시드(euonymusoside) A 등이 함유되어 있다. 가지의 날개에는 칼데노라이드계 성분인 아코베노시게닌 A, 3-O-알파-L-람노피라노사이드(3-O-α-L-rhamnopyranoside)와 유니모사이드(euonymoside) A, 유오니무소사이드(euonymusoside) A는 몇 종류의 암세포주에 대해서 세포독성을 나타낸다.

성미 성질이 차고, 맛은 쓰다.

귀경 심(心) 경락에 작용한다.

효능과 치료 가지에 날개 모양으로 달린 익상물(翼狀物)은 약용하는데 생약명을 귀전우(鬼箭羽)라고 하며 산후어혈, 충적복통, 피부병, 대하증, 항암, 심통, 당뇨병, 통경, 자궁출혈 등을 치료한다. 화살나무 추출물은 항암활성 및 항암제 보조용으로 사용한다.

약용법과 용량 말린 가지의 날개 20~30g을 물 900mL에 넣어 반이 될 때까지 달여 하루에 2~3회 나눠 마신다. 외용할 경우에는 가지와 날개(귀전우)를 짓찧어 참기름과 혼합하여 환부에 도포한다.

기능성물질 특허자료

▶ 항암 활성 및 항암제의 보조제 역할을 하는 화살나무 수용성 추출물

본 발명은 화살나무 수용성 추출물 및 이의 용도에 관한 것으로서 더욱 상세하게는 화살나무를 유기용매로 처리하여 유기용매 용해성 분획을 제거한 후 남은 잔사를 물로 추출하여 기존의 화살나무 수추출물과는 다른 새로운 수용성 추출물을 얻고, 이 수용성 추출물이 항암 활성을 가지고, 또한 항암제의 보조제 역할로 항암제의 독성 완화 및 활성을 증강시키는 등의 효능이 강하고 독특한 생리활성을 밝힘으로써 이를 이용한 항암 및 항암제 보조용의 기능성 건강식품의 제조에 관한 것이다.

– 공개번호 : 10-2004-0097446, 출원인 : 동성제약(주) · 이정호

고혈압, 동맥경화, 담낭염, 위염, 장염

황금(속썩은풀)

Scutellaria baicalensis Georgi

한약의 기원 : 이 약은 속썩은풀의 뿌리로, 그대로 또는 주피를 제거한 것이다.

사용부위 : 뿌리

이 명 : 부장(腐腸), 내허(內虛), 공장(空腸), 자금(子芩), 조금(條芩)

생약명 : 황금(黃芩)

과 명 : 꿀풀과(Labiatae)

개화기 : 7~8월

약재 전형

약재

생태적특성 황금은 여러해살이풀로, 중부 이북의 산지에서 자라며, 재배지는 경북 안동, 봉화, 전남 여천 지방에서도 많이 재배한다. 키는 60cm 정도이며, 뿌리는 원뿔형으로 길이 7~27cm, 지름 1~2cm이다. 뿌리 표면은 짙은 황색 또는 황갈색을 띠며 윗부분은 껍질이 비교적 거칠고 세로로 구부러진 쭈그러진 주름이 있으며 아래쪽은 껍질이 얇다. 질은 단단하면서도 취약하여 절단이 쉽다. 단면은 짙은 황색이며 중앙부에는 홍갈색의 심이 있다. 오래 묵은 뿌리의 절단면은 중앙부가 짙은 갈색 혹은 흑갈색의 두터운 조각 모양이며 간혹 속이 비어 있으며 보통 고황금(枯黃芩) 혹은 고금(枯芩)이라고 한다. 굵고 길며 질이 견실하고 색이 노랗고 겉껍질이 깨끗하게 제거된 것이 좋은 황금이다. 줄기는 가지가 많이 갈라지며 곧게 서거나 비스듬히 올라간다. 줄기 전체에는 털이 나 있고 원줄기는 네모지며 한군데에서 여러 대가 나온다. 잎은 마주나고 양끝이 좁은 바소꼴로 가장자리가 밋밋하다. 꽃은 자색으로 7~8월에 원줄기 끝과 가지 끝에서 총상꽃차례로 피고 꽃차례에 잎이 있으며 각 잎겨드랑이에서 1송이씩 달린다. 열매는 8~9월에 여윈열매로 결실하고 열매는 황금자(黃芩子)라고 하여 약재로 사용한다.

각 부위별 생김새

잎

꽃

열매

채취시기와 방법 가을에 뿌리를 채취하여 수염뿌리를 제거하고 햇볕에 말린다. 약재는 이물질을 제거하고 윤투(潤透)시킨 다음 절편하여 말린 뒤 사용한다. 눈근(嫩根: 어린 뿌리)으로 안팎이 모두 실하며 황색으로 연한 녹색을 띤 것을 자금(子芩) 또는 조금(條芩)이라 하고, 오래 묵은 뿌리인 노근(老根)으로 중심이 비어 있고 검은색을 띤 것을 고금(枯芩)이라 하며 구분하기도 한다.

성분 뿌리에는 바이칼린(baicalin), 바이칼레인(baicalein), 우고닌(woogonin), 베타-시토스테롤(β-sitosterol) 등이 함유되어 있다.

성미 성질이 차고, 맛은 쓰며, 독성은 없다.

귀경 폐(肺), 담(膽), 위(胃), 대장(大腸) 경락에 작용한다.

효능과 치료 열을 내리고 습사를 말리는 청열조습(清熱燥濕), 화를 내리고 독을 해소하는 사화해독(瀉火解毒), 출혈을 멈추는 지혈, 태아를 안정시키는 안태 등의 효능이 있어서 발열, 폐열해수, 번열, 고혈압, 동맥경화, 담낭염, 습열황달, 위염, 장염, 세균성 이질, 목적동통, 옹종, 태동불안 등의 치료에 사용한다.

약용법과 용량 말린 뿌리 10g을 물 700mL에 넣어 끓기 시작하면 약하게 줄여 200~300mL가 될 때까지 달여 하루에 2회 나눠 마신다. 가루나 환으로 만들어 복용하기도 하며, 외용할 경우에는 가루로 만들어 환부에 뿌리거나, 달여서 환부를 씻어낸다. 민간요법으로 편도선염과 구내염, 복통 치료에 많이 사용하고 편도선염에는 황금, 황련, 황백을 부드럽게 가루로 만들어 각각 2g씩을 컵에 넣고 끓는 물을 부어 노랗게 우린 물로 하루에 6~10회 입가심을 한다. 복통 치료를 위해서는 말린 황금과 작약 각 8g, 감초 4g을 물 1,200mL에 넣어 300~400mL가 될 때까지 달여 하루에 3회 나눠 마신다.

생뿌리

기능성물질 특허자료

▶ 황금 정제 추출물, 이의 제조 방법 및 이를 유효성분으로 함유하는 간 보호 및 간경변증 예방 및 치료용 조성물

본 발명의 제조방법에 의해 제조된 황금 표준화시료용 정제 추출물 또는 이를 함유하는 조성물은 간보호 및 담즙성 간경변증 예방 및 치료용 조성물로 사용될 수 있다.

– 등록번호 : 10-0830186, 출원인 : 원광대학교 산학협력단

강장, 익기, 지한, 생기, 탁독

황기

Astragalus membranaceus Moench

한약의 기원 : 이 약은 황기, 몽골황기(蒙古黃芪)의 뿌리로, 그 대로 또는 주피를 제거한 것이다.
사용부위 : 뿌리
이 명 : 단너삼, 금황(綿黃), 재분(戴粉), 촉태(蜀胎), 백본(百本)
생약명 : 황기(黃芪 · 黃耆)
과 명 : 콩과(Leguminosae)
개화기 : 7~8월

약재 전형

약재

생태적특성 황기는 여러해살이풀로, 경북, 강원, 함남과 함북의 산지에서 분포하며 자생한다. 현재는 전국 각지에서 재배하며 강원도 정선과 충북 제천 등이 주산지이다. 키는 1m 이상으로 곧게 자란다. 뿌리는 긴 둥근기둥 모양을 이루며 길이 30~90cm, 지름 1~3.5cm이고 드문드문 작은 가지뿌리가 분지되지 않고 뿌리의 머리 부분에는 줄기의 잔기가 남아 있다. 뿌리의 표면은 엷은 갈황색 또는 엷은 갈색이며 회갈색의 코르크층이 군데군데 남아 있다. 질은 단단하고 절단하기 힘들며 단면은 섬유성이다. 횡단면을 현미경으로 보면 가장 바깥층은 주피(主皮)이고 껍질부는 엷은 황백색, 목질부는 엷은 황색이며 형성층 부근은 약간의 황갈색을 띤다. 줄기 전체에 부드러운 털이 나 있다. 잎은 어긋나고 잎자루가 짧으며 6~11쌍의 잔잎으로 구성된 홀수깃꼴겹잎이다. 잔잎은 달걀 모양 타원형으로 끝이 둥글며 가장자리는 밋밋하다. 꽃은 엷은 황색 또는 담자색으로 7~8월에 총상꽃차례로 잎과 줄기 사이에서 잎겨드랑이 나거나 줄기의 끝에서 나오는 정생(頂生)으로 핀다. 열매는 8~9월에 꼬투리 모양의 꼬투리열매로 달린다.

각 부위별 생김새

잎

꽃

열매

채취시기와 방법 잎이 지는 가을인 9~10월이나 이른 봄에 뿌리를 채취하여 수염뿌리와 머리 부분을 제거하고 햇볕에 말린 다음 이물질을 제거해 절편하여 보관한다.

성분 뿌리에는 자당(蔗糖), 점액질, 포도당이 함유되어 있으며 이 외에 글루쿨로닉산(gluculoninc acid), 콜린(choline), 베타인(betaine), 아미노산 등이 함유되어 있다.

성미 성질이 따뜻하고, 맛은 달며, 독성은 없다.

귀경 폐(肺), 비(脾), 신(腎) 경락에 작용한다.

효능과 치료 몸을 튼튼하게 하는 강장, 기를 더하는 익기(益氣), 땀을 멈추게 하는 지한, 소변을 잘 통하게 하는 이수, 살을 돋게 하는 생기(生肌), 종기를 제거하는 소종, 몸안의 독을 밖으로 내보내는 탁독(托毒) 등의 효능이 있으며 다음과 같이 응용한다.

- 생용(生用: 말린 것을 그대로 사용하는 방법) : 위기(衛氣)를 더하여 피부를 튼튼하게 하며, 수도를 이롭게 하고 종기를 없애고, 독을 배출하며, 살을 잘 돋게 하고, 자한과 도한을 치료하며, 부종과 옹저를 치료한다.
- 자용(炙用: 꿀물을 흡수시켜 볶아서 사용하는 방법) : 중초(中焦)를 보하고 기를 더하는 보중익기(補中益氣), 내상노권(內傷勞倦)을 치료한다. 비가 허하여 오는 설사, 탈항, 기가 허하여 오는 혈탈(血脫), 붕루대하 등을 다스리고 기타 일체의 기가 쇠약한 증상이나 혈허 증상 치료에 응용한다.

약용법과 용량 말린 뿌리 4~12g을 사용하며, 대제(大劑)에는 37.5~75g까지 사용할 수 있다. 자한(自汗: 기가 허해서 오는 식은땀), 도한(盜汗: 잠잘 때 나는 식은땀) 및 익위고표(益衛固表)에는 생용하고, 보기승양(補氣升陽: 기를 보하고 양기를 끌어올림)에는 밀자(蜜炙: 약재에 꿀물을 흡수시킨 다음 약한 불에서 천천히 볶아내는 방법)하여 사용한다. 민간에서는 산후증이나 식은땀, 어지럼증 치료를 위해 황기를 애용해 왔다. 산후증 치료에는 말린 황기 15~20g을 물 700mL에 넣어 끓기 시작하면 약하게 줄여 200~300mL가 될 때까지 달여 하루에 2~3회 나눠 마신다. 식은땀 치료를 위해서는 말린 황기 12g을 물 1,200mL에 넣어 끓기 시작하면 약하게 줄여 200~300mL가 될 때까지 달여 하루에 3회 나눠 식후에 마신다. 어지럼증이 심한 경우에는 노란색 닭 한 마리를 잡아 내장을 꺼내 그곳에 말린 황기 30~50g을 넣은 다음 중탕으로 푹 고아서 닭고기와 물을 하루에 2~3회 나눠 먹는다. 여러 가지 원인으로 오는 빈혈과 어지럼증 치료에도 효과가 있다.

혼동하기 쉬운 약초 비교

강화 황기 제주 황기 정선 황기

기능성물질 특허자료

▶ **황기 추출물을 유효 성분으로 하는 골다공증 치료제**

황기를 저급 알코올로 추출하여 물을 가한 다음 다시 헥산으로 부분 정제한 황기 추출물은 골다공증 치료제에 관한 것으로, 이는 노화 또는 폐경 등의 다양한 원인에 의하여 유발되는 골다공증을 부작용이 없이 예방 및 치료하는 데 효과적으로 사용될 수 있다.

– 등록번호 : 10–0284657, 출원인 : 한국한의학연구원

고미건위, 지사, 수렴, 신경통

황벽나무

Phellodendron amurense Rupr.

한약의 기원 : 이 약은 황벽나무의 줄기껍질로, 주피를 제거한 것이다.

사용부위 : 나무껍질

이 명 : 황경피나무, 황병나무, 황병피나무, 황벽(黃蘗), 황벽피(黃蘗皮), 황피수(黃皮樹)

생약명 : 황백(黃柏)

과 명 : 운향과(Rutaceae)

개화기 : 5~6월

속껍질 약재전형

속껍질 약재

생태적특성 황벽나무는 전국에서 분포하는 낙엽활엽교목으로, 높이는 10m 전후로 자란다. 나무껍질은 회색이며 두꺼운 코르크층이 발달하여 깊이 갈라지고 내피는 황색이다. 잎은 마주나고 1회 홀수깃꼴겹잎으로 잔잎은 5~13장이 달걀 모양 또는 바소꼴 달걀 모양이고 잎끝은 뾰족하며 밑부분은 좌우가 같지 않고 가장자리는 가늘고 둥근 톱니가 있거나 밋밋하다. 꽃은 황색 혹은 황록색으로 5~6월에 암수딴그루로 원뿔꽃차례를 이루며 핀다. 물열매 모양 씨열매인 열매는 둥글고 9~10월에 검은색 또는 자흑색으로 익는다.

각 부위별 생김새

잎 뒤 앞

열매

채취시기와 방법 3~6월에 10년 이상 된 황벽나무의 나무껍질을 채취한다.

성분 나무껍질에는 알칼로이드(alkaloid)가 함유되었으며 주성분이 베르베린(berberine)과 팔미틴(palmitin), 자테오리진(jateorrhizine), 펠로덴드린(phellodendrine), 칸디신(candicine), 메니스펠민(menispermine), 마그노플로린(magnoflorine) 등이고 후로퀴놀린타입알칼로이드(furoquinoline type alkaloid)로서 딕타민(dictamine), 감마-파가린(γ-fagarine), 스키미아닌(skimmianine=β-fagarine) 리모노이드(limonoid), 고미질로서 오바쿠논(obacunone), 리모닌(limonin) 등이고 피토스테롤(phytosterol)로서 캄페스

테롤(campesterol), 베타-시토스테롤(β-sitosterol), 플라보노이드(flavonoid)로서 펠로덴신(phellodensin) A~C, 아무렌신(amurensin), 퀴세틴(quercetin), 캠페롤(kaempferol), 펠라무레틴(phellamuretin), 펠라무린(phellamurin) 등이며 쿠마린(coumarin)으로서는 펠로데놀(phellodenol) A~C 등이 함유되어 있다.

성미 성질이 차고, 맛은 쓰다.

귀경 심(心), 간(肝), 신(腎), 위(胃), 대장(大腸), 방광(膀胱) 경락에 작용한다.

효능과 치료 나무껍질 중 외피의 코르크질을 제거한 내피는 약용하며 생약명을 황백(黃柏) 또는 황백피(黃柏皮)라고 하며 고미건위약으로 건위, 지사, 정장작용이 뛰어나고 또 소염성 수렴약으로 위장염, 복통, 황달 등의 치료제로 쓴다. 또한 신경통이나 타박상 치료를 위해 외용으로 쓰기도 한다. 한편 약리실험에서는 항균, 항진균, 항염작용 등이 밝혀지기도 했다. 그 외 약리 효과는 미약하지만 고혈압, 근수축력 증강작용, 해열, 콜레스테롤 저하작용 등도 밝혀졌다. 나무껍질과 지모(知母)를 혼합해 물로 추출한 추출물은 소염, 진통 효과가 있고, 나무껍질에서 추출한 추출물은 약물중독 예방 및 치료효과가 있다.

약용법과 용량 말린 나무껍질 20~30g을 물 900mL에 넣어 반이 될 때까지 달여 하루에 2~3회 나눠 마신다. 외용할 경우에는 짓찧어서 환부에 도포한다.

기능성물질 특허자료

▶ 황백피와 지모의 혼합 수추출물을 포함하는 염증 및 통증 치료용 조성물

본 발명은 황백피(황벽나무 껍질)와 지모(知母) 등의 수추출물로 이루어진 소염, 진통효과를 나타내는 치료 조성물과 그 제조 방법에 관한 것이다. 본 발명은 일반적인 통증 및 염증 치료에 사용될 수 있는데, 구체적으로는 만성위염, 관절통, 전립선 비대증, 만성 및 재발성 방광염, 요추 및 경추 수핵탈출증, 퇴행성 관절염, 류머티스 관절염, 팔꿈치통, 골다공증에 의한 통증, 편두통; 당뇨성 통증 및 장부통 등에 사용되어 통증을 완화시키고 염증을 치료한다. 본 발명은 생약 추출물로서 부작용이 적으면서 소염 및 진통효과를 나타내어 장기 복용 및 투여가 가능하다. 또한 의존성 및 내성을 초래하지 않고 말초 조직에 특이성을 갖는다.

– 공개번호 : 10-2000-0060612, 출원인 : (주)메드빌

▶ 황백을 이용한 약물 중독 예방 및 치료를 위한 약제학적 조성물

본 발명은 황백(黃柏, 황벽나무 껍질)에서 추출한 물질로서, 중독성 약물의 반복 투여에 따라 증가되는 도파민의 작용을 억제시키는 물질을 유효성분으로 포함하는 황백을 이용한 약물 중독 예방 및 치료를 위한 약제학적 조성물을 제공한다.

– 공개번호 : 10-2004-0097425, 출원인 : 심인섭

콜크를 제거한 나무껍질 약재 전형

자양강장, 항산화, 간보호, 진통

황칠나무

Dendropanax trifidus (Thunb.) Makino ex H. Hara

한약의 기원 : 이 약은 황칠나무의 뿌리줄기이다.
사용부위 : 뿌리줄기, 잎, 수지
이 명 : 황제목(黃帝木), 수삼(樹參), 압각목(鴨脚木), 압장시(鴨掌柴), 노란옻나무, 황칠목(黃漆木), 금계지(金鷄趾)
생약명 : 풍하이(楓荷梨), 황칠(黃漆)
과 명 : 두릅나무과(Araliaceae)
개화기 : 6월경

목질 약재 전형　　열매 약재　　수액 약재 전형

생태적특성 황칠나무는 상록활엽교목으로, 높이는 15m 전후로 자라고 우리나라 특산식물이며 제주도를 비롯한 남부 지방 경남, 전남 등지의 해변 섬지방의 산기슭, 수림 속에 자생 또는 재배하는 방향성 식물이다. 두릅나무과에 속하는 황칠나무의 어린 가지는 녹색이며 털이 없고 윤채가 난다. 잎은 달걀 모양 또는 타원형에 서로 어긋나고 가장자리에는 톱니가 없거나 3~5개로 갈라진다. 꽃은 양성화이고 녹황색으로 6월경에 산형꽃차례로 가지 끝에서 1송이씩 핀다. 열매는 씨열매로 타원형이고 10월에 검은색으로 익는다.

각 부위별 생김새

꽃

꽃봉우리, 미숙열매

완숙 열매

채취시기와 방법 뿌리줄기, 잎, 수지(나뭇진)를 가을 · 겨울에 채취한다.

성분 뿌리줄기, 잎, 수지 등에는 정유가 함유되어 있고 정유 중에는 베타-엘레멘(β-elemene), 베타-셀리넨(β-selinene), 게르마크렌 D(germacrene D), 카디넨(cadinene), 베타-쿠베벤(β-cubebene)이 함유되어 있다. 트리테르페노이드(triterpenoid)의 알파-아미린(α-amyrin), 베타-아미린(β-amyrin), 오레이포리오시드(oleifolioside) A · B가 함유되어 있고, 포리아세티렌(polyacetylene)과 스테로이드(steroid) 중에는 베타-시토스테롤(β-sitosterol)이 함유되어 있고 카로테노이드

(carotenoid), 리그난(lignan), 지방산 그리고 글루코스(glucose), 프럭토스(fructose), 자일로스(xylose), 아미노산에는 알기닌(arginin), 글루탐산(glutamic acid) 등 그 외 단백질, 비타민 C, 타닌(tannin), 칼슘, 칼륨 등 다양한 성분이 함유되어 있다.

성미 성질이 따뜻하고, 맛은 달다.

귀경 간(肝), 심(心), 비(脾), 신(腎) 경락에 작용한다.

효능과 치료 뿌리줄기는 항산화작용으로 성인병의 예방 및 치료에 특별한 효과를 가지고 있다. 자양강장, 피로회복, 간기능개선, 지방간, 해독, 콜레스테롤치 저하, 혈액순환, 당뇨, 고혈압, 강정, 진정, 우울증, 건위, 위장질환, 청열, 지혈, 구토, 설사, 월경불순, 면역증강, 신경통, 관절염, 진통, 말라리아, 항염, 항균, 항암 등의 치료효과가 있다. 황칠나무 추출물은 간염, 간경화, 황달, 지방간 등과 같은 간질환을 예방 및 치료한다. 황칠나무의 잎 추출물은 장운동을 촉진하여 변비를 치료한다.

약용법과 용량 말린 뿌리줄기 30~60g을 물 900mL에 넣어 반이 될 때까지 달여 하루에 2~3회 나눠 마신다.

기능성물질 특허자료

▶ **황칠나무 추출물을 포함하는 남성 성기능 개선용 조성물**

본 발명은 황칠나무 추출물을 유효성분으로 포함하는 남성 성기능 개선용 조성물에 관한 것이다. 상기 황칠나무 추출물에 대해 토끼 음경해면체를 이용한 실험을 통하여 확인한 결과, 상기 황칠나무 잎의 물 추출물, 에탄올 추출물 및 에탄올 수용액 추출물과 상기 황칠나무 열수 추출물의 부탄올, 헥산, 에틸아세테이트 및 클로로포름으로 이루어진 군으로부터 선택된 어느 하나를 분획용매로 이용하여 분획한 분획물이 음경 해면체 평활근을 이완시켜 음경의 발기 증진, 구체적으로 토기 음경해면체에 대한 우수한 이완효과를 통해 남성 성 기능을 개선할 수 있으므로 상기 황칠나무 추출물 또는 황칠나무 분획물을 유효성분으로 포함하는 남성 성기능 개선용 조성물은 발기부전 개선 또는 예방 등을 위한 남성 성 기능 개선용 기능성 식품 조성물과 발기부전, 조루, 지루 또는 음위증과 같은 남성 성 질환의 치료 또는 예방을 위한 의약 조성물로 이용될 수 있다.

– 출원번호 : 10-2011-0146389, 특허권자 : 재단법인 전라남도생물산업진흥재단

▶ 황칠나무 추출물을 포함하는 간 질환 치료용 약학조성물

본 발명은 황칠 추출물을 포함하는 간 질환 치료용 또는 예방용 약학조성물에 관한 것으로서, 보다 구체적으로는 지방간, 간염, 간경화 등과 같은 간 질환을 예방 및 치료할 수 있는 약학조성물에 관한 것이다. 본 발명의 황칠나무의 가지 및 잎의 유기 용매 추출물을 포함하는 조성물은 천연물에서 유래한 것으로 부작용이 없으며 간암 세포를 현저하게 억제하므로 간암 치료제 및 관련 질환의 치료용 약학조성물의 성분으로 이용할 수 있다.

– 출원번호 : 10-2012-0012172, 특허권자 : 박소현

1년생 잎은 갈라진다.

오래된 잎은 둥글어 진다.

지혈, 중풍, 항궤양, 항균, 탈모

회화나무

Sophora japonica L. = [*Stypholobium japonicum* (L.) Schott.]

한약의 기원 : 이 약은 회화나무의 잘 익은 열매 꼬투리(괴각), 꽃봉오리와 꽃(괴화)이다.
사용부위 : 뿌리껍질, 나무껍질, 꽃봉오리, 꽃, 열매
이 명 : 과나무, 회나무, 괴수(槐樹), 괴화수(槐花樹), 괴미(槐米), 괴실(槐實), 괴백피(槐白皮)
생약명 : 괴화(槐花), 괴각(槐角)
과 명 : 콩과(Leguminosae)
개화기 : 8월

꽃 약재

열매 약재

꽃 봉우리 약재

생태적특성 회화나무는 인가 근처, 촌락 부근, 산야지, 도로변에 심거나 가로수 등으로 심어 가꾸는 낙엽활엽교목이다. 높이는 25m 전후로 자라고, 나무껍질은 회갈색에, 작은 가지는 녹색으로 자르면 냄새가 난다. 잎은 서로 어긋나고 1회 홀수깃꼴겹잎이며 잔잎은 7~15장이고 달걀 모양 타원형 혹은 달걀 모양 바소꼴이다. 잎끝은 뾰족하고 밑부분은 뭉툭하거나 둥글고 가장자리에는 톱니가 없으며 잎 뒤에는 잔털이 나 있고 작은 턱잎이 있다. 꽃은 황백색으로 8월에 원뿔꽃차례로 줄기끝에서 핀다. 열매는 꼬투리 모양에 마디가 있고 구슬을 꿰어 놓은 것 같은 염주모양으로 10월에 익어 벌어진다.

각 부위별 생김새

잎

꽃

열매

채취시기와 방법 꽃, 꽃봉오리는 개화 전과 직후인 7~8월, 나무껍질은 봄 · 여름, 뿌리껍질은 연중 수시, 열매는 10월에 채취한다.

성분 나무껍질 및 뿌리껍질에는 d-마악키아닌-모노-베타-d-글루코사이드(d-maackianin-mono-β-d-glucoside), dl-마악키아인(dl-maackiain)이 함유되어 있다. 꽃, 꽃봉오리에는 트리테르펜(triterpene)계의 사포닌과 베툴린(betulin), 소포라디올(sophoradiol), 포도당, 글루크론산(glucuronic acid), 솔포린(sorphorin) A, B, C, 타닌

(tannin) 등이 함유되어 있다. 열매에는 9종의 플라보노이드(flavonoid)와 이소플라보노이드(isoflavonoid)가 함유되어 있는데 그중에는 게니스테인(genistein), 소포리코사이드(sophoricoside), 소포라비오사이드(sophorabioside), 캠페롤(kaempherol), 글루코사이드(glucoside) C, 소포라플라보노로사이드(sophoraflavonoloside), 루틴(rutin) 등이 함유되어 있다.

성미 뿌리껍질, 나무껍질은 성질이 평범하고, 맛은 쓰고, 독성은 없다. 꽃, 꽃봉오리는 성질이 시원하고, 맛은 쓰다. 열매는 성질이 차고, 맛은 쓰다.

귀경 꽃(괴화), 열매(괴각)는 간(肝), 심(心), 대장(大腸) 경락에 작용한다.

효능과 치료 나무껍질 및 뿌리껍질은 괴백피(槐白皮)라고 하며 진통, 소종, 거풍, 제습의 효능이 있고 신체강경(身體強硬: 몸이 굳어짐), 근육마비, 열병구창(熱病口瘡), 장풍하혈(腸風下血), 종기, 치질, 음부 가려움증, 화상 등을 치료한다. 꽃, 꽃봉오리는 약용하고 꽃의 생약명을 괴화(槐花), 꽃이 피기 전의 꽃봉오리의 생약명을 괴미(槐米)라고 한다. 지혈작용이 있고 진경(鎭痙) 및 항궤양작용, 혈압강하작용이 있으며 청열, 양혈, 지혈의 효능이 있고 장풍에 의한 혈변, 치질, 혈뇨, 대하증, 눈의 충혈, 창독, 중풍 등을 치료한다. 꽃 추출물은 여드름의 예방과 치료, 폐경기질환 및 피부노화 등을 예방 및 치료, 피부주름을 개선하는 효과가 있다. 탈모 예방 및 개선 효과도 있다. 열매는 생약명을 괴각(槐角)이라고 하여 항균작용이 있고 청열, 윤간(潤肝), 양혈(凉血), 지혈 효능이 있고 장풍출혈(腸風出血), 치질출혈, 출혈성 하리, 심흉번민(心胸煩悶), 풍현(風眩) 등을 치료한다.

약용법과 용량 말린 나무껍질 및 뿌리껍질 30~50g을 물 900mL에 넣어 반이 될 때까지 달여 하루에 2~3회 나눠 마신다. 외용할 경우에는 달인 액으로 양치질하여 입안을 씻어준다. 말린 꽃 또는 꽃봉오리 30~40g을 물 900mL에 넣어 반이 될 때까지 달여 하루에 2~3회 나눠 마신다. 외용할 경우에는 달인 액으로 환부를 씻어준다. 말린 열매 20~30g을 물 900mL에 넣어 반이 될 때까지 달여 하루에 2~3회 나눠 마신다. 외용할 경우에는 볶아서 가루로 만들어 참기름에 개어서 환부에 도포한다.

회화나무

기능성물질 특허자료

▶ 회화나무 꽃 추출물의 누룩 발효물을 함유하는 여드름 개선용 조성물

본 발명은 여드름 피부용 화장료 조성물에 관한 것으로, 보다 상세하게는 회화나무 꽃 추출물을 누룩 발효시켜 제조한 발효물을 함유하여 여드름 증상을 악화시키는 주 원인균인 프로피오니박테리움아크네스(Propionibacteriumacnes)의 생육을 억제하는 우수한 여드름 치료 및 예방효과를 갖는 여드름 피부용 화장료 조성물에 관한 것이다.

– 공개번호 : 10–2011–0105581, 출원인 : (주)콧데

▶ 회화나무 유래 줄기세포를 포함하는 탈모 예방 또는 개선용 화장료 조성물

본 발명은 회화나무 유래 줄기세포를 포함하는 발모 촉진 조성물에 관한 것이다. 보다 구체적으로 본 발명은 회화나무 유래 줄기세포가 탈모 유발 호르몬인 디하이드로테스토스테론의 생성을 촉진하는 5–알파 리덕타아제(5–alpha–reductase)를 저해하는 효과가 있어 탈모의 예방 및 개선용 화장료 조성물로 사용될 수 있음에 관한 것이다.

– 등록번호 : 10–1080297, 출원인 : (주)에스테르

간세포 보호, 천식, 수렴, 항암

후박나무

Machilus thunbergii Siebold & Zucc.

한약의 기원 : 이 약은 일본목련, 후박(厚朴), 요엽후박(凹葉厚朴)의 줄기껍질이다.
사용부위 : 뿌리껍질, 나무껍질
이 명 : 왕후박나무, 홍남(紅楠), 저각남(猪脚楠), 상피수(橡皮樹), 홍윤남(紅潤楠)
생약명 : 한후박(韓厚朴), 홍남피(紅楠皮)
과 명 : 녹나무과(Lauraceae)
개화기 : 5~6월

약재 전형

약재

생태적특성 후박나무는 상록 활엽교목으로, 높이가 20m 전후로 자란다. 잎은 어긋나고 거꿀달걀 모양 타원형에 길이는 7~15cm이고 잎끝은 뾰족하고 가장자리는 밋밋하다. 꽃은 양성화이고 황록색으로 5~6월에 원뿔꽃차례로 잎겨드랑이에서 많은 꽃이 핀다. 열매는 다음해 7~8월에 흑자색으로 익는다.
이 식물은 본래 후박으로 사용하는 일본목련, 후박, 요엽후박과는 기원이 다른 식물이므로 혼용 또는 오용하면 안 된다.

각 부위별 생김새

잎

꽃

열매

채취시기와 방법 여름에 뿌리껍질, 나무껍질을 채취한다.

성분 뿌리껍질과 나무껍질에는 타닌(tannin)과 수지, 다량의 점액질이 함유되어 있으며 dl-N-노르아메파빈(dl-N-noramepavine), 쿼세틴(quercetin), N-노르아메파빈(N-noramepavine), 레티큘린(reticuline), 리그노세릭산(lignoceric acid), dl-카테콜(dl-catechol), 알파-피넨(α-pinene), 베타-피넨(β-pinene), 캄펜(camphene), 카리오필렌(caryophyllene) 등이 함유되어 있다.

성미 성질이 따뜻하고, 맛은 맵고 쓰다.

귀경 간(肝), 위(胃), 대장(大腸) 경락에 작용한다.

효능과 치료 뿌리껍질 및 나무껍질은 생약명을 한후박(韓厚朴) 또는 홍남피(紅楠皮)라고 하며 간세포 보호작용과 해독작용으로 간염의 치료에 도움을 주며 위장병의 복부 팽만감, 소화불량, 변비, 정장, 지사, 변비, 수렴, 습진, 항궤양, 타박상 등을 치료한다.

약용법과 용량 말린 뿌리껍질 및 나무껍질 20~30g을 물 900mL에 넣어 반이 될때까지 달여 하루에 2~3회 나눠 마신다. 외용할 경우에는 생것을 짓찧어서 환부에 도포한다.

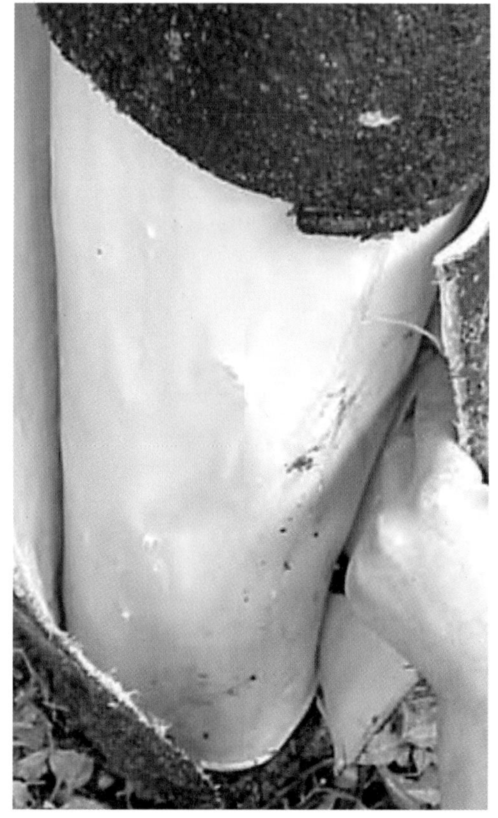

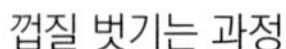

껍질 벗기는 과정

위 후박나무 , 아래 겉껍질 벗긴 상태

심복부의 통증, 산후의 어혈복통,
타박상, 종기

흑삼릉

Sparganium erectum L.

한약의 기원 : 이 약은 흑삼릉의 덩이줄기이다.

사용부위 : 덩이줄기

이 명 : 흑삼능, 매자기, 형삼릉(荊三棱), 경삼릉(京三棱), 광삼릉(光三棱)

생약명 : 삼릉(三棱)

과 명 : 흑삼릉과(Sparganiaceae)

개화기 : 6~7월

뿌리 약재

생태적특성 흑삼릉은 여러해살이풀로, 중부 이남의 연못이나 늪지대 및 하천 같은 곳에서 잘 자란다. 덩이줄기는 원뿔형으로 조금 납작하고 길이는 2~6cm, 지름은 2~4cm이다. 표면은 황백색 또는 회황색으로 칼로 깎은 자국이 있으며 작은 점상의 수염뿌리가 떨어져나간 흔적이 가로로 고리 모양으로 배열되어 있다. 덩이줄기의 몸체는 무겁고 질은 견실하다. 원줄기는 키 70~100cm로 자라고, 뿌리줄기는 옆으로 뻗고 기는 줄기로 퍼져나간다. 녹색 잎은 선 모양으로 모여나며 뒷면에 1개의 능선이 있다. 꽃은 흰색으로 6~7월에 두상꽃차례로 피고, 열매는 7~8월에 달린다.

각 부위별 생김새

잎

꽃

열매

채취시기와 방법 가을과 겨울에 덩이줄기를 채취하여 줄기와 잎, 수염뿌리 등을 제거하고 씻은 다음 겉껍질을 깎아내고 햇볕에 말린다. 이물질을 제거하고 물에 담가 수분을 충분히 윤투(潤透)시켜 가늘게 썰고 햇볕에 말려서 사용하거나 초초(醋炒) 또는 초(炒: 프라이팬에 볶아냄)하여 사용한다.

성분 덩이줄기에는 정유, 녹말 등이 함유되어 있으며, 전초에는 플라보노이드(flavonoid), 알칼로이드(alkaloid) 등이 함유되어 있다. 녹말 성분이 있고 관다발 주위가 목질화된 것이 형삼릉과 다르다.

성미 성질이 평범하고, 맛은 쓰며, 독성은 없다.

귀경 간(肝), 심(心), 비(脾) 경락에 작용한다.

효능과 치료 기를 통하게 하는 행기(行氣), 월경을 잘 통하게 하는 통경(通經), 죽은 피를 없애주는 파혈(破血), 기가 뭉친 것을 깨뜨려주는 소적(消積), 통증을 멈추게 하는 진통 등의 효능이 있으며, 징가(癥瘕: 오래된 체증으로 인하여 몸안에 덩어리가 생긴 증상)와 적취(積聚)를 치료하고, 기혈응체(氣血凝滯: 기혈이 뭉쳐서 몸안에 머무르는 증상), 심복동통(心腹疼痛: 심복부의 심한 통증), 옆구리 아래 부위의 통증(脇下脹痛), 경폐(經閉), 산후어혈복통(産後瘀血腹痛: 출산 후 오로가 다 빠져나오지 않아서 생기는 심한 복통), 질타손상(跌打損傷: 타박상), 창종견경(瘡腫堅硬: 부스럼과 종기가 단단하게 굳어진 증상) 등의 치료에 응용한다.

약용법과 용량 말린 덩이줄기 10g을 물 700mL에 넣어 끓기 시작하면 약하게 줄여 200~300mL가 될 때까지 달여 하루에 2회 나눠 마신다. 가루나 환으로 만들어 복용하기도 한다. 완복창만(脘腹脹滿: 위 부분이 그득하게 차오르면서 오는 복통)을 다스리기 위해서는 이 약재에 봉출(蓬朮), 목향(木香), 빈랑(檳榔), 청피(靑皮), 신국(神麴), 맥아(麥芽), 산사(山楂) 등의 약재를 배합하여 응용하고, 만약 비 기능이 허할 경우에는 여기에 인삼과 백출(白朮)을 가미한다.

흑삼릉꽃

한방 용어

ㄱ

각기병 비타민 B1 부족증, 팔과 다리의 신경과 근육이 약해지고 붓는 병

간경화(肝硬化) 간이 단단하게 굳어지는 병

간기 신경 기능을 조절하는 역할을 말하며, 간기가 안정되지 않으면 히스테리, 신경증, 울컥 화가 나는 증상이 나타남

간울 우울하고 신경증이나 히스테리가 생기는 상태

간질(간전), 간풍 머리가 어지럽고 눈꺼풀이 떨리며, 정신적으로 불안 초조한 상태

간헐열(間歇熱) 주기적으로 갑자기 오르내리는 신열(身熱). 말라리아, 재귀열(再歸熱), 서교증(鼠咬症) 등의 원인

강심 심장을 튼튼하게 하고 작용을 강하게 함, 강한 마음

강장 장을 튼튼하게 함, 몸이 건강하고 혈기가 왕성함

개선 옴

객혈(喀血) 결핵, 폐암 따위로 인해 폐나 기관지 점막에서 피를 토함

거담 가래를 멎게 할 때

거풍 몸의 바람을 없앨 때

건위 위를 튼튼하게 함, 정체된 비위장의 운동이나 기능을 조정하거나 촉진

건초염 힘줄염증

견비통 어깨에서 팔까지 저리고 아픈 통증

견통 어깨 아픔, 어깨 아픈 통증

결각 잎의 가장자리가 깊이 팸

경락(經絡) 인체 내의 경맥과 낙맥을 아울러 이르는 말

경련 경풍, 이유 없이 갑자기 근육이 수축하거나 떨림

경풍 경련을 일으킴

고 바르는 약을 말하는데, 외용약(자운고)과 내복약(진액) 두 종류가 있음

고름 세균감염으로 희고 누르스름하고 끈끈한 액체나 파괴된 백혈구, 염증을 일으켰을 때에 피부나 조직이 썩어 생긴 물질이나 파괴된 백혈구

고미건위제(苦味健胃劑) 용담과 같이 배당체(配糖體), 고미질, 알칼로이드 등 소화제가 포함된 고미성(苦味性) 물질

고창 배가 탱탱하게 불러 있는 상태

곤봉형　곤장 몽둥이. 밑 부분은 굵고 위로 가면서 가늘게 다듬은 몽둥이

골돌　씨방 안에 1개나 여러 개의 종자가 있음

골수염　혈류를 통한 세균 감염 때문에 골수에 생기는 염증

곽란　음식이 체하여 토하고 설사를 하는 급성 위장병

관모　갓 모양의 작은 털

괴경　땅속덩이줄기, 덩이 모양의 땅속줄기

교미　마시기 어려운 약 등을 마시기 좋게 맛을 내는 당분이 없는 감미료. 박하, 계피 등의 교정약

교창　동물에게 물린 상처

구갈　욕지기와 갈증

구경　양분을 저장하는 땅속줄기, 식물의 양분을 저장하기 위한 땅속줄기

구고(口苦)　입안이 쓰고 불쾌감을 느끼는 몸 상태

구과　목질(木質)의 비늘 조각이 여러 겹으로 포개진 둥근 방울열매

구급　근육이 땅기고 죄어지는 것

구내염　입안의 염증

구어혈　생리적 기능을 잃어버린 묵은 피를 제거하는 것

구창　입안에 나는 부스럼

구충　해충이나 기생충 따위를 없앰

구취　입안 냄새

구풍　몸속으로 들어온 외풍습을 몰아내는 것, 위장에 가스가 참

군총　식물의 작은 집단

궤양　점막 세포조직이 손상되어 생기는 증상

근경　뿌리줄기

근골산통　근육과 뼈가 시큰거리고 아픈 것

근골통　발꿈치를 이루는 짧은 뼈 통증

근생엽　뿌리나 땅속줄기에서 돋아 땅 위로 나온 잎

근염(筋炎)　근육에 생기는 종창(腫脹), 동통(疼痛), 발열 따위의 염증을 통틀어 이르는 말

기관지천식(氣管支喘息)　기관지가 과민하여 수축되고 점막이 부으며, 점액의 분비와 호흡 곤란이 오고 기침, 가래가 나며 숨쉬기가 매우 곤란해지는 병

기면　불면의 반대로 낮이나 밤이나 졸려서 못 견디는 상태
기수 우상복엽　엽추의 좌우에 작은 잎이 짝을 이루어 달린 홀수 깃모양 겹잎
기역　기가 상충하여 화가 나면서 호흡이 거칠어지고 숨이 가빠지는 현상
기외수축(期外收縮)　심장이 예정보다 빨리 수축하는 부정맥의 하나로 심장이 갑자기 멎거나 맥이 건너뛰는 현상
길경　도라지뿌리

ㄴ

난상 피침형　가늘고 긴 달걀 모양
난상구형　달걀 모양
난소암(卵巢癌)　연령에 관계없이 난소에 생기는 암
난원형(卵圓形)　달걀처럼 한쪽이 갸름하게 둥근 모양
냉약　소염, 진정 효과가 있는 약물
녹내장(綠內障)　안구(眼球)의 압력이 높아져서 잘 볼 수 없게 되는 병
뇌막염　뇌척수막의 염증
뇌척수막염(腦脊髓膜炎)　열이 나며 뇌척수액의 압력이 올라 심한 두통 및 구역질과 목이 뻣뻣해지는 뇌척수막의 염증, 뇌막염
능각　뾰족한 모서리

ㄷ

다육질　살이 많은 성질
단모(短毛)　길이가 짧은 털
단성(單性)　생물이 암수 어느 한쪽의 생식기관만 가지고 있는 것. 홑성, 홑성
담병(痰病)　몸의 분비액이 큰 열(熱)을 받아서 생기는 병의 증상을 통틀어 이르는 말
담석증　쓸개관이나 쓸개주머니에 돌처럼 단단한 물질이 생기는 병
담음　수독의 하나. 체액이 위장에 쌓여 있는 상태인데 위내정수가 진행된 상태, 위하수, 위확장, 위 무력증일 때 나타나는 증상
담증　몸의 분비액이 큰 열(熱)을 받아서 생기는 병 증상
당질　당분이 들어 있는 물질, 당분이 들어 있는 탄수화물의 총칭

대생 2개씩 서로 마주보고 있음
대하증 여성의 질에서 흘러나오는 여러 가지 점액성 물질
도란형 달걀을 거꾸로 세운 모양
도한 식은땀을 흘리며 자다가 잠을 깨면 땀이 나지 않는 것
독감 유행성 인플루엔자
동공산대 정상인보다 동공이 커짐
동맥경화(動脈硬化) 동맥의 벽이 두꺼워지고 굳어져서 탄력을 잃는 질환

ㄹ

류머티즘 관절이 붓고 쑤시며 열이 나는 관절염
림프육종 임파육종, 림프에 생긴 악성종양

ㅁ

모현 머릿속이 흐리멍덩하면서 어지러운 상태
목현 현기증
무좀 백선균이나 효모균의 침입으로 생기는 전염성 피부병
문둥병 한센병(Hansen's disease, 나병[leprosy]). 나균 감염에 의하여 발생하는 만성 전염병

ㅂ

반난원형 달걀처럼 한쪽이 갸름한 둥근 모양의 반쪽
반표반리 어지러움, 입맛이 씀, 목이 마름, 기침, 가슴이 답답함, 심장 아래가 결림, 흉협고만, 구토, 식욕부진, 마음속의 큰 고민, 불면, 오한의 반복이 나타나는 증상
발모 털이 남
발진(發疹) 열(熱)로 피부에 작은 좁쌀 같은 것이 돋는 일, 꽃돋이
발표 발한시켜 표증(몸의 표면에 나타나는 증상)을 해소하는 것
발한 식은땀, 다한, 땀을 흘리게 해 열을 내리거나 부기를 내리게 함
방추형 끝이 뾰족한 원기둥 모양
방향제 좋은 향을 가지고 있는 약제
백대 흰 대하. 양이 많으면 병일 가능성이 있음

백일해 백날기침. 경련성의 기침을 일으키는 어린이의 급성 전염병

백전풍 심상성 백반 버짐. 백선균에 의하여 살갗에 일어나는 피부병

번갈 심한 목마름

번열 흉부에 뜨겁고 불쾌한 열감이 있어서 가슴에 불이 나는 것

번조 가슴 속에 불처럼 뜨겁게 화끈거림, 특히 손발을 떨며 쓰러져 괴로워하는 상태

보약 허증의 체력을 증강시키기 위해 조혈, 보혈을 촉진, 혈압을 상승시키는 효과가 있는 약. 인삼, 백출, 대조 등의 생약이 있음

보익 보태고 늘려서 유익하게 함

보폐 폐단을 바로잡음

복만 복부가 팽창하는 것

복산형화서 겹산형꽃차례

복수 배에 액체가 찬 것

복엽 한 잎자루에 여러 개의 잎이 붙어 겹을 이룬 잎

복창 배가 팽창하는 것(소화불량)

복총상화서 겹총상꽃차례

부인병(婦人病) 여성 생식기의 질환이나 여성 호르몬 이상으로 인한 병

부종 붓기, 혈액순환 장애로 몸이 붓는 병

비색(鼻塞) 죽은 사람의 마지막 코마개

비염(鼻炎) 콧속 점막에 생기는 염증을 통틀어 이르는 말

비장근 넓적다리뼈 아래 끝 장딴지 근육

빈혈 혈액 속의 적혈구나 혈색소가 감소하여 철분이나 비타민의 결핍현상

ㅅ

사교창(蛇咬創) 뱀에게 물린 상처

사독 뱀독이나 나쁜 기운이 있는 독

사지급통연급 팔다리가 갑자기 몹시 아프며 경련이 일어나고 쥐가 남

사지신경통 온몸 말초신경 자극으로 오는 통증

사하약 실증 타입인 사람이 과잉 에너지로 인해 장애가 있는 경우에 사용하여 신열, 산결, 진정, 대사 촉진, 소염, 혈압 강하 효과가 있는 생약을 말한다. 시호, 대황, 지실 등이 있다.

삭과 과실의 껍질이 말라 터지는 여러 개의 씨

산 안중산, 평안산처럼 생약을 갈아 만든 가루약, 散은 '흩뿌린다'는 의미가 있듯이 급한 병을 퇴산시킬 때 주로 쓰임

산경 우산 모양의 곧은줄기

산방화서(房花序) 고사리처럼 총상꽃차례와 산형꽃차례의 중간형이 되는 꽃차례

산치자 산에서 자라는 치자나무의 열매

산통(疝痛) 배가 간격을 두고 팍팍 쑤시는 듯이 심하게 아픈 증상

산형화서 산형꽃차례

산후두통 출산 후 머리 아픈 증세

산후부종 출산 후 붓기

산후풍 아이 낳은 뒤에 한기(寒氣)가 들어 떨고 식은땀을 흘리며 앓는 병

삼릉형(三陵形) 세모기둥의 모양

삼출복엽 겹꽃잎으로 삼출

상박신경통 위팔 부위, 즉 팔꿈치, 어깨 부위의 신경통

상백피 뽕나무 가지 껍질

상약 무독 무해한 양생약, 대량으로 장기간에 걸쳐 먹어도 좋음

생리불순 생리 주기나 양이 순조롭지 않은 부인병

생목 제대로 소화되지 아니하여 위에서 입으로 올라오는 음식물이나 위액

생약 약이 되는 자연의 산물. 식물, 동물, 광물 등의 일부를 건조 가공한 것

석출 화합물을 분석하여 어떤 물질을 분리해 내는 일

선병(腺病) 결핵성 전신병(全身病), 림프샘 종창 · 습진 · 수포성 결막염 · 만성 비염 따위로 허약체질의 어린아이가 잘 걸리는 병

선상 피침형 가늘고 긴 줄 모양

선혈(鮮血) 선지처럼 쏟아져 나오는 피

선형(扇形) 부채꼴 모양

소갈(증) 목이 말라 물을 자꾸 먹는 병증

소산경 작은 우산 모양의 곧은줄기

소산병 밀집된 작은 잎자루

소아혈뇨 피 섞인 어린이 오줌

소염 염증을 멎게 할 때 염증을 가라앉히고 부종을 빼주는 것

소종 부은 종기

소탁엽 잎꼭지 밑에 난 작은 잎

수과 과피가 말라서 목질이 되어도 속에 터지지 않는 씨. 대뇌 피질의 기능이 이상 항진되었을 때 완화할 목적으로 쓰는 약물

수근경직 목덜미가 굳어서 뻣뻣하게 되는 것

수렴 물집이나 점액이 고이거나 흘러나옴, 조직세포를 죄어주는 것

수상화서(穗狀花序) 1개의 긴 꽃대에 여러 개의 꽃이 이삭 모양으로 피는 꽃차례

수종 점액이 괴여 부어오름

습 수독 또는 습기

습비 습기가 원인으로 관절이 저리고 쑤시며 마비되는 증상

습진 개선충 등이 매개로 살갗에 생기는 염증. 살갗에 생기는 진물이 나오는 염증

습포 염증을 가라앉히기 위하여 헝겊에 냉수나 더운물 또는 약물을 축임

식적 먹은 음식이 소화되지 않고 위장에 머물러 있는 상태로 숙체, 숙식, 상식이라고도 함

식중독 상한 음식이나 유독 물질의 섭취로 생기는 급성 질환

식체 먹은 것이 잘 내려가지 아니하는 병

신경통 말초신경이 자극을 받아 일어나는 통증

신열 몸 전체에 열이 차 있는 듯한 느낌

신장결핵 콩팥 결핵

신장염 콩팥에 생기는 염증

신허증 콩팥의 기능이 약해지면서 당뇨, 허리 아래의 노곤함, 정력 감퇴 및 시력 감퇴 등의 증상이 나타남

실열 체력이 있으면서 열이 나는 것

심계항진 가슴 두근거리기, 심장 박동이 빨라지며 몹시 두근거리는 상태

심장통(心臟痛) 가슴뼈 아래 심장 부위에서 신경성 이상 감각으로 일어나는 통증

심하 심장 아래, 즉 명치를 가리킴

심하견만 명치 부분이 꽉 막혀서 답답함을 느끼고 아주 딱딱해진 상태

심하계 명치 부분에 두근거림이 있는 상태

심하만 명치가 충만한 느낌이 드는 것

심하비　명치 부분이 꽉 막혀서 답답함을 느끼는 자각증상
심하비경　명치가 돌처럼 딱딱해지고 당김
심하지결　심하비경이 급박한 상태
십이지장궤양　유문 근접 점막 세포조직이 손상되어 생기는 증상

ㅇ

악창(惡瘡)　고치기 힘든 부스럼
알칼리중독　양잿물 중독
액과　과피에 수분이 많은 액질의 열매
액생　싹이나 꽃이 잎 붙어 있는 자리에서 남
액취증　암내, 아포크린샘 기능항진으로 겨드랑이 땀이 풍기는 냄새
양위(養胃)　허약해진 위장과 십이지장을 튼튼하게 해 주는 일
양혈(養血)　약을 써서 피를 맑게 하거나 보호함
어열　열이 몸 밖으로 발산되지 못하고 몸속에 머물러 있는 것을 말함. 피가 뭉친 것, 타박상 따위로 살 속에 피가 맺힘. 멍, 혈액이 머물러 있으면서 체내에 여러 가지 변조를 일으키는 것
어한(禦寒)　추위에 언 몸을 녹임
열독(熱毒)　더위 때문에 생기는 발진(發疹)
열약　열약은 온약보다 신진대사를 촉진하는 힘이 강하며, 부자, 오두 등이 속한다.
열편　찢어진 조각
염좌　힘줄이 상한 것
염증　신체 부위가 붉게 붓고 아픈 증상
염증성열　염증으로 생기는 열
엽병　잎자루
엽액　잎겨드랑이 눈
영고　망진할 때 환자의 몸에서 나오는 광채를 보는데, 광채가 있는 것을 영이라 하고 광채가 없는 것을 고라고 한다.
오심　위장 내 수분이나 담으로 인해 메슥거리거나 구역질이 나는 것
오열　오풍, 오한에 반대되는 말로서 열이 나는 것
오풍　바람이 없으면 아무렇지도 않고, 바람을 쐬면 한기가 든다.

오한 찬바람을 쐬지 않았어도 오싹오싹 한기가 드는 것
오한발열 오싹오싹한 한기와 열이 나는 것
오행 동양 의학에서 말하는 자연계를 구성하고 있는 다섯 물질(식물, 열, 토양, 광물, 액체)을 목, 화, 토, 금, 수라는 문자로 나타내고 상호 관계에 의해 모든 현상을 판단하는 것
옹 빨갛게 부어오르고 열과 아픔이 있으며 고름이 들어 있는 종기. 몸 바깥에 생기는 것을 외옹, 장부에 생기는 것을 내옹이라 함. 종기 가운데 약 3cm 이상인 것을 옹이라 하거나 절이 악화된 것을 가리켜 옹이라고 하는 경우도 있음
옹종 작은 종기, 조그마한 부스럼
완하 변을 묽게 하여 변통을 촉진
완화제 대변을 무르게 하거나 배변을 시키는 약
외감풍한 감기
요도염 요도점막의 염증
요통 허리 아픔, 허리가 아픈 증상
요폐증 오줌을 못 누는 것
용혈 피를 녹임
우상 새의 깃 모양
우상복엽 새의 깃 모양 겹잎
우울증 기분이 언짢아 명랑하지 아니한 허무 관념 상태
우장통증 천연두의 통증
울혈 국소의 정맥이 확장하여 정맥혈이 막히어 충혈이 일어나는 증세
원추화서 원뿔 모양의 꽃차례
월경불순 월경의 주기나 양 등이 순조롭지 않은 부인병
월경통 월경 때 하복부나 자궁에 생기는 통증
위경련 가슴앓이, 위 근육이 수축하거나 떨림
위과(僞果) 사과나 배 같이 꽃대의 부분이 씨방과 함께 비대해져서 된 과실, 헛열매
위궤양 위 점막 세포조직이 손상되어 생기는 증상
위기 위의 기능을 작용시키려는 원기. 좁은 뜻으로 소화 기능을 의미함
위내정수 위가 있는 부분을 두드리면 출렁거리며 물이 흔들리는 소리가 들리는 증상
위장염 위와 장의 염증

위하수(胃下垂) 개복 수술과 출산에 따른 복강압(腹腔壓) 저하 등으로 위가 정상 위치보다 처지는 병증

위허 위가 약해진 상태, 일반적으로 소화불량, 구토 등의 증상이 나타남

유뇨증 저절로 나오는 오줌

유방염 화농균 침입으로 생긴 유선염증, 젖꼭지 상처로 화농균이 침입하여 일어나는 유선(乳腺) 염증

육부 담, 소장, 위, 대장, 방광, 삼초

육수화서 꽃대가 곤봉이나 회초리 모양으로 발달한 꽃차례

육장 간, 심장, 비장(지라), 폐(허파), 신장(콩), 심포(심장막)

윤생 줄기 하나에 3개 이상의 잎이 돌아가며 핌

음 색이 엷고 맑은 것을 음이라고 해서 담과 구별함, 담(가래)은 끈끈하고 탁한 분비물을 말하며, 담음이라 할 때는 넓은 의미로 수독을 총칭한다. 위내정수가 원인이 되어 발생함

음양 동양 의학에서는 자연계의 모든 사물의 현상을 음과 양으로 나누는데, 인간의 신체 역시 자연계의 일부이므로 동일하다고 본다. 병의 증상을 음양으로 나눌 경우, 양증(실증)은 병의 초반을 말하는데 체력이 충분하고 발열과 오한이 있는 상태이다. 음증(허증)은 병의 후반으로서 체력이 쇠약하고 열은 없으나 오한이 있는 상태이다.

음위증 발기불능

응체(凝體) 피가 엉기어 굳은 물체

이 몸의 내부, 특히 흉부의 복부를 가리킨다. 이증에는 목이 마르고 복부팽만, 복통, 설사, 변비, 비뇨 이상의 증상이 있음

이가화 암수가 각각 다른 방에 피는 꽃, 암수 서로 다른 꽃

이급후중(裏急後重) 소위 무지근한 배를 말함. 배변할 때 복통이 있고 잘 나오지 않으며 배변 후에도 금방 변의를 느끼는 증상

이뇨 오줌내기 약, 오줌이 잘 나오게 하고 부종을 제거

이담 담낭의 활동을 좋게 하는 것

이수 장에서 물 같은 액체를 배출할 때

이질 흰 곱 똥이 섞여 나오며 뒤가 잦은 증상을 보이는 법정 전염병

익정 몸에 필요한 영양분을 늘리는 것

인경(鱗莖) 마늘과 같이 두껍게 된 잎이 많이 겹쳐져 양분을 저장하는 비늘줄기

인후염(咽喉炎) 감기 따위로 인하여 인후 점막에 생기는 염증

일사병(日射病) 강한 태양의 직사광선을 받아 심한 두통, 현기증이 나고 숨이 가쁘며 인사불성이 되어 졸도하는 병

일산화탄소중독 연탄가스 중독

일음 한방 4음의 하나, 체액이 사지에 머물러 있어 몸이나 손발의 관절이 뻐근하게 저리고 붓는 병증

임상 환자를 진료하거나 의학을 연구하는 병상

임신오조 입덧

임질 임균에 의해 일어나는 요도점막의 염증

ㅈ

자궁암(子宮癌) 자궁 경부에서 자궁체 사이에 생기는 악성 종양

자궁지혈 자궁에서 흐르는 피를 멎게 함

자반병 출혈성빈혈

자양강장제 몸에 영양을 좋게 하고 장을 튼튼하게 하는 약

자웅이가(雌雄異家) 암술과 수술이 서로 다른 꽃에 있어서 암꽃과 수꽃이 구별된 꽃

자웅일가 한 꽃봉오리에 암수한꽃

자원 말린 개미취 전초

자한 열도 없고 아무 일도 없는데 괜히 땀이 나는 것

장과 과육 즙액이 많은 살찐 열매, 과육과 액즙이 많고 속에 씨가 들어 있는 과실

장염 창자의 점막이나 근질에 생기는 염증

적리 붉은 배앓이. 적리(붉은 배앓이)와 설사

전석지(轉石池) 암반에서 떨어져 나와 물에 오래 씻긴 땅

전신통 온몸이 쑤시고 아픈 통증

절 종기 가운데 약 3cm 이상인 것을 옹이라 하고, 그 이하인 것을 절이라 함

절상 가위나 칼 등으로 베이거나 잘려서 생긴 상처

정생 줄기의 끝이나 꼭대기

정혈 묵은 피를 제거하고 혈액을 맑게 함

조시 열 때문에 건조하여 단단해진 편

조열 조수의 간만처럼 매일 거의 일정한 시각에 열이 나는 것

종기 피부가 곪으면서 생기는 큰 부스럼

종문 세로무늬

종양 세포가 병적으로 증식한 무의미한 조직

종창 염증이나 부스럼으로 부어오름

종통 종기의 아픈 통증

중독(中毒) 음식물이나 약물의 독성에 의해 기능 장애를 일으키는 일

중서(中暑) 더위를 먹어서 생기는 병으로, 몸에 열이 나고 속이 메스꺼우며 맥이 가늘고 빨라지고, 심하면 어지러워 졸도함

중약 병의 예방, 체력 보강에 사용하지만 쓰기에 따라 독도 되고 약도 되는 약물

중풍 뇌졸중, 뇌출혈

증 몸에 나타나는 여러 가지 증상, 사람마다 갖고 있는 체질 등

지갈 갈증을 해소시킴

지음 흉부나 심하부에 수독이 머물러 일어나는 증상. 수분이 많아서 기침이 심하고 숨쉬기가 어려운 상태. 심장부종이 있는 사람을 지음가라고 함

지한 땀을 멎게 하는 것

지혈 피를 멈추게 하는 작용

진경약 경련을 진정시키는 약

진균 곰팡이에 의해 생기는 균

진토제 곽란이나 두통 등으로 오는 구역질이나 구토를 멎게 함

진해 기침이 그치지 않고 심할 때, 몸을 떨며 놀람, 기침을 진정시킴

ㅊ

치아상 이와 같은 모양

창독 부스럼 독기

창종 피부에 생기는 온갖 부스럼

천명 기침이 나고 숨을 쉴 때 목에서 가르랑가르랑하는 소리가 나는 것. 소위 가래 끓는 소리를 말함

천식 기관지에 경련이 일어나는 병

청량제(淸凉齊) 은단처럼 맛이 산뜻하고 시원하여 복용하면 기분이 상쾌해지는 약

청열 해열과는 조금 다른 것으로 내열 증상을 완화시킨다는 의미

청혈 피를 맑게 함

총상화서 총상꽃차례

총포 잎이 변하여 꽃대의 끝에서 꽃의 밑동을 싸고 있는 비늘 모양의 조각

최면 잠이 오게 함

최토 구토가 나게 함

축농증 부비강 점막의 염증, 상악동염

충독 벌레 등의 독기

취산화서 꽃이 꼭대기에 한 송이 피고 아래에 여러 개 흩어져 핌

치유(治癒) 치료하여 병을 낫게 함

치조 치아의 틀을 말함

치질 항문 안팎에 생기는 외과적 질병

ㅌ

탁엽 턱잎, 잎꼭지 밑에 난 작은 잎(총포), 탁엽은 침형 또는 가시형임

탈구 뼈가 어긋난 것

탈황 직장이 항문 밖으로 빠짐

탕액 갈근탕, 마황탕처럼 달여 먹는 약을 말하며, 큰 병을 소탕한다는 뜻인 '탕'의 의미를 갖고 있음

태동 모태 안에서의 태아의 움직임

태선(苔癬) 작은 구진(丘疹)이 빽빽하게 돋아서 오랫동안 같은 상태가 계속되는 피부병

토사곽란 위로는 토하고 아래로는 설사하면서 배가 결리고 아픈 병

토하 구토와 설사. 토사라고도 함

토혈 위나 식도 질환으로 피를 토함

통경 월경 전후에 하복부와 허리에 생기는 통증

통풍 팔다리 관절에 심한 염증. 요산의 배설이 원활치 않아서 체내에 축적되어 통증을 유발하는 것

트라코마 가시눈. 가시든 것 같이 눈이 아픔

특발성 괴저　피 멈춤

ㅍ

파상풍　파상풍균의 독소로 일어나는 전염병. 파상풍균에 감염된 것

편도선염　편도선 주위에 생긴 염증

편두통　갑자기 일어나는 발작성 두통

편원형　넓고 평평한 원 모양. 편평한 삼릉형(세모기둥의 모양), 폐출혈(폐에서 피가 밖으로 나옴)과 혈담(피가 섞여 나오는 가래)

폐허증　폐의 기능이 약해져서 나타나는 증상. 숨 막힘, 숨 가쁨 등

표　몸의 표면, 병의 시작은 우선 이 표 부분에서 증상이 나타난다. 표증에는 두통, 목과 어깨 결림, 사지 관절의 통증, 오한, 발한, 발열 등이 있음

표저　생손앓이

풍비　의식에는 이상이 없고 아프지도 않으나 한쪽 수족을 사용할 수 없는 병

풍습　풍사(風邪)와 습사(濕邪)가 겹쳐 뼈마디가 쑤시고 켕기는 증상

풍열　감기로 열이 나는 것

풍온(風溫)　봄철 풍사(風邪)로 생기는 급성열병으로 기침을 하며 가슴이 답답하고 목이 마름

풍온두통　봄철 풍사(風邪)로 생기는 급성열병으로 오는 머리 아픔

풍한　감기나 몸살

풍한두통　감기나 몸살로 오는 머리통증

풍한습비　감기로 뼈가 저리고 쑤시는 증상

피침형　뾰족한 바늘 모양, 가는 바늘 모양

ㅎ

하리　장관의 운동이 촉진되어 설사하는 것

하약　병의 치료를 위해 쓰지만 독이 많은 약물이므로 장기간 복용함을 피한다. 부자, 마황 등

하혈　항문이나 하문으로 피를 쏟음

학슬풍　무릎마디가 붓고 아픈 것

학질　말라리아, 학질모기 매개 전염병

한　몸의 대사가 쇠약해 안색이 창백하고 손발이 찬 한랭 상태를 말함

한열(寒熱) 한기와 열이 번갈아 일어나는 증상

한열왕래 오한과 발열 증상이 교대로 나타나는 것

항균 세균성 오염에 대한 저항성

항암제 암세포의 분열과 증식을 막거나 암세포를 사멸시키는 작용을 하는 약제

항염증 염증을 치료하고 방지하는 작용

해독 독성 물질의 작용을 없앰, 독풀이

해소천식 기관지에 경련이 일어나는 병과 가래 삭힘 작용. 해수(기침), 풍열감기(風熱感氣: 열이 나는 감기)

해역(咳逆) 기침을 하면서 기운이 치밀어 올라 숨이 차는 증상

행혈 피가 잘 돌게 하는 일

현훈 어지럼증, 현기증

혈담(血痰) 기관지 확장증, 폐암, 폐결핵, 폐렴 따위로 피가 섞여 나오는 가래

혈소판 혈액의 고형(固形) 성분

혈압 심장에서 혈액을 밀어낼 때 혈관 내에 생기는 압력

혈전 혈관 속에서 굳은 핏덩이

협과 콩과 식물 같은 꼬투리열매

협심증(狹心症) 심장부에 갑자기 일어나는 심한 동통(疼痛)이나 발작 증상으로 심장 근육에 흘러드는 혈액이 줄어들어 일어나는 병

호생 어긋나기

화경 꽃이 달리는 짧은 가지, 꽃자루

화관 꽃부리, 꽃의 가장 좋은 부위

활혈 혈액순환이 잘 되게 함

황달 담즙 불균형으로 눈과 온몸이 누렇게 되는 병

후두염 후두에 생기는 염증

흉통 가슴 아픔